高等学校大学计算机课程系列教材

新一代信息技术导论

○ 主　编　陈　琼
○ 副主编　鄂大伟　刘秀玲

U0322175

中国教育出版传媒集团

高等教育出版社·北京

内容简介

本书旨在聚焦新一代信息技术的新知识和新应用，为读者构建适应信息化社会发展的知识体系，拓宽视野，提升信息素养和综合素质。本书共 8 章，包括信息与信息技术、算法与程序、媒体信息的智能处理、数据科学与大数据、现代通信技术、云计算与物联网、人工智能、信息安全与数据加密。本书注重跨学科知识融合和交叉，内容涵盖广泛，通过 Python 实例将理论和应用紧密结合，使学习变得高效有趣。

本书可作为高等学校非计算机专业公共基础课程教材，也可作为对新一代信息技术感兴趣的社会学习者的自学参考书。

图书在版编目（CIP）数据

新一代信息技术导论／陈琼主编；鄂大伟，刘秀玲副主编．--北京：高等教育出版社，2024.8．--ISBN 978-7-04-062687-2

Ⅰ．TP3

中国国家版本馆 CIP 数据核字第 2024UA2484 号

Xinyidai Xinxi Jishu Daolun

| 策划编辑 | 唐德凯 | 责任编辑 | 唐德凯 | 特约编辑 | 李成都 | 封面设计 | 张申申　张　志 |
| 版式设计 | 李彩丽 | 责任绘图 | 尹文军 | 责任校对 | 刘丽娴 | 责任印制 | 刁　毅 |

出版发行	高等教育出版社	网　　址	http://www.hep.edu.cn
社　　址	北京市西城区德外大街 4 号		http://www.hep.com.cn
邮政编码	100120	网上订购	http://www.hepmall.com.cn
印　　刷	北京玥实印刷有限公司		http://www.hepmall.com
开　　本	787 mm×1092 mm　1/16		http://www.hepmall.cn
印　　张	18.25		
字　　数	420 千字	版　　次	2024 年 8 月第 1 版
购书热线	010-58581118	印　　次	2024 年 8 月第 1 次印刷
咨询电话	400-810-0598	定　　价	37.70 元

本书如有缺页、倒页、脱页等质量问题，请到所购图书销售部门联系调换

版权所有　侵权必究

物 料 号　62687-00

○ 前　言

党的二十大报告提出了加快建设制造强国、网络强国、数字中国的目标，为我国新一代信息技术产业的发展指明了方向。这意味着在未来，我国将更加注重在新一代信息技术领域的创新和应用，以推动制造业、网络和数字化建设的全面发展。

在信息化浪潮席卷全球的今天，新一代信息技术以其独特的魅力和巨大的潜力，正在深刻地改变着人们的生活、工作和思考方式。本书旨在为广大读者打开新一代信息技术的大门，引导大家领略其魅力，掌握其精髓，为未来信息化社会的到来做好准备。

本书是国家级一流线上课程"大学信息技术基础"的配套教材，以一流课程"两性一度"的建设目标为指导思想，内容聚焦新一代信息技术，不仅涵盖信息技术的新知识和新应用，更注重信息素养的提升和计算思维方式的应用，通过与时俱进、反映学科前沿的丰富内容，帮助读者构建适应信息化社会发展的新一代信息技术知识体系，拓宽视野。通过理论知识的 Python 实现案例，培养读者信息化知识的应用能力，让读者能够用信息化思维分析问题与解决问题，进而提高创新能力和综合素质。

本书前两章介绍信息技术、算法、程序等基础知识，后六章介绍媒体信息智能处理、数据科学和大数据、现代通信技术、云计算和物联网、人工智能、信息安全和量子通信等新一代的信息技术，前两章为后六章的高阶内容打基础，有利于消除学习者的知识起点差异，形成逐步递进的层次结构。书中内容的选取和组织注重不同学科之间的知识融合和交叉，拓宽学生的视野，培养学生的综合素质和创新能力。带 * 号的内容为选学内容，各校可根据实际情况安排教学。

为了避免纯理论知识介绍的抽象和枯燥，在本书每个新一代信息技术核心理论和知识点中给出 Python 程序小案例，通过 Python 程序的演示或示例，将理论学习和实际应用紧密结合，使得"教与学"都变得有趣和高效。学习者不必了解 Python 程序设计语言本身，只需知道 Python 程序是如何利用其强大的功能简洁有效地解决复杂问题的过程，进而激发学习兴趣和思考。同时，为学习者在后续课程中利用 Python 解决本领域相关问题奠定基础。

本书对应的在线课程为学习者提供了有力的支撑平台和广泛的学习资源，学习者可以随时随地进行自主学习。线上课程也可以作为教师开展线上线下混合式教学的线上学习资源，将一部分知识学习迁移到线上，使得线下课堂可以完成知识深化、应用和拓展等高阶学习任务，从而打造更加有活跃度、广度和深度的线下课堂。

本书由陈琼任主编，鄂大伟和刘秀玲任副主编，第 1、3、5、6、7、8 章由陈琼撰写，第 2 章由鄂大伟撰写，第 4 章由刘秀玲撰写，Python 案例代码由鄂大伟提供。全书由陈琼负责策划和统稿。书中所用案例的源代码可扫下方二维码下载。

在本书的策划与编写过程中，得到许多使用主编负责的国家级一流线上课程开展混合式教学的高校教师的大力支持，高等教育出版社的编辑们为本书的顺利出版付出了辛勤努力。

在此一并表示诚挚的感谢。

  本书围绕新一代信息技术的各个领域展开介绍和探讨，力求为读者提供全面、深入、系统的知识体系和思考框架。我们希望通过本书的引导，能够激发读者对新一代信息技术的兴趣和热情，为读者在信息化社会中的发展和创新提供有力的支持和帮助。同时也期望各高校在本课程的教学过程中，对本书提出宝贵的改进意见。书中的不足和疏漏之处，敬请广大专家和读者不吝批评和指正。作者邮箱：27631559@ qq. com。

作 者

2024 年 4 月

登录获取下载地址

目　录

第 1 章　信息与信息技术

第 2 章　算法与程序

第 3 章　媒体信息的智能处理

第 4 章　数据科学与大数据

第 5 章　现代通信技术

第 6 章 云计算与物联网

第 7 章 人 工 智 能

第 8 章 信息安全与数据加密

第 1 章
信息与信息技术

　　当我第一次听说"信息时代"这个词时，就感到心痒难耐。之后，我读到有关学术界预言各国将为控制信息，而不是控制资源而战。这听起来挺玄乎，但他们所说的信息究竟是什么意思呢？

电子教案

　　　　　　　　　　　——比尔·盖茨《未来之路》

　　信息犹如空气一样，无时无刻不在我们的生活中出现。无论是在古代还是现代，无论是在口头传递时期、书写时期、电磁波传播的时代，还是在计算机与互联网时代，信息都扮演着重要的角色。

　　信息时代是一个以信息技术为基础，信息和知识成为重要资源和生产力的时代。这是一个充满机遇和挑战的时代，信息技术正在不断地改变着人类的生活和社会的面貌。

　　让我们从探索信息的真谛开始，沿着比尔·盖茨的"未来之路"，迈向新一代信息技术的大门。

1.1 探索信息的真谛

1.1.1 什么是信息

究竟什么是信息？信息的本质是什么？人类自有思考以来就始终在不断追问自己。今天，人类已经跨入信息时代。对于信息的本质，我们对此能做出什么样的诠释呢？

就一般意义而言，信息可以理解成消息、情报、知识、见闻、通知、报告、事实、数据等。但信息真正被作为一个科学概念探讨，则是 20 世纪 30 年代的事情；而被作为科学为人们普遍认识和利用则是近几十年的事情。

对于什么是信息，至今说法不一，"信息"使用的广泛性使得我们难以给它下一个确切的定义。专家、学者从不同的角度为信息下的定义达十几种。1948 年，信息论创始人，美国科学家香农（C. E. Shannon）从研究通信理论出发，第一次用数学方法定义"信息就是不确定性的消除量"。认为信息具有使不确定性减少的能力，信息量就是不确定性减少的程度。所谓不确定性，就是对客观事物的不了解、不肯定。因此，信息被看作用以消除信宿（信息的接收者）对于信源（信息的发出者）发出的消息的不确定性。他还用概率统计的数学方法，系统地讨论了通信的基本问题，得出了几个重要而带有普遍意义的结论。

现代"信息"的概念，已经与半导体技术、微电子技术、计算机技术、通信技术、网络技术、信息服务业、信息产业、信息经济、信息化社会、信息管理、信息论等含义紧密地联系在一起。

总之，信息泛指人类社会传播的一切内容。通过获得和识别自然界和社会的不同信息，人们能够区分不同事物并做出决策。在信息时代，信息既是人们认识世界和改造世界的基础，也是推动社会进步和发展的重要动力。

1.1.2 信息的主要特征

信息的本质是一个复杂的问题，不同的人和学科有不同的看法，信息可以是物质的一种状态、物质或能量的状态描述，也可以是用来消除不确定性的东西，还可以是一种资源，甚至是一种文化。无论从哪个角度来看，信息都具有以下特征。

1. 载体依附性

该特性表现为以下三点：① 信息不能独立存在，需要依附于一定的载体；② 同一个信息可以依附于不同的媒体；③ 载体的依附性具有可存储、可传递、可转换的特点。

信息依附的载体有多种形式。例如，古代将士点燃的烽火本身不是信息，它里面所包含的意义是有外敌入侵，这才是信息，而烽火只是表达和传递信息的载体；文字既可以印刷在书本上，也可以存储到计算机中；信息可以转换成不同的载体形式而被存储下来和传播出去，供更多的人分享，而"分享"的同时也说明信息可传递、可存储。

2. 信息的价值性

信息价值体现在两方面：① 能满足人们精神生活的需要；② 可以促进物质、能量的生产和使用，信息可以增值，信息只有被人们利用，才有价值。人们在加工信息的过程中，经过选择、重组、分析等方式处理，可以获得更多的信息，使原有信息增值。

3. 信息的时效性

信息的时效性会随着时间的推移而变化（长或短）。信息的时效性必须与价值性联系在一起。因为信息如果不被人们利用就不会体现出它的价值，那也就谈不上所谓的时效性。也就是说信息的时效性是通过价值性来体现的。例如，天气预报、市场信息都会随时间的推移而变化。

4. 信息的共享性

萧伯纳对信息的共享性有一个形象的比喻：你有一个苹果，我有一个苹果，彼此交换一下，我们仍然是各有一个苹果。如果你有一种思想，我也有一种思想，我们相互交流，我们就都有了两种思想，甚至更多。

信息资源共享是现代信息社会的主要特征。这个例子说明了信息不会像物质一样因为共享而减少，反而可以因为共享而衍生出更多。信息可以被一次、多次、同时利用，信息的共享程度越高，其价值越大。

5. 信息的可传递性

信息的可传递性是指信息可以通过多种渠道、采用多种方式进行传递，以实现信息从时间或空间上的某一点向其他点的转移。信息传递的方式是多种多样的，可以通过语言、文字、图像、声音等不同的媒介进行传递。例如，人们可以使用语言进行交流，可以通过文字记录事件，可以通过图像了解远处的景象，可以通过声音了解周围的环境。

另外，随着科技的发展，信息的传递方式也变得更加现代化和高效。例如，人们可以通过互联网进行远距离的信息传递，可以通过移动通信进行即时的信息传递，可以通过卫星通信进行全球范围的信息传递。量子通信是利用量子力学中的原理进行信息传递的新型通信方式，量子密码是未来保障网络信息安全的一种非常有潜力的技术手段，也是量子通信领域理论和应用研究的热点。

6. 信息的真伪性

信息有真伪之分。真实的信息能够反映事物的真实情况，而虚假的信息则会导致错误的决策和行动。《三国演义》中诸葛亮使用"空城计"让司马懿怀疑设有埋伏，引兵退去的故事，就是一个体现信息真伪性的典型例子。

7. 信息的可转换性

信息可以转换为物质、能量等形式。例如，通过信息的传播和利用，可以推动物质和能量的生产和应用，从而实现信息的价值转换。此外，信息的可转换性还指在不同的媒体和格式之间转换信息的能力，如文本和数字之间的转换、语音和文字之间的转换、图像和文字之间的转换、Word 文档转换为 PDF 文档等。信息的可转换性是现代社会中非常重要的能力，它可以帮助人们更好地处理、共享和应用信息，提高生产效率和生活质量。

8. 信息的可处理性

信息可以被处理、加工、存储、检索和使用，具有可处理性。通过各种技术和工具，人们可以对信息进行筛选、分类、整合和存储等操作，以实现信息的有效利用和管理。随着计算机技术和人工智能技术的发展，信息的可处理性得到了极大的提升。现在可以利用计算机软件和算法对信息进行高效、快速的处理，例如，自然语言处理、图像识别、数据挖掘等技术，使得信息处理更加智能化、自动化和高效化。未来随着技术的进步和应用需求的增加，信息的可处理性将更加重要。通过不断提升信息处理的能力和效率，人们可以更好地获取、利用和管理信息，为决策和创新提供有力支持。

1.1.3　从信息论到信息科学

20世纪初以来，特别是20世纪40年代，通信技术的迅速发展，迫切需要解决一系列信息理论问题，例如，如何从接收的信号中滤除各种噪声，怎样解决火炮自动控制系统跟踪目标问题等。这就促使科学家在各自研究领域对信息问题进行认真的研究，以便揭示通信过程的规律和重要概念的本质。信息论的发展主要经历三个阶段，如图1-1所示。

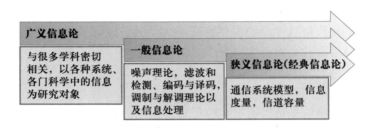

图1-1　信息论发展的三个阶段

1. 经典信息论阶段（1945—1950年）

信息论作为一门严密的科学，主要应归功于美国应用数学家香农（C. E. Shannon，1916—2001）。香农发表的《通信的数学理论》和《信息的数学理论》是信息论的奠基之作。1949年，香农又发表了另一重要论文《在噪声中的通信》。在论文中，香农提出：信息的传播过程是"信源"（信息的发送者）把要提供的信息经过"信道"传递给"信宿"（信息的接收者），信宿接收这些经过"译码"（即解释符号）的信息符号的过程。并由此建立了通信系统模型。香农提出了通信系统模型、度量信息的数学公式以及编码定理和其他一些技术性问题的解决方案。

香农推导出了受噪声（所谓噪声是指"外加于信号之上，而非属信息源本身的信号"）干扰的信道情况下传输速率与信噪比（信号功率与噪声功率之比）之间的关系，指出了用降低传输速率来换取高保真通信的可能性。该公式已广泛用于有噪声情况下的信道最大传输速率的计算。

香农的研究成果标志着信息论（Information Theory）的诞生。由于香农提出的信息论是关于通信技术的理论，它是以数学方法研究通信技术中关于信息的传输和变换规律的一门科学。所以，人们又将其称为狭义信息论，或经典信息论。

2. 一般信息论阶段（1950—1960年）

信息论发展的第二个阶段是一般信息论。这种信息论虽然主要还是研究通信问题，但是新增加了噪声理论，信号的滤波、检测，信号的编码与译码，信号的调制与解调以及信息的处理等问题。通信的目的是要使接收者获得可靠的信息，以便做出正确的判断与决策。为此，一般信息论特别关心信号在通信过程中被噪声干扰时的处理问题。

在这一阶段，信息论的应用范围得到了极大的扩展，包括计算机科学、数学和物理学等多个领域。在这一阶段，信息的压缩和数据压缩算法的提出以及密码学的初步发展，都是信息论的重要贡献。

3. 广义信息论阶段（1960 年至今）

信息论发展的第三个阶段是广义信息论。它是随着现代科学技术的纵横交叉的发展而逐渐形成的。一般来说，在对信息的研究中，仅考虑其形式的方面而不考虑其内容和用途，即是狭义信息。如果考虑信息的语义和有效性问题，则是广义信息。

广义信息论远远超出了通信技术的范围来研究信息问题，它以各种系统、各门科学中的信息为对象，广泛地研究信息的本质和特点以及信息的获取、计量、传输、存储、处理、控制和利用的一般规律。广义信息论的研究与很多学科密切相关，例如，数学、物理学、控制论、计算机科学、逻辑学、心理学、语言学、生物学、仿生学、管理科学等。信息论在各个方面得到了广泛的应用，主要研究以计算机处理为中心的信息处理的基本理论，包括语言、文字的处理、图像识别、学习理论及其各种应用。

显然，广义信息论包括了狭义信息论和一般信息论的内容，但其研究范围却比通信领域广泛得多，从而拓宽了信息论的研究方向，使得人类对信息现象的认识与揭示不断丰富和完善。广义信息论是狭义信息论和一般信息论在各个领域的应用和推广，因此，它的规律也更一般化，适用于各个领域。

总之，信息论是一门以信息传输和处理为研究对象的学科，其发展历程经历了从通信实践中的经验总结到与其他学科交叉渗透的过程，进而发展成为一门跨学科的综合性学科——信息科学。随着信息技术和其他领域的发展，信息科学在计算机科学、软件工程、电子商务、电子政务、数字媒体和新媒体等领域，以及金融、医疗、教育、军事等行业中得到了广泛应用，为各个领域的决策和创新提供了有力支持。

1.2　信息的度量

1.2.1　香农与信息度量

1948 年，香农在《贝尔系统技术学报》上发表的《通信的数学理论》中指出：信息是有秩序的量度，是人们对事物了解的不确定性的消除或减少。信息是对组织程度的一种测度，信息能使物质系统有序性增强，减少破坏、混乱和噪声。

香农在确定信息量名称时，将热力学中的"熵"的概念应用到信息领域，提出了信息熵的度量公式。一个系统的熵就是它的无组织程度的度量。而一个系统中的信息量是它的组织化程度的度量，这说明信息与熵恰好是一个相反的量，信息是负熵，所以在信息熵的公式中有负号，它表示系统获得后无序状态的减少或消除，即消除不定性的大小。熵的意义不仅于此，由于熵表达了事物所含的信息量，我们不可能用少于熵的比特数来确切表达这一事物。所以这一概念已成为所有无损压缩的标准和极限。同时，它也是导出无损压缩算法达到或接近"熵"的编码的源泉。

根据香农信息熵的定义，信息源所发出的消息带有不确定性。用数学的语言来讲，不确定就是随机性。那么信息如何测度呢？显然，信息量与不确定性消除程度有关。消除多少不确定性，就获得多少信息量。不确定性的大小可以直观地看成是事先猜测某随机事件是否发生的可能程度。

1.2.2 自信息量

某一个随机事件 x 所含的信息量称为 x 的自信息量，自信息量的公式表示为：

$$I(x) = \log_2 \frac{1}{p(x)} = -\log_2 p(x) \tag{1-1}$$

式中，$I(x)$ 代表 x 的自信息量，$p(x)$ 为事件 x 出现的概率。

在式（1-1）中，对数的底数从理论上而言可以取任何数。计算机中采用二进制（见 1.6.1 小节），对应的取对数底为 2，此时信息的计量单位为比特（bit，二进制位）。

自信息量的含义可以从不同的角度来理解。

① 自信息量表示了一个事件是否发生的不确定性的大小，一旦该事件发生，就消除了这种不确定性，带来了信息量。

② 自信息量表示了一个事件的发生带给人们信息量的大小，事件发生的概率越大，它发生后提供的信息量越小。反之，事件发生的概率越小，一旦事件发生，它带来的信息量就越大。所以有些文献又将其称为惊讶值（surprise）。

③ 自信息量表示一个事件在存储和通信中的编码长度由概率大小来确定，出现概率越高的符号，其对应的码字越短；出现概率越低的符号，其对应的码字越长。这样可以在平均意义上降低信息熵，提高编码效率。

【例 1-1】"Alice 今天吃饭了"这个事件发生的概率是 99.99%，"某沿海地区发生海啸"这个事件发生的概率是 0.01%，试分别求这两个事件的自信息量。

［解］设"Alice 今天吃饭了"这个事件为 x，"某沿海地区发生海啸"这个事件为 y，则 $P(x) = 0.9999$，$P(y) = 0.0001$，因此

$I(x) = -\log_2 p(x) = -\log_2 0.9999 \approx 0.000142$（比特）

$I(y) = -\log_2 p(y) = -\log_2 0.0001 \approx 13.287$（比特）

显然，y 事件的发生带给我们的信息量远大于 x 事件发生带给我们的信息量，这也就印证了为什么我们看到 y 事件发生会吃惊，几乎不会对 x 事件留下什么印象。

【例 1-2】箱中有 90 个红球，10 个白球。现从箱中随机地取出一个球。求：

① 事件"取出一个红球"的不确定性。

② 事件"取出一个白球"所提供的信息量。

③ 事件"取出一个红球"与"取出一个白球"的发生，哪个更难猜测？

［解］① 设 a_1 表示"取出一个红球"的事件，则 $p(a_1) = 0.9$，解得事件 a_1 的自信息量为

$$I(a_1) = -\log_2 0.9 = 0.152 \text{（比特）}$$

② 设 a_2 表示"取出一个白球"的事件，则 $p(a_2) = 0.1$，解得事件 a_2 的自信息量为

$$I(a_2) = -\log_2 0.1 = 3.323 \text{（比特）}$$

③ 由于 $I(a_2) > I(a_1)$，所以事件"取出一个白球"发生的不确定性更大，更难猜测。

在 Python 中调用对数函数进行计算，使用 Python 数学函数前，首先要导入内置的数学运算库 math。

```
In[1]:    import math
          -math.log2(0.1)        #求以 2 为底的对数
          math.log10(100)        #求以 10 为底的对数
          math.log(10)           #求以 e 为底的对数

Out[1]:   3.321928094887362
          2.0
          2.302585092994046
```

1.2.3　平均自信息量——信息熵

自信息量 $I(x)$ 是针对某一个具体事件而言的，如果信源是由多个事件组成的离散事件集合，$I(x)$ 不能作为整个信息源的平均自信息量的度量。

信息源发出的消息是随机的，可以用随机变量来表示。设 X 为一离散随机变量，在集合 $\{x_1, x_2, \cdots, x_n\}$ 中取值，在一般情况下，对于由很多事件组成的离散事件集合，集合中每个事件都有自己发生的概率，由此，概率空间（又称信源空间）可表示为

$$\begin{bmatrix} X \\ P \end{bmatrix} = \begin{bmatrix} x_1 & x_2 & x_3 & \cdots & x_n \\ p(x_1) & p(x_2) & p(x_3) & \cdots & p(x_n) \end{bmatrix}$$

其中，$p(x_i) \geqslant 0 \ (i = 1, 2, \cdots, n)$ 且 $\sum\limits_{i=1}^{n} p(x_i) = 1$

定义：$H(X) = \sum\limits_{i=1}^{n} p(x_i) \log_2 \dfrac{1}{p(x_i)} = -\sum\limits_{i=1}^{n} p(x_i) \log_2 p(x_i)$ (1-2)

称 $H(X)$ 为离散事件集合 X 的平均自信息量，或称信息熵。

为简便起见，有时把概率 $p(x_i)$ 简记为 p_i，这时信息熵 $H(X)$ 又可记作

$$H(X) = H(p_1, p_2, \cdots, p_n) = \sum\limits_{i=1}^{n} p_i \log_2 \dfrac{1}{p_i} = -\sum\limits_{i=1}^{n} p_i \log_2 p_i$$

信息熵是从整个信息源事件集合 X 的统计特性来考虑的，它从平均的意义上来表示信息源的总体信息测度，它表示信息源的事件集合 X 在没有发出消息以前，信宿对信源 X 存在着平均不确定性。熵值表示了集合中事件的发生带给人们平均信息量的大小。

香农的信息度量公式排除了对信息含义的主观理解，它表示信息源本身统计特性的测量，不管有无接收者，信息熵总是客观存在的量，即同样一个事件对任何一个收信者来说，所得到的信息量都是一样的。

自信息量一般是在特定场景下用于衡量单个事件的信息含量或不确定性，例如在通信系统中用于评估某个信号或消息的重要性。信息熵在信息论、通信理论、数据压缩等领域有广泛应用，用于评估信息源的不确定度、数据压缩的潜力以及通信系统的性能等。

【例1-3】计算机系统通常配有多种外部接口，其中串行通信接口为异步传输模式，即每次传输一个二进制位，设某串行接口的概率空间为

$$\begin{bmatrix} X \\ P \end{bmatrix} = \begin{bmatrix} 0 & 1 \\ 1/2 & 1/2 \end{bmatrix}$$

求串口的信息熵。

［解］$H(X) = -\sum_{i=1}^{n} p_i \log_2 p_i = -\left(\dfrac{1}{2}\log_2 \dfrac{1}{2} + \dfrac{1}{2}\log_2 \dfrac{1}{2} \right) = 1$（比特）

【例1-4】设有四个符号，其中前三个符号出现的概率分别为1/4、1/8、1/8，且各符号的出现概率是相对独立的，试计算该符号集的平均信息量。

［解］第4个符号出现的概率 $P_4 = 1 - (1/4 + 1/8 + 1/8) = 1/2$，则该信源的平均信息量为

$$H(X) = -\sum_{i=1}^{n} p_i \log_2 p_i = -\left(\dfrac{1}{4}\log_2 \dfrac{1}{4} + 2 \times \dfrac{1}{8}\log_2 \dfrac{1}{8} + \dfrac{1}{2}\log_2 \dfrac{1}{2} \right) = 1.75$$（比特）

【例1-5】假设 A、B 两城市天气情况概率分布如表 1-1 所示，试分析哪个城市的天气具有更大的不确定性？

表 1-1　A、B 两城市天气情况概率分布

城　　市	晴	阴	雨
A 城市	0.8	0.15	0.05
B 城市	0.4	0.3	0.3

［解］由题意得

$H(A) = H(0.8, 0.15, 0.05) = -(0.8 \times \log_2 0.8 + 0.15 \times \log_2 0.15 + 0.05 \times \log_2 0.05) = 0.884$（比特）

$H(B) = H(0.4, 0.3, 0.3) = -(0.4 \times \log_2 0.4 + 0.3 \times \log_2 0.3 + 0.3 \times \log_2 0.3) = 1.571$（比特）

由于 $H(B)$ 信息量更大，所以城市 B 的天气具有更大的不确定性。

1.3　信息技术

1.3.1　信息技术的革命

信息作为一种社会资源自古就有，人类也是自古以来就在利用信息资源，只是利用的能力和水平很低而已。在信息技术发展的历史长河中，指南针、烽火台、风标、号角、语言、文字、纸张、印刷术等作为古代传载信息的手段，曾经发挥过重要作用，望远镜、放大镜、显微镜、算盘、手摇机械计算机等则是近代信息技术的产物。它们都是现代信息技术的早期形式。

迄今为止，人类社会已经发生过四次信息技术革命。

第一次革命是人类创造了语言和文字，接着出现了文献。语言、文献是当时信息存在的形式，也是信息交流的工具。

第二次革命是造纸和印刷术的出现。这次革命结束了人们单纯依靠手抄、篆刻文献的时代，使得知识可以大量生产、存储和流通，进一步扩大了信息交流的范围。

第三次革命是电报、电话、电视及其他通信技术的发明和应用。这次革命是信息传递手段的历史性变革，它结束了人们单纯依靠烽火和驿站传递信息的历史，大大加快了信息传递速度。

第四次革命是电子计算机和现代通信技术在信息工作中的应用。电子计算机和现代通信技术的有效结合，使信息的处理速度、传递速度得到了惊人的提高；人类处理信息、利用信息的能力达到了空前的高度。

信息技术的发展是一个漫长而充满挑战的过程，作为一门科学和技术领域，信息技术（information technology，IT）是指用于管理和处理信息所采用的各种技术的总称。它涵盖了科学、技术、工程以及管理等学科。信息技术的研究与应用包括计算机硬件和软件、网络和通信技术、各种应用程序设计等方面。具体来说，它涉及如何有效地收集、处理、存储和传输信息，其目的是将各种信息以电子化的形式进行处理和传输，实现信息的数字化和智能化。信息技术已经深入到社会各个领域，包括通信、医疗、教育、娱乐、军事等，对社会经济发展和人类文明进步起到了重要的推动作用。

1.3.2　信息技术的核心技术

从技术的本质意义上讲，信息技术就是能够扩展人的信息器官功能的一类技术。

1. 人类的信息器官与功能

人类在认识环境、适应环境与改造环境的过程中，为了应对日趋复杂的环境变化，需要不断地增强自己的信息能力，即扩展信息器官的功能，主要包括感觉器官、神经网络、思维器官和效应器官的功能（见图1-2）。

① 感觉器官，包括视觉器官、听觉器官、嗅觉器官、味觉器官、触觉器官和平衡感觉器官等。

② 传导神经网络，它又可以分为导入神经网络和导出神经网络等。

③ 思维器官，包括记忆系统、联想系统、分析推理和决策系统等。

④ 效应器官，包括操作器官（手）、行走器官（脚）和语言器官（口）等。

图1-2展示了人们认识世界和改造世界的一个基本过程或循环过程。人类的这四类信息器官和它们的信息功能是有机地联系在一起的。这种有机的联系使它们能够执行一种整体性的高级功能——认识世界和改造世界过程所需要的智力功能，这种高级的整体性功能不是每个个别器官功能的简单相加，它体现了一个著名的系统学原理：整体大于部分之和。

2. 信息技术的"四基元"

由于人类的信息活动越来越走向更高级、更广泛、更复杂，人类信息器官的天然功能已越来越难以适应需要。人类创立和发展起来的信息技术，从某种意义上来说，就是为了不断地扩展人类信息器官功能的一类技术的总称。

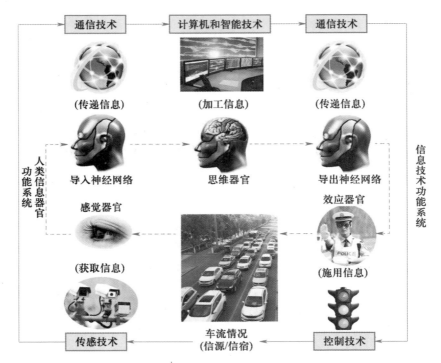

图 1-2　人类信息器官功能系统与信息技术功能系统示意图

由国务院发布的《中国制造 2025》文件中，明确提出新一代信息技术产业包括 4 个方向，分别是集成电路及专用设备、信息通信设备、操作系统与工业软件、智能制造核心信息设备。

根据信息技术的定义和新一代信息技术产业的需求，可以明确信息技术所依赖的四个要素，即信息技术的核心技术：传感技术、通信技术、计算机和智能技术以及控制技术。这就是信息技术"四基元"，如图 1-2 所示。

既然信息技术是人的信息器官功能的延长，信息技术"四基元"的关系也应当视作一个有机的整体，它们和谐有机地合作，共同完成扩展人的智力功能的任务。图 1-2 展示出了它们之间的这种联系。

由图 1-2 可见，信息技术"四基元"及其功能系统完全与人的信息器官及其功能系统相对应。信息技术的功能和人的信息器官的功能是一致的，只是在功能水平或性能上各有千秋。通信技术、计算机和智能技术处在整个信息技术的核心位置，传感技术和控制技术则是核心与外部世界之间的接口。没有通信技术、计算机和智能技术，信息技术就失去了基本的意义；而没有传感技术和控制技术，信息技术就失去了基本的作用：一方面没有信息的来源，另一方面也失去了信息的归宿。可见，信息技术的"四基元"是一个完整的体系。

（1）传感技术

传感技术是感觉器官功能的延伸。从仿生学观点来看，如果把计算机看成处理和识别信息的"大脑"，把通信系统看成传递信息的"神经系统"，那么传感器就是"感觉器官"。目前，传感技术已广泛应用于航天、航空、国防科研、信息产业、机械、电力、能源、机器人、家电等诸多领域，可以说几乎渗透到每个领域。

传感技术是关于从自然信源获取信息，并对之进行处理（变换）和识别的一门多学科交叉的现代科学与工程技术，它涉及传感器（又称换能器）、信息处理和识别的规划设计、开发、制造/建造、测试、应用及评价改进等活动。获取信息靠各类传感器，包括各种物理量、化学量或生物量的传感器。例如，人们常用的数码照相机能够收集可见光波的信息；手机的麦克风能够收集和录制声波信息。此外，还有红外、紫外等光波波段的敏感元件，帮助人们提取那些人眼所见不到的重要信息。还有超声和次声传感器，可以帮助人们获得那些人耳听不到的信息。不仅如此，人们还制造了各种嗅敏、味敏、光敏、热敏、磁敏、湿敏以及一些综合敏感元件。这样，还可以把那些人类感觉器官收集不到的各种有用信息提取出来，从而延长和扩展人类收集信息的功能。

（2）通信技术

通信技术是传导神经网络功能的延伸。它的作用是传递、交换和分配信息，消除或克服空间上的限制，使人们能更有效地利用信息资源。

通信技术研究的是以电磁波、声波或光波的形式把信息通过电脉冲，从发送端（信源）传输到一个或多个接收端（信宿）。信号处理是通信技术中一个重要环节，其包括过滤、编码和解码等。

现代通信技术主要包括数字通信、卫星通信、微波通信、光纤通信、量子通信等。通信技术的普及应用，是现代社会的一个显著标志。通信技术的迅速发展大大加快了信息传递的速度，使地球上任何地点之间的信息传递速度大大提高，通信能力大大加强，各种信息媒体（数字、声音、图形、图像）能以综合业务的方式传输，通信技术深入每个人的日常生活中，使社会生活发生了极其深刻的变化。从传统的电话、电报、收音机、电视到如今无处不在的移动通信，这些新的、人人可用的现代通信方式使数据和信息的传递效率得到很大的提高。

（3）计算机和智能技术

计算机和智能技术是思维器官功能的延伸。计算机技术（包括硬件和软件技术）和人工智能技术，使人们能更好地加工和再生信息。计算机技术是指在计算领域中所运用的技术方法和技术手段。计算机技术具有明显的综合特性，它与微电子技术、现代通信技术、网络技术和数学等学科紧密结合。

目前，计算机技术研究领域和应用领域已经产生一系列新的变革。计算机将由信息处理、数据处理过渡到知识处理，知识库将取代数据库。自然语言理解、图像识别、手写输入等人机对话方式逐渐成为输入输出的主要形式，使人机交互达到更加智能的高级程度。

人工智能（artificial intelligence，AI）是研究、开发用于模拟、延伸和扩展人的智能的理论、方法、技术及应用系统的一门新的技术。人工智能是计算机科学的一个分支，是研究使计算机来模拟人的某些思维过程和智能行为（如学习、推理、思考、规划等）的学科。

人工智能不是人的智能，但可以帮助人们更深入地理解人类自己的智能，最终揭示智能的本质与奥秘。人工智能始终处于不断向前推进的计算机技术的前沿。近年来，实现人工智能所应用的技术，无论是深度学习，还是大数据分析，或是神经网络，都呈现突飞猛进的进展。人工智能在计算机领域内得到了愈加广泛的重视，并在机器人、决策系统、控制系统和仿真系统中得到应用。可以预见的是，人工智能迟早会在许多领域替代人类，在某些领域甚至超过人类的智能。

有关人工智能技术的概念和应用将在第 7 章详细介绍。

（4）控制技术

控制技术是效应器官功能的延长。控制技术的作用是根据输入的指令（决策信息）对外部事物的运动状态实施干预，即信息施效。

所谓控制，直观地说，就是指施控主体对受控客体的一种能动作用，这种作用能够使得受控客体根据施控主体的预定目标而动作，并最终达到目标。控制作为一种作用，至少要有作用者（即施控主体）与被作用者（即受控客体）以及将作用由作用者传递到受作用者的传递者这三个必要的元素。

在《中国制造 2025》纲领中，智能制造核心信息设备与控制技术密不可分。计算机控制技术是计算机技术与控制理论、自动化技术与智能技术相结合的产物。智能控制是一种无须人的干预就能够自主地驱动智能机器实现其目标的过程，是用机器模拟人类智能的一个重要领域。其中，智能机器人的研制和应用水平是一个国家科学技术和工业技术发展水平的重要指标。

计算机的应用促进了控制理论的发展。先进控制的理论和计算机技术的发展推动了工业机器人的智能化、网络化的应用。人工智能的出现和发展，促进了自动控制系统向更高层次即智能控制的发展。

1.3.3 信息技术主要支撑技术——微电子技术与智能芯片

无论是信息的获取（感测系统）、信息的传递（通信系统）、信息的处理与再生（计算机和智能系统），还是信息的施用（控制系统），都要通过机械的、电子或微电子的、激光的、生物的技术手段来具体地实现，这是很显然的。因为，一切信息技术都要通过某种（某些）支撑技术的手段来实现。信息技术（特别是现代信息技术）的支撑技术主要是指微电子技术和光电子技术。

微电子技术与智能芯片制造密不可分。芯片，又称微电路（microcircuit）、微芯片（microchip）、集成电路，是指内含集成电路的硅片。现代微电子技术与芯片技术已经渗透到现代高科技的各个领域。今天一切技术领域的发展都离不开它们，尤其对于电子计算机技术它更是基础和核心。人们通常所接触的电子产品，包括智能手机、计算机与网络设备和数字家电等，都是在微电子和芯片技术的基础上发展起来的，它的每一次重大突破都会给电子信息技术带来一次重大革命。

微电子技术是高科技和信息产业的核心与主要支撑技术，是信息领域的重要基础学科和基础性产业，它所研究的核心是集成电路或集成系统的设计和制造。我国已将智能芯片制造技术提升到国家战略地位，以支持 2030 年国家先进制造目标的实现。

我国芯片技术正处于一个关键的发展阶段，在全球技术封锁的背景下，芯片产业正面临巨大的挑战。中国芯片产业起步较晚，与欧美等国家相比存在差距，特别是在先进工艺、设计能力和国际竞争力方面还有待提高。目前，中国芯片市场的整体规模较小，与全球芯片市场的龙头地位相比有较大差距。

尽管面临挑战，但中国在芯片技术领域不断取得进步。国家政策的大力支持和创新实践的不断探索，推动了国内芯片企业加大研发投入，提升核心技术水平，逐渐实现从跟随者到引领者的转变。近年来，我国在芯片领域的研究和开发上取得了重大进展，一些国内企业已经开始自主研发芯片，并取得了一定的成果。例如，华为的海思麒麟系列芯片已经广泛应用于其智能手机和物联网设备中。我国在芯片封装测试领域具备较强实力，能够满足国内外市场需求。国内封装测试企业在高密度集成、三维集成、可靠性检测等方面取得了一定的技术突破，并在 5G、物联网、人工智能等新兴领域的应用上不断拓展。随着国内芯片产业的发展，芯片产业链逐步完善，上下游企业之间的合作也日益紧密。国内已经具备了从芯片设计、制造到封装测试等完整的产业链条，这对于产业发展具有重要推动作用。

展望未来，中国正在加大对包括芯片和软件在内的技术领域的投资，以削弱对海外产品的依赖。目标是到 2025 年，本土芯片供应占比将提升至 70%。同时，中国正在寻求刺激芯片颠覆性新技术发展的途径，包括向整个芯片行业提供广泛的激励措施以及从目前的硅片芯片跃升至使用新材料制造的"第四代"芯片。

1.4　从图灵机到现代计算机

长久以来，人类的计算都是依靠手工来完成的，但如果仔细考虑一下，就会发现计算的实质是把一个经过清楚的分析，明确了求解的方法的问题，分解为明确、可行、有限的步骤，显然这种工作本质上是机械性的，如果把已经得到求解方法的问题还交给人脑来计算，显然有浪费人力之嫌；从另外一个方面来讲，往往一个需要专门加以计算的问题，也是一个需要进行庞大的计算的问题，庞大到人力已经难以胜任的程度。因此这两个方面都要求人类发明能够进行计算的机器。

创造和设计一个自动计算工具，是人类千百年的梦想。这个梦想中的自动计算模型是什么模样，一直没有人给出确切的答案。这里所指的计算模型，并不是指建立在数学描述基础上用来求解某一（类）问题计算机方法的数学模型，而是指具有状态转换特征，能够对所处理的对象的数据或信息进行表示、加工、变换、接收、输出的数学机器。

1.4.1　第一台电子计算机

从人类最早的计算工具到如今强大的超级计算功能，计算机的发展历程也是人类文明发展的重要历程。中国古代普遍采用的计算工具"算筹"和"算盘"等，都是人类借助工具进行数字计算的开端。

19 世纪和 20 世纪前半叶，是计算机发展史上不寻常的时代，一批杰出的先驱者出现了，他们有的是数学家，有的是物理学家，有的是统计工作者，他们各自在自己熟悉的领域中感到了制造计算机的需要。

1642—1643 年，帕斯卡（Blaise Pascal）[①] 发明了一个用齿轮运作的加法器。它由一系列

[①]　为纪念帕斯卡所做出的贡献，后来人们发明了以他名字命名的 Pascal 高级程序设计语言。

的齿轮连结起来的轮子组成（见图 1-3），用齿轮的位置来表示数据，通过手动转动齿轮来
实现加法运算，并利用进位机构实现进位。虽然帕斯卡加法机只能做加法和减法，但它发明
的意义远远超出了这台计数器本身的使用价值，它告诉人们用纯机械装置可代替人的思维和
记忆，从此在欧洲兴起了制造思维工具的热潮。

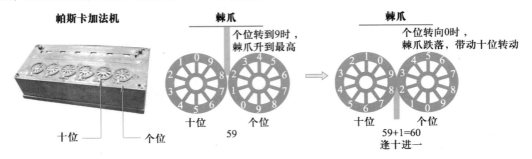

图 1-3 帕斯卡加法机及其工作原理示意图

1936 年，英国数学家图灵（Alan M. Turing）提出了可计算计算机的概念，后来人们称
他描述的计算机为"图灵机"。

1943 年，美国宾夕法尼亚大学的工程师普雷斯珀·埃克特（J. Presper Eckert）博士和物
理学家约翰·莫克利（John Mauchly）博士开始着手研制"埃尼阿克"（electronic numerical
integrator and galculator，ENIAC，电子数值积分计算器），项目随着数学家冯·诺依曼（Von
Neumann）的加入进行得更为顺利。从此，人类进入了一个全新的计算技术时代。

1946 年 2 月 14 日，是人类文明历史上的重要转折点。世界上第一台真正的现代电子数
字计算机 ENIAC 研制成功了（见图 1-4）。ENIAC 用电子管代替继电器和其他半机械式装
置，可以按事先编好的程序自动执行算术运算、逻辑运算和存储数据的功能，其运行速度比
当时已有的计算装置要快 1 000 倍。

图 1-4 工作人员在 ENIAC 计算机上编程（1946）

ENIAC 是一个庞然大物，共用了 18 000 多只电子管，功耗为 150 kW，占地 170 m^2。为了
给机器散热，专门为它配备了一台重约 30 t 的冷却装置。

ENIAC 可以编程，执行复杂的操作序列，包含循环、分支和子程序。获取一个问题并把问题映射到机器上是一个复杂的任务，通常要用几个星期的时间。当问题在纸上搞清楚之后，通过操作各种开关和电缆把问题"弄进"ENIAC 还要用去几天的时间。然后，还要有一个验证和测试阶段，由机器的"单步执行"能力协助测试。重新编程时需要重新布线。

1.4.2 图灵机与冯·诺依曼体系结构

从第一台电子计算机 ENIAC 到现在的第四代计算机，都采用冯·诺依曼体系结构，而冯·诺依曼体系结构的基本思想源自图灵机。

1. 图灵机与可计算理论

上一节提到的英国数学家阿兰·图灵（Alan Turing），于 1936 年发表名为《论可计算数在判定问题中的应用》的论文，在这篇论文中，图灵提出了通用机的概念，这是一个描述计算步骤的数学模型。使用这种抽象计算机，可以把复杂的计算过程还原为十分简单的操作。后人将这个通用机模型称为图灵机。

图灵机是一个典型的思想实验，是一种抽象计算模型，用来精确定义可计算函数。图灵机由一个控制器、一条可以无限延伸的带子和一个在带子上左右移动的读写头组成（见图 1-5）。这个概念如此简单的机器，理论上却可以计算任何直观可计算函数。图灵在设计了上述模型后提出，凡可计算的函数都可用这样的机器来实现，这就是著名的图灵论题。现在图灵论题已被当成公理使用，70 多年来，数学家提出的各种各样的计算模型都被证明是和图灵机等价的。

2012 年 6 月 23 日，在阿兰·图灵 100 周年诞辰之际，Google 在搜索引擎首页用游戏动画的形式，演示了图灵机的工作原理，向这位计算机和人工智能的开拓者表达敬意。

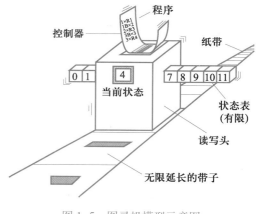

图 1-5　图灵机模型示意图

图灵机是一种数学自动机器，就其思想和原理而言，包含了存储程序的重要思想，为现代计算机的出现提供了重要的依据。

① 带子——存储设备。

② 命令——相当于一组预先设计、存储好的程序。

③ 控制器——决定读写头的每一步操作。

表面看来，图灵机的计算功能似乎很弱。但只要提供足够的时间、允许计算到足够多的步数、足够多的空间以及允许使用足够长的磁带，则其力量是非常强的，足以代替目前的任何计算机。

图灵机为现代计算机硬件和软件做了理论上的准备，对数字计算机的一般结构、可实现性和局限性研究产生了意义深远的影响。图灵理论的意义在于，它深入细致地研究了计算机的能力和极限。更精确地说，图灵机建立了一个标准，其他计算机可以与这个标准进行比较。如果一个计算体系可以计算所有图灵机可计算的函数，那么它拥有的计算能力等同于任何一个计算系统。直到今天，人们还在研究各种形式的图灵机，以便解决理论计算机科学中的许多所谓基本极限的问题。

2. 冯·诺依曼型计算机的基本结构

尽管图灵机就其计算能力而言，可以模拟现代任何计算机。甚至图灵机还蕴含了现代存储程序式计算机的思想（图灵机的带子可以看作是具有可擦写功能的存储器），但是它毕竟不同于实际的计算机，在实际计算机的研制中还需要有具体的实现方法与实现技术。

科学知识的增长是一个积累过程，任何科学研究都是在前人的工作基础上继续的。在图灵机提出后不到十年，美国普林斯顿研究院的冯·诺依曼博士在一篇论文中将计算机工作原理概括为："存储程序，顺序控制"。其基本思想是

① 指令和数据都以二进制形式存储在计算机存储器中。

② 指令根据其存储的顺序执行。

存储器原来只保存数据，计算机执行指令时从存储器中取数据，计算结果存回存储器。冯·诺依曼提出将程序指令存入存储器，由计算机自动提取指令并执行，由指令计数器指示着程序的执行进程，这样计算机就可以以自己的速度自动运行程序了。

冯·诺依曼提出的"存储程序控制"标志着现代意义的计算机的诞生。经过不断努力，冯·诺依曼确定了现代存储程序式电子数字计算机的基本结构和工作原理，主要由五部分组成：存储器、运算器、控制器、输入设备、输出设备，如图1-6所示，明确地反映出现代电子数字计算机的存储程序控制原理和基本结构，创立了一个所有数字式计算机至今仍遵循的范式，对以后的计算机的发展产生了深远的影响。今天，人们把具有这样一种工作原理和基本结构的计算机统称为"冯·诺依曼型计算机"。

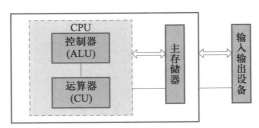

图1-6　冯·诺依曼型计算机结构示意图

由于冯·诺依曼对存储程序式电子计算机的杰出贡献，许多人都推举他为"计算机之父"，但是他向别人强调：如果不考虑巴贝奇等人的工作和他们早先提出的有关计算机和程序设计的一些概念，计算机的基本思想来源于图灵。

冯·诺依曼和图灵等人的贡献堪称"创世纪的赠礼"，是20世纪最伟大的发明之一，从此掀起了以计算机和网络技术为代表的信息技术革命浪潮，对整个世界的现代化、全球化发生了重大影响。人类从此有了这样一种机器，一种由数以千万计的电子开关组成的通用的"信息处理机"。有了它，人们要处理文字、声音、图像或其他任何媒体的信息，只要借助相应的输入设备把它们送入计算机，计算机就会将它们转换为由"0"和"1"两个数码组成的二进制位流，再经过一连串在"开"和"关"状态间快速翻转的电子开关，作为信息处

理的"输出结果"就会从计算机的输出端源源不断地输送出来。

1.4.3　图灵测试与人工智能

提出图灵机模型的阿兰·图灵（Alan Turing）不仅在量子力学、数理逻辑、生物学、化学等方面有深入的研究，他还被人们推崇为人工智能之父，在计算机发展的历史画卷中永远占有一席之地。他的惊世才华和盛年夭折，也给他的个人生活涂上了谜一样的传奇色彩。美国计算机协会（ACM）从 1966 年起设立图灵奖，这个奖项就像诺贝尔奖一样，为计算科学的获奖者带来至高无上的荣誉。

1950 年，图灵发表了另一篇具有重大影响的论文《计算机器与智能》（*Computing Machinery and Intelligence*），在这篇文章中，图灵提出了一种用来测试机器是不是具备人类智能的方法，这就是著名的"图灵测试"（Turing test）。

"图灵测试"会在测试人与被测试者（一个人和一台机器）隔开的情况下，通过一些装置（如键盘）向被测试者随意提问（见图 1-7）。问过一些问题后，如果机器超过 30% 的答复不能使测试人确认出是人还是机器的回答，那么这台机器就通过了测试，并被认为具有人工智能。

所谓的"人工智能"（artificial intelligence，AI），是研究、开发用于模拟、延伸和扩展人的智能的理论、方法、技术及应用系统的一门新的技术科学。人工智能是对人的意识、思维的信息过程的模拟。

图 1-7　图灵测试场景示意图

2016 年是人工智能技术提出并发展 60 周年。在这个有纪念意义的时间，英国雷丁大学发出一份公告，宣布一台超级计算机的人工智能软件尤金·古斯特曼（Eugene Goostman）首次通过了"图灵测试"，成功让人类相信它是一个 13 岁的男孩。这台计算机也成为有史以来第一个具有人类思考能力的人工智能设备，被看作人工智能发展的里程碑事件。这也是对图灵的最好的纪念形式。

目前，人工智能实现的基本方式还是通过深度学习技术，深度学习的概念源于人工神经网络的研究。深度学习通过组合低层特征形成更加抽象的高层表示属性类别或特征，以发现数据的分布式特征表示。人工智能通过深度学习进行训练，把人类的知识教给机器，神经元网络负责进一步提升深度学习的能力。人工智能相关知识将在第 7 章进一步详细介绍。

1.4.4　现代计算机发展的四个阶段

计算机史学家们通常认为计算机的发展经历了四个不同的阶段（或称四代），计算机的发展先后经历了电子管、晶体管、集成电路、大规模和超大规模集成电路的演变，如图 1-8 所示。总的发展趋势是体积、重量、功耗越来越小，而容量、速度、处理能力等性能越来越强。每一代计算机都变得更小、更快、更可靠，而且操作起来也更加便利。

图 1-8　按采用的电子器件划分的四代计算机

1. 采用电子管的第一代计算机（约 1945—1957 年）

在 20 世纪 50 年代左右，第一代计算机都采用电子管（或称为真空管）元件。电子管是一个可以在真空中控制电流"有"或"无"两种状态的器件，一个状态表示为 0，另一个状态则表示为 1。ENIAC 是第一代计算机原型的代表。大多数历史学家认为 UNIVAC 计算机是这个时期最早获得商业成功的数字计算机。UNIVAC 在外形上比 ENIAC 要小，但是它的功能却更加强大，每秒可以读入 7 200 个字符，完成 225 万次指令循环。

电子管计算机有许多明显的缺点。例如，在运行时产生的热量太多，可靠性较差，运算速度不快，价格昂贵，体积庞大，这些都使计算机的功能受到限制。第一代计算机不具有操作系统，每个应用程序的操作指令都是为特定任务而编制的，要包含输入、输出和处理各个方面所必需的各种指令。另外，每种机器有各自不同的机器语言，功能受到限制，速度也慢。

2. 采用晶体管的第二代计算机（约 1958—1964 年）

晶体管泛指一切以半导体材料为基础的单一元件，包括各种半导体材料制成的二极管、三极管、场效应管、可控硅等。导电性能介于导体和绝缘体之间的物质，就叫半导体，这类物质最常见的便是由硅（silicon）（或锗）材料制成。硅材料是任何电子设备的心脏，大多数半导体芯片和晶体管都是用硅材料制成的。人们会经常听说"硅谷"（Silicon Valley）或"硅经济"（silicon economy）等名词，这说明，半导体材料对于现代社会进步产生了重大而广泛的影响。

用晶体管来做计算机的元件，不仅能实现电子管的功能，而且具有尺寸小、重量轻、寿命长、效率高、发热少、功耗低等优点。使用了晶体管以后，电子线路的结构大大改观，制造高速电子计算机的设想也就更容易实现了。

在这一时期出现了更高级的 COBOL（common business-oriented language）和 FORTRAN（formula translator）等语言，以指令语句和表达式代替了晦涩难懂的二进制机器码，使计算机编程更容易。新的职业（程序员、分析员和计算机系统专家）和整个软件产业由此诞生。

3. 采用集成电路的第三代计算机（约 1965—1970 年）

1958 年美国德州仪器（TI）的工程师杰克·基尔比（Jack Kilby，2000 年度诺贝尔物理学奖获得者）发明了集成电路。以后，集成电路工艺日趋完善，集成电路所包含的元件数量以每 1~2 年翻一番的速度增长着。甚至，在 1 cm² 的芯片上，就可以集成上百万个电子元器件。因为它看起来只是一块小小的硅片，因此人们常把它称为芯片。

1964 年 4 月，IBM 360 系统问世，成为使用集成电路的第三代电子计算机的里程碑式的产品。IBM 360 系统是最早使用集成电路元件的通用计算机系列，它开创了民用计算机使用集成电路的先例，计算机从此进入了集成电路时代。

这一时期的发展还包括使用了操作系统，使得计算机在中心程序的控制协调下可以同时运行许多不同的程序。

4. 采用大规模或超大规模集成电路的第四代计算机（1971 年至今）

集成电路出现后，唯一的发展方向是扩大集成规模。进入 20 世纪 70 年代后，微电子技术发展迅猛，分别出现了大规模集成电路和超大规模集成电路，并立即在电子计算机上得到了应用。1971 年，Intel 公司的微处理器总设计师特德·霍夫（Ted Hoff）研制出了第一个通用微处理器 Intel 4004，这是世界上第一块大规模集成电路，该芯片上集成了 2 000 个晶体管，处理能力相当于世界上第一台计算机。Intel 4004 的出现宣告了集成电子产品的一个新纪元，从此进入了由大规模和超大规模集成电路组装成的计算机时代。目前超大规模集成电路（VLSI）可在硬币大小的芯片上容纳上千万个乃至更多的元器件，如此高的集成度使得计算机的体积和价格不断下降，而功能和可靠性不断得到增强。

第四代计算机的另一个重要分支是以大规模、超大规模集成电路为基础发展起来的微处理器和微型计算机。在 20 世纪 80 年代发生的特别重要事件是个人计算机（PC）的问世与普及。1981 年，IBM 推出了首台个人计算机 IBM PC。

这个时期，计算机技术和通信技术相结合，计算机网络逐渐普及，Internet 开始向公众开放，图形浏览器出现，互联网服务提供商（Internet service provider，ISP）为用户互联网接入提供了便利的连接，电子商务网站也打开了大门。到了 20 世纪 90 年代，个人计算机终于开始广泛流行。现在普遍使用的台式计算机、笔记本电脑及平板电脑等都属于第四代计算机。

平板电脑（tablet personal computer）是 PC 家族新增加的一名成员，其外形介于笔记本电脑和掌上电脑之间。平板电脑是一种小型、方便携带的个人计算机，以触摸屏作为基本的输入设备，还支持手写输入或者语音输入，其移动性和便携性都更胜一筹。

1.4.5　超级计算机

现代计算机根据规模划分，可以分为超级计算机、大型机、小型机和微型机等类型。超级计算机通常用于科学计算和天气预报等领域，大型机常用于大型企业和组织中的数据处理和管理，小型机则常用于中小型企业和机构的数据处理，微型机则是一种体积较小的电子计算机，具有人脑的某些功能，也称其为"电脑"。

超级计算机（supercomputer）又称高性能计算机，是指计算能力（尤其是计算速度）为世界顶尖的电子计算机。它的体系设计和运作机制都与人们日常使用的个人计算机有很大区别，是世界公认的高新技术制高点和 21 世纪最重要的科学领域之一。超级计算机的创新设计在于把复杂的工作细分为可以同时处理的工作并分配于不同的处理器。它们在进行特定的运算方面表现突出。现代的超级计算机主要用于核物理研究、核武器设计、航天航空飞行器设计、国民经济的预测和决策、能源开发、中长期天气预报、卫星图像处理、情报分析、密码分析、军事国防和各种科学研究方面，是强有力的模拟和计算工具，对国民经济和国防建设具有特别重要的价值。

超级计算机通常由数千个甚至更多的处理器（机）组成，能计算普通 PC 和服务器不能完成的大型复杂任务。目前，我国已形成了天河、神威、曙光、银河、神州等高性能超级计算机系列，在国民经济建设和科学研究中发挥出极大的效益。

神威·太湖之光超级计算机（见图 1-9）是由国家并行计算机工程技术研究中心研制，安装在国家超级计算无锡中心的超级计算机。它安装了 40 960 个中国自主研发的申威 26010 众核处理器，峰值性能为 12.5 亿亿次每秒，持续性能为 9.3 亿亿次每秒，核心工作频率为 1.5 GHz。2020 年 7 月，中国科技大学在"神威·太湖之光"上首次实现千万核心并行第一性原理计算模拟。2022 年，中国的神威·太湖之光在全球超级计算机 500 强排名中位列前十。

图 1-9 "中国芯"——神威·太湖之光

除了神威·太湖之光，我国还有其他超级计算机，如"天河"系列超级计算机，是国防科技大学研制的超级计算机。自 2010 年的"天河一号"至 2020 年的"天河四号"，天河系列超级计算机先后六次位居世界超算 500 强榜单第一。

此外，曙光系列超级计算机也是我国的重要成果。曙光系列超级计算机由中科院计算技术研究所和国家智能计算机研究开发中心研制，具有高效率、高可靠性、高性能和高能效等优点。

1.4.6 量子计算与量子计算机

计算机自问世以来，以惊人的速度经历了从器件角度划分的四代的发展，从计算机的结构来看，迄今为止绝大多数计算机基本上是冯·诺依曼式计算机，即基于二进制的顺序执行的控制流计算机。但这种结构存在着所谓的"冯·诺依曼"瓶颈，即如果处理器从内存中提取信息的速度达到了某个极限，那就意味着，再开发速度更快的基于电子计算机系统的处理器已经没有什么意义。

随着技术的不断发展，各行各业对计算能力的需求不断增长，传统的计算架构和算法已经逐渐接近物理极限，难以再提高计算速度和效率。为了解决这个问题，需要探索新的计算模式和算法，量子计算成为近几年非常热门的话题，量子计算作为一种新型的计算模式，具有巨大的潜力和应用前景。

量子计算利用量子力学规律进行信息处理和计算，能够实现更高效的信息处理和计算能力。那么，量子计算到底跟经典计算有什么不同？量子计算机的本质是什么？它强大的计算能力从何而来？

1. 量子位与量子叠加态

量子这个词在物理中代表着相互作用中物理实体的最小单位，例如，一个光子是光的最小单位。量子位（qubit）则是量子力学中描述量子系统状态的基本单位，也是量子信息科学中的最小信息单位。

在经典力学中，波动性和粒子性通常被视为两种截然不同的现象。例如，水波被视为大量粒子按照某种规则运动所表现出来的整体行为，体现了波动性的一面。而粒子，如球、石块等，则被视为具有确定的轨迹和位置的实体，这体现了粒子性。而在量子力学中，所有的粒子或量子不仅可以部分地以粒子的术语来描述，也可以部分地用波的术语来描述。例如，在某些实验中，粒子会展现出干涉和衍射等波动性质；而在其他实验中，它们又会像粒子一样表现出离散和定位的特性。这就是波粒二象性（wave-particle duality），是量子力学中的一个核心概念。

波粒二象性造就了量子叠加的特异现象。量子叠加就是量子系统的量子态，可以是几种不同量子态中的任何一种，即一个粒子在测量之前可以处于多种状态，比如电子的自旋，它是内在角动量的表现，未测量前，电子既可以处于上旋状态，也可以处于下旋状态，如图 1-10 所示。可以想象一个量子位（qubit）的自旋叠加态代表 0 和 1，在没有对量子位测量之前，量子位可以处于 0 和 1 的任何状态。

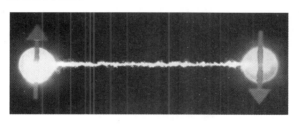

图 1-10　电子自旋叠加态

如果对上述量子叠加感到抽象，可以用一个抛硬币的例子来加以理解。假设规定 0 表示硬币的正面，那么 1 表示硬币的反面，传统计算机中，每次抛硬币只能得到正面或者反面，因此也只能是 0 或者 1。而在量子计算机中，可以想象成硬币是立起来旋转的，它既有正面也有反面，即 0 和 1 同时存在。

其实量子位可以用任何基本粒子来代替，比如电子、光子，这是因为微观粒子都具有叠加态，但是考虑到粒子的操作难度和制作成本，一般采用光子作为量子计算的基础粒子。

综上所述，与经典计算中的比特（bit）不同，量子位（qubit）不仅可以表示 0 和 1 的状态，还可以处于 0 和 1 的叠加态，即同时处于 0 和 1 两种状态。这种叠加态的特性使得量子位具有超越经典比特的独特优势。

2. 量子计算

诺贝尔物理学奖获得者理察德·费曼（Richard Feynman）提出一个非常重要且极具创新性的问题："如果我们放弃经典的图灵机模型，是否可以做得更好？"他继续问道："如果我们拓展一下计算机的工作方式，不是使用逻辑门来建造计算机，而是一些其他的东西，比如分子和原子，如果我们使用这些量子材料，它们具有非常奇异的性质，尤其是波粒二象性。是否能建造出模拟量子系统的计算机？"

那么量子计算和经典计算有何本质区别呢？经典计算通过操纵数字比特进行布尔运算，通过顺序执行指令来完成计算任务。而量子计算则基于量子门操作，可以同时操作多个量子比特，实现并行计算。这种并行性使得量子计算在处理某些复杂问题时具有显著的速度优势。

量子计算的原理解释和理解起来相当困难，简单来说，1 个量子比特也是一个"量子门"。由于一个量子比特中，0 和 1 是处于量子叠加态，所以单单一个量子比特就可以对应"可能是 1、也可能是 0"。换句话讲，它可以同时存储 0 和 1。图 1-11 表示的是对一个量子比特进行操作的门（Hadamard gate），该"量子门"可以实现对 | 0〉或者 | 1〉进行操作，然后成为叠加态。

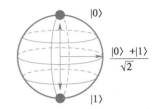

图 1-11 量子比特的"量子门"

如果是两个量子比特（好比是两个硬币），在传统计算机状态中，在同一时刻，只能得到 00、01、10、11 这四种状态中的一种。而在量子领域中，可以同时得到 00（正正）、01（正反）、10（反正）和 11（反反）这四种状态，也就是两位数的二进制的存储数据。

依此类推，n 个量子比特有 2^n 方种可能的基本状态，量子叠加态的一般形式就是 2^n 个基本状态相加，呈现指数级增长趋势。在量子比特不超过 60 个的情况下，还不能取得对经典计算机的碾压优势。一旦超过 60 个量子比特，这个存储容量是远超过经典计算机结构的。比如一个具有 250 个物理比特的经典存储器，它只能存储 2^{250} 个可能的数据中的任一个；若是 250 个量子存储器，则它可以同时存储 2^{250} 个数，几乎超过现有已知的宇宙中全部原子数目。

由于数学操作可以同时施加于存储器中全部的数据，因此，量子计算在实施一次的运算中可以同时对 2^n 个输入数进行数学运算。其效果相当于经典计算要重复实施 2^n 次操作，或者采用 2^n 个不同处理器实行并行操作。可见，量子计算可以节省大量的运算资源（如时间、记忆单元等）。

3. 量子计算机

量子计算机，顾名思义，就是实现量子计算的机器，是一种使用量子逻辑进行通用计算的设备。不同于电子计算机（或称经典计算机），量子计算机用来存储数据的对象是量子比特，它使用量子算法来进行数据操作。

量子计算机的运行方式以及存储计算方式都与经典计算机有着很大不同。量子比特中存储的 0 和 1 可以同时存在，因此具有更大的信息存储和处理能力，被认为是未来计算机发展的方向。量子计算机采用并行的计算方式，其运算速度相当于很多台电子计算机的并行运算能力，因此其运算速度非常快，运算能力非常强。

通用量子计算机巨大的优势是，可以将机器用于任何大规模复杂的计算并获得快速解决方案。量子计算机可以提供巨大的效率优势来解决困扰当今计算机的某些计算问题。

迄今为止，世界上还没有真正意义上的量子计算机。但是，世界各地的许多实验室正在以巨大的热情追寻着这个梦想，20 世纪 90 年代末，开发拥有最多量子位的最强大的量子计算机的竞赛已经开始。1998 年，英国牛津大学的研究人员宣布他们在使用两个量子位计算信息的能力方面取得了突破；2009 年 11 月，世界首台可编程的通用量子计算机在美国正式诞生；2014 年 9 月，谷歌成立量子人工智能（quantum artificial intelligence）实验室，致力于借助量子计算推动人工智能领域的诸多课题。2018 年 3 月，谷歌正式公布了自己正在测试新一代量子计算处理器——"Bristlecone"（狐尾松）。该处理器已经支持多达 72 个量子位（qubit），彼此组成一个矩阵，数据读取和逻辑运算的错误率已经相当低。

"九章"量子计算机是中国科学家团队开发的一款光量子计算原型机，其在量子计算领域取得了重要的突破。目前，"九章"系列已经推出了多个版本，如"九章""九章二号""九章三号"等，并且在性能上不断取得突破。

其中，"九章三号"作为光量子计算原型机（见图 1-12），其计算复杂度、处理特定问题的速度相比前代有了巨大的提升。例如，处理高斯玻色取样的速度比目前全球最快的超级计算机快一亿亿倍。而且，"九章三号"实现了规模指数级增加，并利用时空解复用技术，实现了光子数的可分辨探测，进一步提升了计算效率。

图 1-12　"九章三号"媒体报道

"九章四号"计划于 2024 年推出，预计将包含超过 3 000 个光子，进一步拓展量子计算的规模和能力。此外，中国的科研团队还在积极研发更高效的量子算法、测控系统和操作系统以及建设量子计算云平台，为量子计算的广泛应用打下基础。

在应用方面，"九章"量子计算机已经在密码学、材料科学、优化问题、人工智能与机器学习以及量子化学等领域展现出巨大的潜力。

"祖冲之"量子计算机是中国在量子计算领域的另一项重要成果。它是一款超导量子计算原型机，旨在利用量子力学的特性实现高效的计算。"祖冲之二号"实现了系统规模高达 60 个量子比特的二维矩形超导量子位阵列，并实现了 24 个周期的随机量子电路采样。其读出性能大幅提升，平均保真度高达 97.74%，这在超导量子计算领域是前所未有的。这种性能的提升将有助于实现更大更深的随机量子电路采样，进一步推动量子计算的发展。

此外，基于祖冲之量子计算机的量子计算云平台也已经上线，并向全球用户开放。这个平台将量子计算技术和互联网云平台相结合，为用户提供远程访问和使用量子技术资源和服务的平台。用户可以在这个平台上进行量子比特的选取、量子逻辑门的操作以及执行相应的量子算法等。

量子计算机在特定任务上超越传统计算机的能力被称为"量子霸权"（quantum supremacy），也称为"量子优越性"。这一概念最早由加州理工学院的理论物理学家 John Preskill 在

2011 年的一次演讲中提出。"量子霸权"的实现不仅可以推动量子技术的发展，如量子加密技术和量子相干技术，还可以改变全球信息交流和数据共享的方式。此外，量子计算机正在破解特定的复杂数学问题，如最优化运算以及解决复杂的财务、社交和基因编辑等领域的问题，实现更快、更准确的结果。

量子计算机的本质就是利用了微观粒子可以处于叠加态的特性。然而，微观粒子的量子叠加态很容易受到外界的能量干扰，导致叠加态坍塌，也就是从量子态过渡到经典态，这就是量子退相干。比如前面说的电子自旋，未测量前，电子可以同时处于上旋状态和下旋状态，而一旦测量电子的自旋，要么是上旋，要么是下旋，这时候叠加态就会消失。

如果要想量子计算机持续运行，就必须一直保证粒子处于叠加态，这对外界的环境要求极为苛刻。量子比特的制备需要在极低的温度和压力条件下进行，以避免与周围环境发生作用，这极大地限制了量子比特的寿命。研究人员需要创新性地设计和制造高质量的量子比特，以提高其稳定性。因此，量子比特的物理稳定性成为量子计算机发展和应用中的一个瓶颈问题。

除了状态叠加，还有量子纠缠的概念。如果系统中有不止一个量子比特，这些粒子之间并不是相互独立的，而是纠缠在一起。比特粒子可以相互影响，即使它们在空间中距离很远，这就是量子通信的基础，量子通信将在 8.3 节进行介绍。

1.5 微型计算机系统

从上一节介绍可知，微型计算机是第四代计算机的一个重要分支，是一种能自动、高速、精确地处理信息的现代化电子设备。微型计算机具有体积小、重量轻、维护简单方便、价格低廉、软件丰富和操作简便等优点。因此它的发展极为迅速，应用与普及最广，数量也最多。

1.5.1 微型计算机系统的基本组成

微型计算机系统由硬件系统和软件系统两部分组成，如图 1-13 所示。

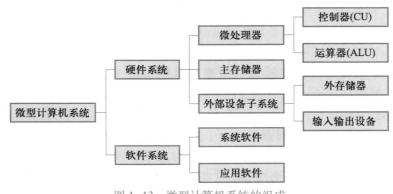

图 1-13 微型计算机系统的组成

1. 硬件系统

硬件系统是指构成计算机的所有物理实体，包括计算机系统中一切电子、机械、光电等设备。这些系统部件在一起协同工作才能形成一个完整的微型计算机系统。一般而言，微型计算机硬件系统由主机（包括中央处理器——CPU、主存储器）和外部设备子系统组成，如图 1-14 所示。

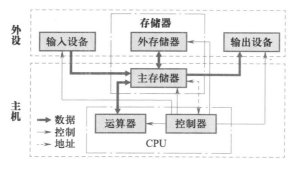

图 1-14　微机硬件系统

微机硬件系统采用冯·诺依曼结构，微机的工作原理主要包括输入、处理、存储和输出四个主要步骤。

（1）输入

用户通过输入设备（如键盘、鼠标、扫描仪、麦克风、摄像头等）将指令和数据输入到计算机中。这些输入设备将用户的信息转化为计算机可识别的数据流。

（2）处理

微型计算机使用中央处理器（CPU）进行数据的处理。CPU 是微机的核心部件，包括控制器（control unit，CU）和运算器（arithmetic logic unit，ALU）。运算器是计算机执行各种算术和逻辑运算操作的部件。控制器则负责指导计算机的工作流程，它通过电子信号控制其他部件的操作，以完成用户给定的任务。

（3）存储

微机在处理过程中，CPU 会从主存储器（RAM）中读取数据，并将运算的结果存储回主存储器。主存储器是计算机的临时存储空间，用于存放计算机工作时所需的数据和指令。此外，微型计算机还具备长期存储数据的能力，通过外存储器（如硬盘、固态硬盘等）将数据长期保存以供后续使用。

（4）输出

当 CPU 完成处理工作后，会将最终的运算结果发送给输出设备，如显示器、打印机、扬声器等，以供用户观察或使用。

2. 系统总线

系统总线（system bus）是微机系统中各部件之间传输信息的公共通道，主机的所有组件通过系统总线连接，外部设备通过相应的接口电路与系统总线连接，形成计算机硬件系统。

系统总线通常包含三种不同功能的总线：数据总线（data bus）、地址总线（address bus）

和控制总线（control bus）。

（1）数据总线

数据总线用于在 CPU 与主存储器之间传输数据，是双向三态形式的总线，它既可以把 CPU 的数据传送到主存储器或 I/O 接口等其他部件，也可以将其他部件的数据传送到 CPU。CPU 的数据不能直接传送到外部设备，须经过主存储器中转，即 CPU 只能和主存储器直接交换数据。

（2）地址总线

地址总线专门用来传送地址信息。地址总线是单向三态的，数据只能由 CPU 传向内存或外设。当 CPU 需要访问存储器中的某个位置或某个 I/O 设备时，它会通过地址总线发送相应的地址信息。地址总线的位数决定了 CPU 可直接寻址的内存空间大小。

（3）控制总线

控制总线用于传送控制信号和时序信号。控制信号中，有的是 CPU 送往存储器和 I/O 接口电路的，如读/写信号、片选信号、中断响应信号等；也有的是其他部件反馈给 CPU 的，比如中断申请信号、复位信号、总线请求信号、设备就绪信号等。

尽管系统总线在 20 世纪 70 年代到 80 年代广受欢迎，但现代的计算机为了满足更多特定需求，已经使用了不同的分离总线。随着应用场景的增多，总线的种类也变得越来越多样化。如专门用于图形处理、存储设备、网络设备等的扩展总线（expansion bus）。

扩展总线通常包括 ISA 总线、PCI 总线等类型。ISA 总线是早期的扩展总线标准，而 PCI 总线则是更高速的扩展总线标准，支持即插即用功能，方便用户添加和移除外部设备，并且数据传输速度较快。

1.5.2　智能设备中的处理器

1. 微处理器

CPU（central processing unit，中央处理器）是计算机的核心部件，负责执行程序中的指令，进行算术和逻辑运算以及控制计算机各部件的协调工作，是计算机性能的核心指标之一。

微处理器（microprocessor）是 CPU 的一种集成化形式，它将 CPU 的所有功能集成在一个芯片上，实现了高度集成化和微型化，从而使得计算机可以更加小型化、低功耗和高效能。几乎所有现代计算机都采用了微处理器作为其核心部件。

CPU 作为计算机系统的核心，其内部结构可以分为控制器、运算器和寄存器三个部分，如图 1-15 所示。其中运算器主要完成各种算术运算（如加、减、乘、除）和逻辑运算（如与、或和非）；控制器不具有运算功能，它只是读取各种指令，并对指令进行分析，做出相应的控制。通常，在 CPU 中还有若干寄存器，它们可直接参与运算并存放运算的中间结果。

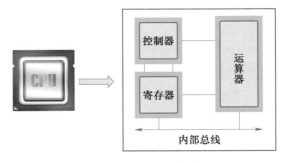

图 1-15　CPU 及其组成

CPU 的技术指标是评估 CPU 性能的重要依据，主要包括以下几个方面。

（1）字长

字长是指 CPU 在单位时间内（同一时间）能一次处理的二进制数的位数，字长的大小直接反映了计算机的数据处理能力。字长值越大，一次可处理的数据二进制位数越多，运算能力就越强。比如，64 位的 CPU 就能在单位时间内处理字长为 64 位的二进制数据，这个位数其实是指算术逻辑电路一次能够计算的数据量，该位数一般是与 CPU 中的通用寄存器的位数相同的。

当前主流的手机和计算机 CPU 的字长多数为 32 位或 64 位，而单片机的字长则多为 8 位、16 位和 32 位。需要注意的是，字长不仅影响 CPU 的运算能力，还与其功耗、设计复杂度等因素有关。因此，在选择 CPU 时，需要根据实际应用需求和性能要求来综合考虑字长等技术指标。

（2）主频（clock speed）

主频也叫时钟频率，单位是兆赫兹（MHz）或吉赫兹（GHz），用来表示 CPU 的运算速度。主频越高，CPU 运算速度就越快，但主频不是决定 CPU 性能的唯一因素。

（3）核心数（core count）

多核处理器是指在一枚 CPU 中集成多个完整的计算引擎（内核）。多核处理器是一种将多个处理器放置到一个计算机芯片上的架构设计，每个处理器被称为一个核（core）。核心数是指 CPU 内部集成的逻辑处理器数量。多核心设计可以提高 CPU 的并行处理能力，使得 CPU 能够同时处理多个任务，提高整体性能。

（4）高速缓存（Cache）

高速缓存（Cache）是 CPU 内部的高速存储器，用于存储频繁访问的数据和指令。它位于计算机的主存（RAM）和中央处理器（CPU）之间（见图 1-16），用于提高数据访问速度并减少处理器等待时间。缓存的大小和速度对 CPU 性能有很大影响，越大的缓存越可以减少 CPU 访问主存的次数，提高运算速度。

图 1-16　高速缓存访问过程

当处理器需要访问主存中的数据时，它首先会检查高速缓存中是否已经存在该数据。如果存在（缓存命中，Cache hit），处理器可以直接从高速缓存中读取数据，这比从主存中读取数据要快得多。如果不存在（缓存未命中，Cache miss），则处理器需要从主存中读取数据，并将其复制到高速缓存中，以便未来访问。

高速缓存的设计和管理涉及多个复杂的问题，包括缓存大小、缓存行大小、缓存替换策略等。为了最大限度地提高缓存效率，现代计算机通常采用多级缓存结构，即同时使用多个不同容量和速度的高速缓存。例如，现代 CPU 通常具有 L1 缓存（一级缓存）、L2 缓存（二级缓存）和 L3 缓存（三级缓存）等多级缓存结构。

随着人工智能和机器学习技术的发展，未来的高速缓存将具有更强的智能化和自适应性。例如，通过机器学习算法预测数据的访问模式，动态调整缓存策略，以提高缓存的效率和性能。此外，随着物联网、云计算等技术的发展，未来的高速缓存需要更好地支持跨平台和跨设备的协同工作。例如，通过统一的缓存协议和标准，实现不同设备和平台之间的高速缓存数据共享和同步。

（5）指令集（instruction set）

指令集是 CPU 能够理解和执行的指令集合。不同的指令集有不同的特点和优势，一些先进的指令集可以提高 CPU 的性能和效率。

（6）功耗（power consumption）

功耗是指 CPU 在工作时所消耗的电能。随着 CPU 性能的提高，功耗也在不断增加，因此低功耗设计是现代 CPU 的重要特征之一。

以上技术指标并不是孤立的，它们共同影响着 CPU 的性能。在选择 CPU 时，需要根据实际需求和应用场景来综合考虑这些指标。

【例 1-6】Python 调用 Win32_Processor()方法获取 Cache 容量信息。

从该方法的返回参数来看，本机高速缓存（Cache）分为 L2 与 L3，且容量并不大，以字节计算。

In[6]:	```def Disp_Cache_info(): Cache_Info = {} #定义字典 for cache in c.Win32_Processor(): Cache_Info["L2CacheSize"] = cache.L2CacheSize #二级缓存大小 Cache_Info["L3CacheSize"] = cache.L3CacheSize #三级缓存大小 return Cache_Infoprint(Disp_Cache_info()) #输出 Cache 信息```
Out[6]:	{'L2CacheSize:': 512, 'L3CacheSize:': 4096}

2. GPU

图形处理器（graphics processing unit，GPU）是一种专门用于处理图形和图像运算的微处理器，在图形渲染、游戏、物理模拟、深度学习等领域有着广泛的应用。虽然 GPU 在物理上可能是显示卡的一部分，也可能以独立的板卡形式存在（例如独立显卡），但它仍然属于计算机内部的一个核心组件，与 CPU 协同工作，GPU 能够加速图形密集型应用程序的执行。

GPU 的基本结构是由数以千计的小处理器核心组成，这些核心可以同时处理大量的数据。这种并行处理能力使得 GPU 在处理复杂的图形计算时比 CPU 更加高效。GPU 还能够将图形数据存储在高速缓存中，以便更快地访问和处理。

除了图形渲染，GPU 还在其他领域发挥着重要作用。例如，在物理模拟中，GPU 可以用来计算物体之间的碰撞和动力学；在深度学习中，GPU 可以用于训练神经网络模型，加速数据处理和模型优化。

与 CPU 相比，GPU 的浮点运算能力较弱，但其在处理大量并行任务时的性能优势使得它在特定领域具有不可替代的作用。同时，随着技术的不断发展，GPU 的功耗、性能和功能也在不断提升，为各种应用提供了更加高效和强大的计算能力。

虽然 GPU 和 CPU 在结构、功能和应用上存在差异，但它们在很多情况下需要协同工作。例如，在游戏或图形应用中，CPU 负责处理游戏逻辑和 AI 计算，而 GPU 则负责渲染图形和图像。因此，在选择计算机或处理器时，需要根据实际需求和应用场景来综合考虑 CPU 和GPU 的性能和兼容性。

3. 移动处理器

移动处理器是专门针对移动终端，如笔记本电脑、智能手机、平板电脑等而设计的CPU。智能手机的每一个功能实际上都需要移动处理器的参与，例如，打电话、浏览网络、手机导航与定位、打游戏、拍照与视频、媒体播放（视频与音乐）、人机交互界面等都需要移动处理器的参与。

移动 CPU 主要由逻辑模块和嵌入式存储模块两大部分组成。逻辑模块是移动处理器的核心部分，负责执行各种指令和操作。它包含了处理器的运算单元、控制单元和寄存器等关键组件。运算单元负责进行算术和逻辑运算，控制单元则负责指挥整个处理器的运行，而寄存器则用于存储临时数据和指令。嵌入式存储模块是移动处理器中用于存储数据和指令的重要部分。它通常由高速缓存（Cache）和嵌入式动态随机存取存储器（eDRAM）等组成。高速缓存用于存储频繁访问的数据和指令，以提高处理器的运行效率。而嵌入式动态随机存取存储器则用于存储处理器的运行状态和程序数据等。

相比于微机 CPU，移动 CPU 具有低电压、低热量、低功耗等特点，随着性能的不断提高，逐渐占领传统桌面处理器市场。

移动处理器的发展可以追溯到 2003 年，当时 Intel 推出了首款移动处理器迅驰（Banias），这款处理器采用了全新的架构和指令执行技术，以更低能耗提供更优性能。除了Intel，其他公司如 AMD 和全美达也推出了各自的移动处理器产品。例如，AMD 推出了 64 位的处理器产品，而全美达则推出了功耗更小、性能强劲的 Efficeon 处理器。

随着国内科技产业的快速发展，我国逐渐开始自主研发移动处理器。在 21 世纪初，我国的一些高科技企业，如华为、龙芯等，开始投入巨资研发移动处理器。这些企业通过技术创新和不断积累经验，逐渐提升了我国移动处理器的技术水平和市场竞争力。

其中，华为的海思处理器在智能手机领域取得了显著成就。海思处理器不仅具备高性能和低功耗的特点，还支持多种通信技术，如 5G 和 Wi-Fi 6 等。这使得华为手机在全球市场上获得了广泛的认可和用户好评。

除了华为和龙芯之外，还有一些国内企业也在积极研发移动处理器，如紫光展锐、瑞芯微等。这些企业通过技术创新和合作发展，不断推动我国移动处理器产业的进步和发展。

4. 数字信号处理器

数字信号处理器（digital signal processor，DSP）是一种专门用于对数字信号进行处理和运算的微处理器，其结构和算法都经过特殊设计，以实现数字信号处理的高效和实时性。DSP 广泛应用于通信、音频、视频、图像处理、雷达、声呐、地震勘探等众多领域。

DSP 是一种快速、功能强大的微处理器。它将现实世界的声音、光、图像转换成数字世

界的 "0" 和 "1"，这些数字信号经过处理、修改和增强，再经过模拟芯片的转换，再次变回人们可以感受到的真实世界的信号。

DSP 的运算速度非常快，可以达到每秒数百万条指令（MIPS）甚至更高，这使得 DSP能够实时处理大量的数字信号数据，满足各种复杂的应用需求。此外，DSP 还支持多种算法和数据处理方式，如傅里叶变换、滤波、卷积等，为数字信号处理提供了强大的支持。

1.5.3 主存储器

存储器（memory）是冯·诺依曼结构的核心思想 "存储程序控制" 中存放程序和数据的设备，是计算机系统中的记忆设备，是实现计算机自动计算和信息存储的关键设备。

按照用途，存储器可分为主存储器（main memory）和辅助存储器（auxiliary storage）。主存储器简称主存或内存，其存储介质主要是易失性半导体，用来存放当前正在执行的数据和程序，它们通过半导体电路实现数据的快速存储和读取，但仅用于暂时存放程序和数据，关闭电源或断电后，数据会丢失。

辅助存储器也称为外存，通常是磁性介质或光盘等，能长期保存信息。

1. 存储容量的标识

计算机中信息都采用二进制编码形式（详见 1.6.1 节），因此，二进制位（bit，比特）是计算机中存储数据的最小单位。

存储器容量是衡量存储设备可以存储数据的最大数量的指标。主存储器中存放二进制位的电路称为存储单元（cell），是可管理的最小存储单位。一个典型的存储单元的容量是 8 位（8 bit），即一个字节（Byte），是内存容量的基本单位。

通常使用不同级别的单位来表示存储容量，这些单位包括千字节（kilobyte，KB）、兆字节（megabyte，MB）、吉字节（gigabyte，GB）、太字节（terabyte，TB）、拍字节（petabyte，PB）和艾字节（exabyte，EB）等。这些单位之间的关系如表 1-2 所示。

表 1-2　存储容量的单位级别

名　称	缩　写	容　量
kilobyte	KB	$1\,KB = 2^{10}\,Byte = 1\,024\,Byte$
megabyte	MB	$1\,MB = 2^{20}\,Byte = 1\,024\,KB$
gigabyte	GB	$1\,GB = 2^{30}\,Byte = 1\,024\,MB$
terabyte	TB	$1\,TB = 2^{40}\,Byte = 1\,024\,GB$
petabyte	PB	$1\,PB = 2^{50}\,Byte = 1\,024\,TB$
exabyte	EB	$1\,EB = 2^{60}\,Byte = 1\,024\,PB$

需要注意的是，计算机中信息都采用二进制编码形式，因此，上述单位之间的转换关系是基于 2 的幂次方进行的，而不是基于 10 的幂次方。例如，1 KB 实际上是等于 2^{10} 字节，即 1 024 字节，而不是 1 000 字节。

2. 主存储器的分类

按照工作方式，主存储器可以分为 RAM（random access memory，随机存取存储器）和

ROM（read-only memory，只读存储器）两类。

　　顾名思义，只读存储器（ROM）中的内容在任何时候都可以读取，但是不可擦写和更改，数据和程序将会被永久地保存在其中，即使是关闭计算机，ROM 的数据也不会丢失，也就是说，它是非易失性的。ROM 一般用它存储固定的系统软件和数据等，例如，计算机系统启动时，系统就会自动读取 ROM 中的相关程序和配置信息，以完成启动过程。

　　相对于 ROM 而言，随机存取存储器（RAM）是可读写存储器，即可对其中的任一存储单元进行读或写操作，计算机关闭电源后其内的信息将不再保存，再次开机需要重新装入，也就是说，RAM 中的数据是易失性的。RAM 通常用来存放操作系统、各种正在运行的软件、输入和输出数据、中间结果及与外存交换信息等，人们常说的内存主要是指 RAM。

　　主存储器还可以按照技术标准分为以下四类。

　　① DDR（double data rate）：DDR 是一种常用的内存技术，它在每个时钟周期内可以传输两次数据，从而提高了数据传输的效率。DDR 包括 DDR、DDR2、DDR3、DDR4 等不同的标准，每一代标准在数据传输率、工作频率、功耗等方面都有所改进。

　　② SDRAM（synchronous dynamic random access memory）：同步动态随机存取存储器，也是最常见的内存类型之一，它需要一个时钟信号来同步数据读写操作。SDRAM 分为不同的标准，如 PC66、PC100、PC133 等。

　　③ ECC（error checking and correcting）：错误检查和纠正内存，它能够在数据传输过程中检测和纠正错误，提高数据的可靠性。

　　④ REG（registered）：寄存器内存，通常用于服务器和高端计算机系统中，具有更高的性能和稳定性。

3. CPU 的寻址空间

　　主存储器能由 CPU 直接随机存取。现代计算机为了提高性能并兼顾合理的造价，往往采用多级存储体系（见图 1-17）。其中，存储容量小、存取速度高的高速缓冲存储器（Cache）和存储容量及存取速度适中的主存储器是必不可少的。

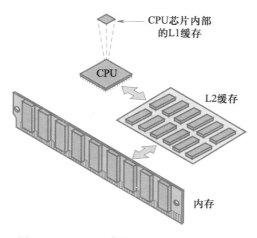

图 1-17　CPU 可直接访问的内存存储体系

主存储器用于存放 CPU 正在处理、即将处理或处理完毕的数据，是 CPU 可以直接访问的存储器，系统给每个存储器单元赋予唯一的标识，这个标识被称为地址（address）。当数据块、指令、程序和计算结果被存放到内存时，它们会被存放到一个或多个连续的地址中，这取决于数据的大小。计算机系统自动地设置和维持一个目录表，此目录表提供了内存中所有程序和数据块的第一个数据的起始地址位置所占用的地址数目，这样在需要时根据该表，系统就能方便地访问不同的数据。例如，在图 1-18 中，数据字符从 0012H 地址开始存储，长度为 3 个字符，这样字符串 "CAT" 占用了 3 个连续的内存字节。

地址	内存单元
0001H	
0002H	
0003H	
……	
0012H	C
0013H	A
0014H	T
……	
FFFFH	

图 1-18　CPU 通过地址
访问内存

当计算机处理完一个程序或一块数据时，就会释放内存空间以便存储其他的程序和数据，因此各个内存地址所存储的内容是不断变化的。这个过程就像超市门口用来存放顾客物品的存储柜一样，存储柜中的每个盒子编号（内容地址）是保持不变的，但是当原有物品主人拿走物品以及其他顾客又放入新物品后，其中的物品（数据）发生了变化。

CPU 在运算时，需要从主存储器（RAM）中提取数据，为了找到这些数据，CPU 需要知道数据的存放地址，CPU 能查找的最大地址范围就是寻址空间。

寻址空间体现 CPU 对于内存寻址的能力，CPU 的寻址空间以字节（Byte）为单位，如图 1-18 所示的 16 位寻址的 CPU，可以寻址 2^{16} 大小的地址，即 64 KB。32 位寻址的 CPU 的寻址空间为 2^{32}，即 4 GB。这说明 32 位的 CPU 最大能搭配 4 GB 的内存，如果内存超过这个范围，CPU 就找不到超出部分的数据。

一般来说，内存容量越大，处理数据的能力也就越强，但内存容量不可能无限地大，它要受到系统结构、硬件设计、制造成本等多方面因素的制约。一个最直接的因素取决于系统的地址总线的地址寄存器的宽度（位数），也就是 CPU 的寄存器位数，这两者一般是匹配的。因此，寻址空间的大小也受限于 CPU 的寄存器位数和系统的地址总线宽度。

4. 虚拟内存

当内存耗尽时，计算机会自动调用硬盘来充当内存，以缓解内存的紧张状态，从而提高计算机的运行速率，这就是虚拟内存（virtual memory）技术，是一种计算机系统内存管理技术。

虚拟内存能够让应用程序认为它拥有连续的可用的内存（一个连续完整的地址空间），而实际上，它通常是被分隔成多个物理内存碎片，还有部分暂时存储在外部磁盘存储器上，在需要时进行数据交换。

64 位计算机的寻址空间为 $2^{64}B=16EB$，这个数字远大于实际的物理内存（RAM）。因此，操作系统会使用虚拟内存技术来管理内存，使得程序可以访问比实际物理内存大得多的地址空间。

Windows 11 中设置虚拟内存的方法是，右击 "开始" 按钮，在弹出的快捷菜单中选择 "系统" 命令，在打开的窗口中依次单击 "高级系统设置" → "高级" → "设置" （性能框） → "高级" → "更改" 按钮（虚拟内存框，见图 1-19），可以在打开的 "虚拟内存" 对话框中进行设置。虚拟内存大小可以根据物理内存大小来设定，但最好不要与系统设在同一分区内，以避免系统在此分区内进行频繁的读写操作而影响系统速度。

图 1-19 "虚拟内存"选项

大多数操作系统都使用了虚拟内存技术，例如 Windows 家族的"虚拟内存"和 Linux 的"交换空间"等。虚拟内存在硬盘上的存在形式通常是一个名为 PageFile. sys 的文件，这个文件实际上是作为内存使用的一部分硬盘空间，有时也被称为"页面文件"。通常状态下是看不到 PageFile. sys 文件的，必须关闭资源管理器对系统文件的保护功能才能看到这个文件。

1.5.4 外部存储设备

外部存储设备是计算机中除内存及 CPU 缓存之外的存储设备，它能在电源关闭后仍然保存数据。

常见的外部存储器主要包括以下几种。

1. 硬盘

硬盘是由若干涂有磁性材料的铝合金圆盘组成，使用磁介质来存储数据，因此也被称为"磁盘"，磁盘会分成多个扇区来存取数据。

硬盘具有容量大、读写速度快的特点，是存储大量数据和程序的主要设备。

根据硬盘的制造方式和技术，可以将其分为不同的类型。其中，温切斯特式硬盘（HDD）是最常见的类型，它由一个或多个铝制或玻璃制的碟片组成，这些碟片外覆盖有铁磁性材料。硬盘工作时，磁头悬浮在高速转动的盘片上方，而不与盘片直接接触，从而实现数据的读写。

除了传统的机械硬盘（HDD）外，还有新型的固态硬盘（SSD）。固态硬盘采用闪存颗粒来存储数据，没有机械结构，因此具有读写速度快、防震抗摔性能强、功耗低等优点。然而，固态硬盘的价格相对较高，容量也可能受到限制，因此在某些应用场景下，机械硬盘仍然是更合适的选择。

硬盘的容量是衡量其存储能力的重要参数，通常以兆字节（MB）、吉字节（GB）或太字节（TB）为单位来表示。此外，硬盘的转速也是一个重要的技术指标，它表示硬盘内电机主轴的旋转速度，即硬盘盘片在一分钟内所能完成的最大转数。转速的快慢是影响硬盘内部传输率的关键因素之一，因此也在很大程度上决定了硬盘的性能。

2. 光盘

光盘最初是指由菲利普斯和索尼公司于 1982 年联合研制的一种数字音频光盘，也称为 CD（compact disc）。这种光盘通过使用激光技术来读取并播放数字音频，比传统的黑胶唱片具有更好的音质和更长的寿命。

现在的光盘泛指使用激光技术来读取和存储数字信息的介质，这些光盘通常用于存储音乐、电影、软件、游戏等数字信息，如数字音频光盘、数字视频光盘和数据光盘等。

数据在介质上的存储有多种方法，用得最多的是机械的方法和光的热效应。在介质上记录的物理原理有形变、磁化、相变等。

常见的光盘主要分为只读型光盘和可记录型光盘两大类。只读型光盘包括 CD-Audio、CD-Video、CD-ROM、DVD-Audio、DVD-Video、DVD-ROM 等，用于存储固定的数据或信息。CD-ROM 的标准容量为 700 MB，而 DVD-ROM 的容量比 CD-ROM 的要大得多，标准容量为 4.38 GB。

可记录型光盘包括 CD-R、CD-RW、DVD-R、DVD+R、DVD+RW、DVD-RAM 等，允许用户写入或擦除数据。其中 CD-R、DVD-R、DVD+R 属于一次写入型光盘，其数据只能被刻录一次，刻录后内容将永久保存在光盘上，无法再进行修改或删除。而 CD-RW、DVD+RW、DVD-RAM 则属于可重写型光盘，具有多次重写的功能，用户可以多次刻录、修改和删除光盘上的数据。

光盘以其非接触式的信号拾取方式、体积小、容量大、可靠性高等特点，成为实现多媒体应用的一种重要的存储手段。在保养光盘时，需要注意避免其受到物理损伤和污染以及防止过热导致变形。同时，在存放时也要避免压迫和摩擦，确保光盘表面的清洁和完好。

随着存储技术的发展，光盘的种类和性能也在不断进步。例如，蓝光光盘等新型光盘的出现，使得光盘的存储容量和读写速度得到了显著提升。然而，随着数字技术的快速发展，光盘在某些领域的应用可能逐渐被其他存储介质所替代，但其作为一种稳定、可靠的存储介质，仍然在许多领域发挥着重要作用。

3. U 盘

U 盘（USB flash disk，USB 闪存盘，也称"闪盘"）是一种使用 USB 接口的微型高容量移动存储设备，U 盘通过 USB 接口与计算机连接，无需物理驱动器即可实现即插即用。U 盘存储容量大，价格便宜，性能可靠，且体积小巧，便于携带，已成为移动办公和数据交换的必备工具。

USB 接口采用四芯电缆，其中两根是用来给 U 盘供电的，另外两根用来进行数据传输。U 盘的接口设计能保证数据的快速、稳定传输。U 盘还具有写保护功能，可以防止数据被误删除或格式化。然而，U 盘也存在一些潜在的风险，如数据丢失、病毒感染等。因此，在使用 U 盘时，应注意保护数据安全，避免将 U 盘插入不安全的计算机或设备，定期备份数据，并谨慎处理来自不可信来源的文件。

总的来说，外部存储设备在计算机系统中扮演着重要的角色，为用户提供了大量的存储空间，使得用户可以保存大量的数据和程序。在选择外部存储设备时，需要考虑存储密度、存储容量、数据传输率等因素，不同的存储设备在这些方面各有优劣，因此需要根据具体的应用场景和需求进行选择。随着技术的不断发展，外部存储设备的类型和性能也在不断改进和提升。

4. 数据存储的发展趋势

云计算、大数据、人工智能等技术的飞速发展，不断推动数据存储的进步，从当前的技术发展和市场需求来看，以下几个方向将是数据存储未来发展的重要趋势。

（1）云存储

随着云计算技术的不断发展和普及，云存储已经成为一种重要的数据存储方式。云存储能够提供高可用性、可扩展性和自我修复等功能，并且可以实现按需付费，降低了企业的成本负担。对于需要处理大量结构化数据和高并发访问的场景，云存储是一个很好的选择。

（2）分布式存储

分布式存储将数据分散存储在多个独立的结点上，通过网络进行连接和协同工作。这种存储方式可以实现数据的冗余备份和容错处理，提高了数据的可靠性和可用性。同时，分布式存储还可以实现数据的并行处理和负载均衡，提高了数据处理的速度和效率。

（3）对象存储

对象存储是一种用于存储非结构化数据的存储系统，它可以将数据作为对象进行存储，并且可以自动处理数据的冗余和故障恢复。对象存储具有高效、灵活和可扩展等特点，适用于存储大量非结构化数据，如图片、视频、音频等。

（4）智能存储

随着人工智能和机器学习技术的发展，智能存储成为一个新兴的领域。智能存储可以通过对数据进行分析和挖掘，实现数据的智能管理和优化。例如，通过预测数据的访问模式和热点数据，智能存储可以自动调整数据的存储位置和访问方式，提高数据访问的速度和效率。

（5）DNA 存储技术

DNA 存储技术是一种利用 DNA 分子保存数字或字母等信息的新兴技术。相较于传统数字存储方式，DNA 存储技术具有高密度、高容量、低成本和长期保存等优势。

DNA 存储技术的原理是将人工合成的 DNA 序列作为信息载体，通过基因序列的编码形式来存储各种类型的数据。具体而言，它利用 DNA 分子的四个碱基（腺嘌呤、胞嘧啶、鸟嘌呤和胸腺嘧啶，简写为 A、T、G 和 C）来编码二进制数据。编码过程中，0 和 1 可以分别由两对互补的碱基表示，比如 A-T 和 G-C。随后，利用合成生物学技术，将编码后的 DNA 序列合成为实际的 DNA 片段。这些 DNA 片段在适当的条件下保存，以确保其稳定性和长期保存的能力。当需要检索存储的信息时，再利用 DNA 测序技术来读取 DNA 序列，并将其转换回数字数据。

DNA 存储技术具有密度高、稳定性高、安全可靠等优点，还具有环保、可再生等特点，对可持续发展具有积极意义。

尽管 DNA 存储技术具有诸多优势，但仍面临一些挑战。例如，DNA 的合成成本较高，读写速度相对较慢以及存取数据的复杂性等问题。然而，随着技术的不断进步和成本的降低，这些问题有望得到解决。

1.5.5 输入/输出设备

外部设备子系统包括外部存储设备和输入/输出设备，它们共同负责处理与计算机外部世界的数据交互。输入/输出设备是指能够接收用户输入或向用户展示输出信息的设备，例如键盘、扫描仪、手写板、显示器、鼠标和激光笔等。这些设备通过特定的接口与计算机系统相连，使得用户可以与计算机进行交互。

1. 输入设备

输入设备可以将外部信息（如文字、数字、声音、图像、程序、指令等）转变为数据输入计算机中，以便加工、处理。输入设备是人们和计算机系统之间进行信息交换的主要装置之一。计算机输入设备在不同的时代是不相同的。在 DOS（早期的字符界面操作系统）时代，键盘几乎是唯一的输入设备；到了 Windows 时代，鼠标成了与键盘并驾齐驱的重要输入设备；到了多媒体时代，扫描仪、激光笔、手写输入板、游戏杆、语音输入装置、数码相机、数码摄像机、光电阅读器等都成为常用的输入设备。

（1）数码相机

数码相机也叫数字式相机（digital camera，DC），是光、机、电一体化的产品，现在手机上也嵌入了数码相机功能，已经非常普及。数码相机的核心部件是电荷耦合器件（CCD）图像传感器（见图 1-20），它使用一种高感光度的半导体材料制成，能把光线转变为电荷，通过模数转换器芯片转换成数字信号，数字信号经过压缩以后由相机内部的闪速存储器或内置硬盘卡保存，也可以把数据传输给计算机，并借助于计算机的处理手段，根据需要和想象来修改图像。

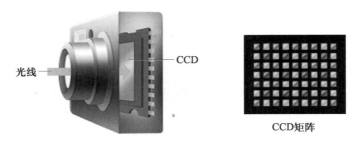

图 1-20　数码相机与数字摄像机的核心部件——CCD

数字摄像机作为视频输入设备，也是通过 CCD 转换光信号得到视频信号，并通过话筒得到音频电信号，然后进行模/数转换并压缩处理后得到计算机可以处理的视频文件。

（2）触摸屏

触摸屏是新一代输入设备中的佼佼者，它使得用户可以通过直接触摸屏幕来进行输入操作，极大地提升了交互的直观性和便捷性。触摸屏广泛应用于智能手机、平板电脑以及各种智能设备中。

触摸屏是一种附加在显示器上的辅助输入设备。借助这种坐标定位设备，当手指在屏幕上移动时，触摸屏将手指移动的轨迹数字化，然后传送给计算机，计算机根据获得的数据进行处理。

目前在智能手机、笔记本电脑以及许多人机交互设备上，广泛地采用了电容式触摸屏技术，它的工作过程如图 1-21 所示。电容式触摸屏的核心是电容式感应器，电容式触摸屏是在玻璃表面贴上一层透明的特殊金属导电物质，可以侦测到任何导电的物体。当手指触摸在金属层上时，触点的电容就会发生变化，使得与之相连的振荡器频率发生变化，通过测量频率变化可以确定触摸位置从而获得信息。

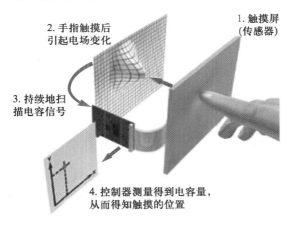

图 1-21　电容式触摸屏工作原理示意图

电容式触摸屏具有较高的灵敏度和精准度，支持多点触控操作，且具备防水、耐磨、透光性好等特点。随着显示面板和处理器性能的提升，多点触控技术得到了进一步普及和应用，使得用户可以同时使用多个手指或触控笔进行操作，从而提供了更加自然和直观的用户体验。

未来电容触摸屏将向更为柔性的方向发展，使得屏幕可以适应各种曲面设备，如可折叠手机、弯曲屏幕等。这种柔性触摸屏不仅拓展了应用领域，还为用户提供了更加灵活多变的形态选择。此外，随着手机性能的提升，高刷新率触摸屏逐渐成为市场的主流。高刷新率意味着屏幕每秒更新的次数更多，从而带来更加流畅的视觉体验。

（3）语音识别设备

随着语音识别技术的不断发展，语音识别设备也逐渐成为新一代输入设备的重要代表。用户可以通过语音指令与计算机进行交互，实现更加自然和便捷的输入方式。

语音识别设备的应用场景非常广泛，在智能手机、平板电脑等设备中，用户可以通过语音输入来发送消息、搜索信息或执行命令，大大提高了输入效率。语音识别设备还应用于智能语音助手，如苹果的 Siri、小米的小爱同学等，可以识别用户的语音指令并执行相应的任务，如查询天气、播放音乐、设置提醒等。

此外，语音识别设备在智能家居、医疗领域等也有广泛应用。随着深度学习、多语种支持、增强学习等技术的发展，语音识别设备的识别准确性和性能不断提升，未来还将有更多的创新和应用。

在选购语音识别设备时，用户应关注其识别准确率、响应速度、支持的语言种类和方言、易用性等因素，以选择适合自己需求的产品。同时，用户也应注意保护个人隐私和数据安全，选择有信誉的品牌和产品。

（4）虚拟现实（VR）和增强现实（AR）设备

这些设备通过特殊的头盔或眼镜，结合传感器和控制器，为用户提供了沉浸式的输入体验。用户可以在虚拟环境中进行各种操作，与虚拟对象进行交互。

虚拟现实（VR）设备的应用十分丰富。在医疗领域，VR 技术使得远程医学诊断和外科手术成为可能，极大地减少了医疗资源的浪费。在文化保护方面，VR 技术可以再现历史文化遗产，特别是非物质文化遗产，让参与者穿越时空，体验历史文化。此外，VR 在电子商务领域也发挥着重要作用，用户可以通过 VR 技术看到商品的逼真三维形象，甚至进行试穿、试看。在体育领域，VR 技术可以呈现整个比赛场景的立体全息图像，为用户带来全新的观赛体验。同时，VR 观影也因其强烈的沉浸感而受到欢迎，用户无须前往电影院，只需戴上头显即可享受电影带来的乐趣。

而增强现实（AR）设备的应用同样令人瞩目。AR 技术可以将数字信息叠加在真实世界中，为用户在真实场景中提供额外的信息和互动体验。在教育领域，AR 技术可以用于创建生动的虚拟教室，使学生能够在真实环境中与虚拟元素进行互动，从而增强学习效果。在娱乐和游戏领域，AR 设备可以为玩家提供更加丰富和多样的游戏体验，使他们能够更深入地沉浸在虚拟世界中。

2. 输出设备

输出设备的作用是把计算机处理的中间结果或最终结果用人所能识别的形式（如字符、图形、图像、语音等）表示出来，它包括显示设备、打印设备以及其他输出设备等。

（1）显示系统

显示器是一种最常用的输出设备。显示器必须在主板上的显示卡的支撑下才能实现其功能。评价显示器的主要依据为有效屏幕大小、点距、扫描频率范围和视频标准。显示器主要有三大类：阴极射线管（CRT）显示器、液晶显示器（LCD）和离子体显示器。

新一代显示器在分辨率、色彩表现、刷新率等方面都有着显著的提升。4K、8K 等超高清显示器为用户带来了更加细腻和逼真的视觉体验。

显示卡（或简称显卡）是计算机显示系统中负责处理图像信号的专用设备，在显示器上显示的图形都是由显卡生成并传送给显示器的，因此显卡的性能好坏决定着机器的显示效果和性能。

现今的台式机或笔记本电脑上，显卡一般直接与主板集成在一起。在一些专业的应用中（如制作 3D 动画），显卡以独立的板卡存在，独立显卡拥有专门的图形处理芯片和显示存储器，不占用系统的资源，因此在性能上优于集成显卡。

（2）3D 打印机

打印机是将计算机处理结果输出为可见的字符和图像。打印机的种类很多，分类方式也有多种。例如，按打印方式的不同可以分为针式打印机、喷墨打印机、激光打印机等；按打印维度的不同可以分为二维平面打印机和三维（3D）物体打印机。

3D 打印，也被称为快速成型技术，是一种以数字模型文件为基础，使用可粘合材料，如粉末状金属或塑料，通过逐层打印的方式来构造物体的技术。3D 打印的工作原理是分层逐点成型技术，它可以根据数字三维模型的数据，通过材料的逐层堆积，直接构造出实体物品。这种分层加工方式使得数字模型能够直接转换为实物，实现了快速定制化生产，代表了新的数字制造方式。

3D 打印技术的应用领域非常广泛。在医疗领域，3D 打印技术已经用于制造人体骨骼等植入物，实现了个性化医疗。在建筑设计领域，工程师和设计师使用 3D 打印机制作建筑模型，其成本低、环保且制作精美。此外，3D 打印还在制造业、汽车、饰品/工艺品、食品产业等多个领域得到应用。

未来，随着技术的进一步发展，3D 打印有望实现更高精度、更快速、更环保的打印，并且个性化定制和医疗领域应用等方向也将得到更广泛的推广。例如，新型高速微尺度 3D 打印技术的出现，有望促进生物医学等领域的发展。

（3）投影设备

现今的新型投影设备，如激光投影仪和短焦投影仪，具有更高的亮度和对比度，能够呈现更加清晰和生动的画面。同时，无线投影技术的发展也使得投影操作更加便捷。

（4）智能音响

智能音响不仅可以播放音频，还可以与用户进行语音交互，提供天气查询、新闻播报、智能家居控制等多种功能。

此外，还有一些综合性的输入/输出设备，如智能手环、智能手表等可穿戴设备，它们集成了多种传感器和输入/输出功能，为用户提供了全方位的交互体验。这些新一代输入/输出设备不仅提高了人机交互的效率和便捷性，还为用户带来了更加丰富和多样的交互体验。随着技术的不断进步和应用场景的不断拓展，未来还将出现更多创新性的输入/输出设备。

3. 外部设备接口

外部设备接口（peripheral interface）是计算机的 CPU、存储器与外围设备，或者两种外围设备之间通过系统总线进行连接的逻辑电路（逻辑部件）。它是 CPU 与外界进行信息交换的中转站，用于计算机与外围设备交换信息。

常见的外部设备接口类型有 USB、HDMI、VGA、网口等。其中，USB 接口是最常见的接口类型，如 USB Type-A、USB Type-B 和 USB Type-C 等，它们通常用于连接计算机和外部设备，如打印机、键盘、鼠标等。HDMI 和 VGA 接口则主要用于连接显示器，而网口则用于连接网络设备。

除了用于连接基本的计算机外设，外部设备接口还在物联网、API 网关、第三方集成、数据访问和操作、消息队列、数据库调用接口、文件接口、RPC 接口、WebService 接口等多个领域发挥重要作用。随着计算机技术的不断发展，外部设备接口的种类和功能也在不断丰富和完善，以满足不同领域和应用的需求。

1.5.6 微型计算机软件系统

微机系统遵循冯·诺依曼结构的核心思想，即"存储程序控制"，微机的硬件系统和软件系统协同工作，共同实现"存储程序控制"。硬件是微机系统的物理基础，它负责执行各种指令和操作，包括数据的输入、处理、存储和输出等。而软件则主要负责管理和控制计算机的硬件，使它们协调工作。软件通过向硬件发送指令，控制硬件的运行，从而完成用户所需的各种任务。

"存储程序控制"中的程序预先存放在主存储器中，并通过控制器从存储器中取出指令进行执行。程序（program）是指一组指导计算机执行特定任务的有序指令的集合，它是构成软件的基础单元。

1. 软件的定义

在计算机软件发展的初期，人们认为，计算机程序就是软件的全部。那时的软件除了源代码外，往往没有相应的说明文档。在软件的发展过程中，软件从个性化的程序演变为工程化的产品，人们对软件的看法发生了根本性的变化。"软件=程序"显然不能涵盖软件的完整内容，除了程序之外，软件还包括与之相关的文档和配置数据，以保证这些程序的正确运行。

时至今日，尽管人们对软件还有不同的理解，但逐步取得共识。从广义上讲，软件可以描述为"软件=程序+数据+文档"，具体定义如下。

① 能够完成预定功能和性能的可执行的指令（计算机程序）。

② 使得程序能够适当地操作信息的数据结构。

③ 描述程序的操作和使用的文档。

当前，无处不在的软件正在定义整个世界，呈现形式也是多种多样的，软件的真正含义很难用一个形式的定义所能体现。以软件为代表的信息网络技术正在驱动各种业态快速成长。软件正在重构生产模式、组织体系、资源配置方式，孕育新的产品生态，开启信息经济发展新图景。这使得人们对软件有了新的理解，即"软件定义一切"。

2. 软件的分类

软件系统是计算机系统中的非物质部分，用于提供特定的功能和服务。软件可以根据不同的标准和用途进行多种分类，按照最常见的分类方式，可以分为系统软件和应用软件两大类。系统软件是微机系统的基础架构，应用软件则基于系统软件为用户提供各种具体的功能和工具。两者共同协作，使得微机系统能够高效、稳定地运行，满足用户的多样化需求。软件系统的分类及其关系如图 1-22 所示。

（1）系统软件

系统软件是一组控制和管理计算机硬件、提供常用服务和支持其他软件运行的程序集合。系统软件主要包括操作系统（如 Windows、Linux、macOS 等）、设备驱动程序、语言处理程序、数据库管理系统等。其中，操作系统直接与计算机硬件层面交互，其他系统软件基于操作系统，为应用软件提供运行环境。

（2）应用软件

应用软件则是面向用户本身的程序，根据用户要解决的实际问题而编写。应用软件种类繁多，功能各异，旨在满足用户的各种具体需求。常见的应用软件包括办公软件（如 Microsoft Office、WPS Office 等）、图像处理软件（如 Adobe Photoshop、GIMP 等）、媒体播放软件（如 VLC Media Player、Windows Media Player 等）以及针对特定行业或领域开发的专用软件，如 CAD 软件用于工程设计，ERP 软件用于企业管理等。

需要注意的是，软件的分类并不是绝对的，有些软件可能同时属于多个类别，或者随着技术的发展和需求的变化，新的软件类别和分类方式可能会不断出现。因此，对于软件的分类，应该根据具体情况和需求进行灵活的理解和应用。

图 1-22　软件分类及操作系统基本功能示意图

1.5.7　操作系统

在日常的工作和学习中，我们经常听到人们谈论 Windows、macOS、Linux 以及用于移动设备的安卓（Android）等词语，这些词语实际上都是计算机操作系统（operating system，OS）的名称。

操作系统位于计算机硬件和应用程序之间，是连接这两者的桥梁。从硬件层面来看，操作系统是计算机硬件之上的第一层软件。它对内和硬件交互，是硬件的首次扩充和改造。操作系统直接管理硬件资源，如处理器、内存、硬盘等，并对其进行分配和调度，确保这些资源得到高效的利用。

从软件层面来看，操作系统为其他软件提供了一个稳定的运行环境。应用程序在操作系统之上运行，通过操作系统提供的接口和服务，实现各种功能。操作系统还负责处理应用程序的请求，调度和管理它们的执行，确保它们能够正确、高效地运行。当系统开机后，操作系统会被加载到 RAM 中。

1. 操作系统的功能

操作系统种类多样，不同的操作系统功能不尽相同，以使用最为广泛的桌面操作系统为代表，操作系统具备处理机管理、存储器管理、文件管理、设备管理、网络通信、安全机制、人机接口管理等功能（图 1-22）。

（1）处理机（CPU）管理

操作系统处理机管理主要指对处理机（CPU）的分配、调度和监控，以确保系统的高效运行和资源的合理分配。进程（process）是操作系统分配资源的基本单位，因此处理机管理也称为进程管理。线程（thread）则是操作系统能够进行运算调度的最小单位，它包含在进程中，是进程中的实际运作单位。

进程和线程是操作系统中用来实现并发的两个重要概念，它们之间有着密切的关系。进程是程序的一次执行过程，是系统进行资源分配和调度的一个独立单位，每个进程都有自己的地址空间、内存、数据栈等资源。线程则是进程中的一个执行单元，一个进程可以包含多个线程，它们共享进程的资源，如内存空间、文件描述符等。

进程间通信需要通过操作系统提供的机制，线程间通信更为简单直接。线程切换开销小于进程切换开销。进程相互独立，线程共享进程资源，因此需要注意同步和互斥问题。在实际应用中，进程和线程的选择取决于具体的需求和情况。通常情况下，线程更轻量级，适合并发执行任务，而进程更适合需要独立运行环境的情况。

处理机管理还涉及中断处理，当发生硬件中断或软件中断时，操作系统需要及时响应并进行中断处理，涉及进程的切换和状态保存等操作。

所谓中断是指 CPU 对系统发生的某个事件做出的一种反应，即 CPU 暂停正在执行的程序，保留现场（CPU 当前的状态）后自动转去执行相应的处理程序，处理完该事件后再返回断点，继续执行被"打断"的程序。

PCB（process control block，进程控制块）是操作系统中用于管理进程的数据结构，每个进程在操作系统中都有对应的 PCB，用于操作系统对进程进行管理和控制。进程执行过程中发生中断、切换等情况后可以通过 PCB 中的数据再恢复到原来的状态，保证程序运行的连贯。图 1-23 就是一个简易的进程切换流程。

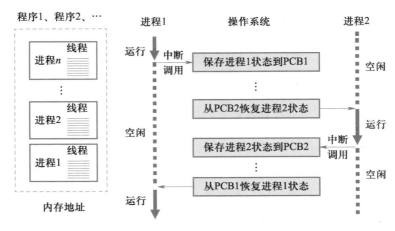

图 1-23 进程切换流程示意图

【例 1-7】Python 调用 Win32_Process( ) 方法显示进程信息。

调用 Win32_Process( ) 方法可返回当前运行的所有进程信息，由于系统的进程数量非常多，下面演示程序通过向 Win32_Process( ) 传入参数（Name = " python3. exe"），仅显示 python3. exe 进程的信息（要运行 Python 后才能获取进程信息）。

返回参数中有几个重要值，可以大致了解一下（示例程序中并未完全展示，完整代码可查阅书中配套资源）。

① ProcessId 表示进程标识符，程序运行后，操作系统就会自动分配给进程一个独一无二的 PID。

② 参数 HANDLE 表示 https：//baike. baidu. com/item/%E5%8F%A5%E6%9F%84 句柄，指的是一个核心对象在某一个进程中的唯一索引，而不是指针。由于地址空间的限制，句柄所标识的内容对进程是不可见的，只能由操作系统通过进程句柄列表来进行维护。

③ 参数 ThreadCount 的值表示该进程有 9 个线程。

| In[3]: | ```python
process_info={}
for process in c.Win32_Process(Name="python3.exe"):
    process_info["Name"] = process.Name
    process_info["Process Id"] = process.ProcessId      #进程标识符,PID 唯一
    process_info["Session Id"] = process.SessionId
    process_info["Priority"] = process.Priority
    process_info["ThreadCount"] = process.ThreadCount
    print(process.ProcessId, process.Name)
print(process_info)
``` |
|---|---|
| Out[3]: | {'Name': 'python3.exe', 'Process Id': 26740, 'Session Id': 1, 'Priority': 8, 'ThreadCount': 9} |

【例 1-8】Python 调用 Win32_ Thread( )方法获取线程信息。

调用 Win32_ Thread( )方法可返回当前运行的所有进程信息,由于正在运行的计算机线程数量非常多,通过传入参数(ProcessHandle = "4"),可返回属于该进程的所有线程,这里仅列出某个线程的信息。

| In[4]: | ```python
Thread_info={}
for thd in c.Win32_Thread(ProcessHandle = "4"):   #列出所有进程句柄为 4 的线程
    Thread_info["CreationClassName"]=thd.CreationClassName
    Thread_info["Process Handle"]=thd.ProcessHandle
    Thread_info["Start Address"]=thd.StartAddress
    Thread_info["Thread State"]=thd.ThreadState
    Thread_info["Handle"]=thd.Handle
    #print(th)
print(Thread_info)
``` |
|---|---|
| Out[4]: | {'CreationClassName': 'Win32_Thread', 'Process Handle': '4', 'Start Address': 2110536208, 'Thread State': 5, 'Handle': '26496'} |

（2）存储器管理

操作系统中的存储器管理是指操作系统负责管理计算机系统中的内存资源的过程,确保不同程序和进程能够正确地共享计算机的内存资源,并且能够有效地利用这些资源。内存管理包括内存的分配、释放、地址转换、保护、共享、交换和碎片整理等功能。

（3）文件管理

文件是计算机系统中存储数据的基本单位。从用户角度来看,文件系统主要是实现"按名取存",即用户只要知道所需文件的文件名,就可以存取文件中的信息,而无须知道这些文件究竟存放在什么地方。

从系统角度来看,文件系统是对文件存储器的存储空间进行组织、分配和回收,负责文件的存储、检索、共享和保护。

因此,操作系统的文件管理主要涉及文件的逻辑组织和物理组织、目录的结构和管理。

它是操作系统中实现文件统一管理的一组软件、被管理的文件以及为实施文件管理所需要的一些数据结构的总称。

通过操作系统的"资源管理器",可以查看、操作（如创建、删除、打开、关闭等）文件及文件的目录结构，如图 1-24 所示。

图 1-24 资源管理器查看文件目录结构和文件信息

（4）设备管理

操作系统的设备管理是指操作系统对计算机系统中各种硬件设备的管理和控制。设备管理涉及操作系统如何管理和调度计算机的各种硬件设备，以便让这些设备能够有效地与计算机系统交互并为用户和应用程序提供所需的服务。

操作系统设备管理功能主要包括监视设备状态、设备分配、设备驱动程序管理、完成 I/O 操作、缓冲管理、设备错误处理、设备虚拟化等。

（5）网络通信

操作系统的网络通信功能是指操作系统通过网络接口与其他计算机或设备进行通信的能力，使计算机能够在网络上发送和接收数据，进行远程访问、数据传输、资源共享等。操作系统的网络通信功能主要包括网络协议支持、网络配置、网络连接管理、数据包处理、网络服务等。

（6）人机接口管理

人机接口管理的主要作用是控制有关设备的运行和理解并执行通过人机交互设备传来的各种有关的命令和要求。操作系统的用户接口是决定计算机系统"友善性"的一个重要因素。人机接口功能主要依靠输入输出外部设备和相应的软件来完成。可供人机交互使用的设备主要有键盘、显示器、鼠标、触摸屏等传统设备。与这些设备相对应的软件就是操作系统提供人机交互功能的部分。

对操作系统的更高要求是实现智能人机接口，以建立和谐的人机交互环境，改善人机交互的友好性和易用性，使人与计算机之间的交互更加自然、方便。例如，可以通过语音或眼睛来控制计算机，从而完成所需要的操作，它对于提高人们的计算机使用水平具有重要意义。

（7）安全机制

大多数操作系统都含有某种程度的信息安全机制。一般来说，操作系统安全涉及身份鉴别机制、访问控制和授权机制、加密机制等。

另外，在通信安全性方面，Windows 提供的 Internet 协议安全机制（IPSec）是一种开放标准的框架结构，通过使用加密的安全服务以确保在 Internet 协议（IP）网络上进行保密而安全的通信。IPSec 提供了认证、加密、数据完整性和 TCP/IP 数据的过滤功能。

2. 操作系统的分类及常见操作系统

操作系统种类繁多，不同的操作系统各具特色，满足不同用户和应用场景的需求。常见的操作系统如下。

（1）分时操作系统

分时操作系统是一种允许多个用户共享使用同一台计算机资源的操作系统。分时操作系统将一个主机的 CPU 时间划分成若干片段，称为时间片，每个用户占用一个时间片来运行自己的程序。由于时间片非常短，多个用户可以在很短的时间内交替运行他们的程序，从而实现了多用户交互的分时系统。

分时操作系统主要是为了解决早期计算机价格昂贵且需要共享主机的问题，以提高计算机的使用效率。

分时操作系统在多个领域都有广泛的应用。例如，在公共交通调度中，分时系统可以合理安排不同线路的公交车出发时间，避免拥堵和交通事故；在电话通信中，分时系统可以实现多路复用，使得多个电话用户可以同时使用同一条电话线路进行通话；在网络通信中，分时系统可以实现多用户同时访问服务器，提高服务器的处理能力。

（2）实时操作系统

实时操作系统（real-time operating system，RTOS）是一种能够按照排序运行、管理系统资源，并为开发应用程序提供一致基础的操作系统。当外界事件或数据产生时，RTOS 能够以足够快的速度接受并处理这些事件或数据，在规定的时间内控制生产过程或做出快速响应，并协调一致地控制所有实时任务。RTOS 的主要特点是资源的分配和调度优先考虑实时性然后才是效率，同时还具有较强的容错能力。

RTOS 被广泛应用于医疗设备、网络设备、工业自动化、汽车电子、航空航天等领域，尤其是对实时性能和可靠性要求较高的场景。在医疗领域，RTOS 广泛应用于医疗设备和医疗信息系统中；在教育领域，RTOS 应用于电子教室和在线学习平台中，提供虚拟化技术以提高学生的学习效果；在娱乐领域，RTOS 为游戏机和智能电视等设备提供强大的图形处理能力和多媒体功能，带来沉浸式的游戏和娱乐体验；在智能家居领域，RTOS 可以连接和管理各种智能设备和传感器，实现智能家居的自动化控制。

常见的实时操作系统包括 QNX、ThreadX、μC/OS-Ⅱ等，它们各自具有不同的特点和适用场景。

（3）网络操作系统

网络操作系统用于管理网络通信和共享资源，协调网络中各计算机中任务的运行，并向用户提供统一的、有效的、方便的网络接口。

网络操作系统是计算机网络的心脏和灵魂，它分为服务器（server）和客户端（client）两部分。服务器主要负责管理服务器和网络上的各种资源以及网络设备的共用，统合并控制流量，避免系统瘫痪。而客户端则负责接收服务器传递的数据并加以运用，使得用户可以清晰地搜索和获取所需的资源。

常见的网络操作系统包括 Microsoft 公司的 Windows Server 系列、Novell 公司的 NetWare 以及 UNIX、Linux 等。这些操作系统各有其特点和应用领域，例如，Windows Server 系列的显著特点是功能强大、图形化界面以及操作方便简单；而 UNIX 系统的最大特点则是性能可靠，多用于大型主机。

（4）分布式操作系统

分布式操作系统是一种为分布式计算系统配置的操作系统，管理和控制分布式系统中的各种资源和活动。分布式操作系统在资源管理、通信控制和操作系统的结构等方面都与其他操作系统有较大的区别。分布式系统是由多个相互连接的处理单元组成的计算机系统，这些处理单元可以是微处理器、工作站、小型机或大型通用计算机系统。它们通过通信网络松散连接，形成一个一体化的系统，其中的每个处理单元都可以远程访问其他单元的资源。

在应用场景上，分布式操作系统主要面向企业级市场，如人工智能、大数据、云计算等领域的基础设施，隐藏在诸如算力中心、数据中心和企业内部等地方。与传统的单机操作系统相比，分布式操作系统天然具备大数据大算力的处理能力，其处理规模超越任何单机操作系统，计算能力呈指数级增长。

（5）嵌入式操作系统

嵌入式操作系统是一种运行在嵌入式系统环境中的操作系统，具有占用空间小、执行效率高、实时性强等特点。

嵌入式操作系统的应用领域非常广泛，包括交通管理、信息家电、家庭智能管理系统、POS 网络及电子商务、工程与自然等多个领域。在交通管理中，嵌入式系统技术已经广泛应用于车辆导航、流量控制、信息监测与汽车服务等方面。在信息家电领域，嵌入式系统使得冰箱、空调等家电产品实现网络化、智能化，为人们的生活带来了极大的便利。此外，嵌入式系统还在工业自动化、汽车电子、航空航天、安防监控等领域发挥着重要作用。

目前，市场上已经存在多种嵌入式实时操作系统，如 VxWorks、Windows CE、Palm OS、QNX、μC/OS-Ⅱ、Linux 等，同时中国科学院也推出了 Hopen 嵌入式操作系统。

下面介绍一些常见的桌面操作系统和移动操作系统。

（1）Windows

Windows 是美国微软公司开发的一款桌面操作系统，它诞生于 1985 年，起初仅仅是 Microsoft-DOS 模拟环境，后续的系统版本由于微软公司不断更新升级，不但易用，也成为当前应用最广泛的桌面操作系统。

Windows 操作系统具有界面图形化、多用户、多任务、网络支持良好、出色的多媒体功能、硬件支持良好、众多的实用程序等优点，适用于家用、个人、娱乐、企业、商业各个领域。

（2）macOS

macOS 是苹果公司独有的封闭桌面操作系统，专门运行于苹果 Macintosh 系列计算机上，所有应用需要苹果公司的审核。macOS 的界面简洁大方，操作流畅，提供直观、高效的图形操作界面，易于上手。此外，macOS 也拥有强大的应用程序，可以满足用户的日常需求，如文字处理、图片处理、视频编辑等。

（3）UNIX

UNIX 最早由 Ken Thompson、Dennis Ritchie 和 Douglas Mcllroy 于 1969 年在 AT&T 的贝尔实验室开发，其商标权由国际开放标准组织所拥有。只有符合单一 UNIX 规范的 UNIX 系统才能使用 UNIX 这个名称，否则只能成为类 UNIX。1973 年，UNIX 正式诞生，贝尔实验室的

Dennis Ritchie 将 B 语言重新改写成 C 语言，再以 C 语言重新改写和编译 Unics 的内核，最后发行了 UNIX 的正式版本。

UNIX 是一个历史悠久且功能强大的操作系统，广泛用于服务器、大型机和工作站，特别适用于可靠性至关重要的任务关键型应用程序。UNIX 以稳定性和安全性著称，在过去的几十年中，在计算领域发挥了重要的作用，并持续不断地发展和完善，现在仍在一些大的金融公司使用。

（4）Linux

Linux 是一个基于 POSIX 和 UNIX 的多用户、多任务、多线程和多 CPU 的操作系统。它最初由芬兰赫尔辛基大学的 Linus Torvalds 在 1991 年开发并发布，其源代码开放，因此得到了广大开发者的接受和好评，形成了丰富的软件生态系统。

Linux 的特点包括开源、开放性、多用户、多任务、良好的用户界面、设备独立性、丰富的网络功能等。由于 Linux 开放源代码，使其能够广泛应用于各个领域，如服务器系统、嵌入式系统、云计算、大数据、机器学习等。此外，Linux 也是世界上最快的超级计算机的操作系统，广泛用于气象、天文学、生物医学等领域。

（5）Android

Android 是一款基于 Linux 内核的移动操作系统，由 Google 和开放手机联盟共同开发，最初于 2007 年发布，并迅速成为最受欢迎的移动操作系统之一。

Android 系统基于 Linux 内核，这意味着设备制造商和开发者可以根据需要进行深度定制，具有开放性和可定制性。同时，Android 系统支持广泛的硬件设备和各种传感器，使得手机、平板电脑等移动设备可以充分利用各种硬件功能，为移动设备提供丰富的功能和灵活的用户体验。

Android 系统内置了大量的应用程序，涵盖了通信、娱乐、办公、生活等诸多领域。此外，Android 系统还支持多任务处理和分屏操作等功能，使得用户可以更加高效地处理各种任务。

（6）iOS

iOS 是由苹果公司开发的移动操作系统。它最初是于 2007 年 1 月 9 日的 Macworld 大会上公布的，最初名为 iPhone OS，于 2010 年 6 月改名为 iOS。iOS 是专为苹果公司的移动设备所设计的，如 iPhone、iPad 和 iPod touch。

除了基本的操作功能和应用程序外，iOS 还提供了许多独特的功能，如 Siri 智能助手、Face ID 面部识别、Apple Pay 等，这些功能进一步增强了用户的便利性和使用体验。

（7）HarmonyOS

HarmonyOS（鸿蒙）是一款由华为公司开发的分布式操作系统，旨在实现各种智能设备的互联互通和协同工作。鸿蒙系统以"面向未来"和"全场景"为设计理念，覆盖了移动办公、运动健康、社交通信、媒体娱乐等多个领域。

鸿蒙系统还具备强大的统一能力，能够在多种电子设备上使用，并同步全部的连接对象，提供方便的服务。鸿蒙系统采用了基于同一套系统能力、适配多种终端形态的分布式理念，能够支持手机、平板电脑、智慧屏、智能穿戴、智能家居、智能车载、智能教育和工业互联网等领域的各种终端设备。这使得不同设备之间能够实现快速连接、能力互助和资源共享，为用户提供流畅的全场景体验。

当然，鸿蒙系统目前也存在一些缺点，如生态环境相对较新，需要更多的应用和服务来完善其生态体系。此外，鸿蒙系统也需要与更多的设备厂商和应用开发者合作，共同推动其发展和普及。

1.6 计算机的信息表示与编码

1.6.1 信息在计算机中的表示

计算机存储处理信息的基础是信息的数字化，各种类型的信息（数值、文字、声音、图像）必须转换成数字量，即数字编码的形式，才能在计算机中进行处理。信息的数字形式也称为信息的编码。图灵理论的一个基本点是所有信息都可以用符号编码，包括图灵机本身。为此，要用计算机处理信息，必须完成从外部信息到计算机内部信息的转换，还需确定信息在计算机内部的表示方式，进而就可以用计算机处理。

1. 计算机为什么采用二进制

信息应以怎样的形式与计算机的电子元器件状态相对应，并被识别和处理呢？1940年，著名的数学家、控制论学者维纳（Norbert Wiener）首先提出采用二进制编码形式，以解决数据在计算机中的表示问题，确保计算机的可靠性、稳定性及高速性。

计算机采用二进制数的方式表示信息，主要原因如下。

（1）容易表示

二进制的特点是每一位上只能出现数字0或1，逢2就向高数位进1。0和1这两个数字用来表示两种状态，用0和1表示电磁状态的对立两面，在技术实现上是最恰当的。如晶体管的导通与截止、磁芯磁化的两个方向、电容器的充电和放电、开关的启闭、脉冲（电流或电压的瞬间起伏）的有无以及电位的高低等，一切有两种对立稳定状态的器件都可以表示成二进制的"0"和"1"（见图1-25）。而十进制数有10个基本符号$(0,1,2,\cdots,9)$，要用10种状态才能表示，如果用某种器件实现10种状态在技术上就很复杂。

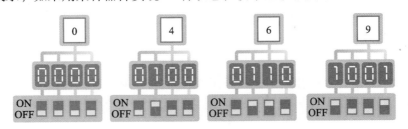

图 1-25 开关表示"0"和"1"示意图

二进位设备（如开关）的ON状态用1来表示，OFF状态用0来表示。多个二进位设备的组合可产生1与0的特殊次序和模式，能表示字母、数字、颜色和图形。图1-25中四组开关分别表示数字"0""4""6""9"。

（2）运算简单

算术运算和逻辑运算是计算机的基本运算，采用二进制可以简单方便地进行这两类运算。二进制数的算术特别简单，加法和乘法仅各有 3 条运算规则（0+0=0，0+1=1，1+1=10 和 0×0=0，0×1=0，1×1=1），运算时不易出错。

此外，二进制数的"1"和"0"正好可与逻辑值"真"和"假"相对应，这样就为计算机进行逻辑运算提供了方便。

在具体使用中，为使数的表示更精练、更直观，使数的书写更方便，还经常用到八进制和十六进制数，它们实质上是二进制数的两种变形形式。

2. 计算机的逻辑运算与逻辑门电路

人们在日常生活和工作中处理任何事物的过程，不仅需要计算，还需要一种所谓的"是"或"不是"等方式的推断。那么，在数字电路中，输入信号是"条件"，输出信号是"结果"，因此输入、输出之间存在一定的因果关系，称其为逻辑关系。

逻辑量只有两种取值，逻辑"真"和逻辑"假"。一般把条件或事件为真，记为逻辑 1，把条件或事件为假，记为逻辑 0。这里的逻辑 1 和 0 是表示事物矛盾双方的一种符号，它们可以表示电位的高、低；信号的有、无；事件的真、伪、是、否等。逻辑 0 和 1 没有数值的意义，也不能比较它们之间的大小。

逻辑门是集成电路上的基本组件，又称数字逻辑电路基本单元。常见的逻辑门包括"与"门、"或"门、"非"门、"异或"门等，用来执行"与""或""非""异或"等逻辑运算操作。逻辑门可以组合使用实现更为复杂的逻辑运算，广泛用于计算机、通信、控制等智能化电子设备中。

常用逻辑门电路符号如图 1-26 所示。图中 A、B 表示门电路的输入端逻辑量，Q 表示门电路的输出端逻辑量。

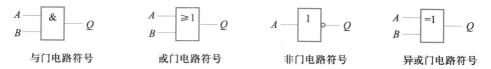

| 与门电路符号 | 或门电路符号 | 非门电路符号 | 异或门电路符号 |

图 1-26 常用逻辑门电路符号（IEC60617-12）

（1）逻辑或运算

或运算表示这样一种逻辑关系，决定一事物的各种条件中，有一个条件或一个以上条件满足（即条件为真），这一事件就会发生（或者说事件为真）。

实现逻辑或的电路称为或门（OR gate），对于或门来讲，只要有一个输入为 1（或者说，输入为 1 的个数等于或大于 1）时，输出便是 1；只有所有的输入皆为 0，输出才是 0。其逻辑表达式为 $Q=A+B$，真值表如表 1-3 所示。

表 1-3 逻辑或真值表

输　　入	A	0	1	0	1
	B	0	0	1	1
输　　出	Q	0	1	1	1

（2）逻辑与运算

逻辑与运算表示这样一种逻辑关系，只有决定一事件的全部条件为真时，该事件才为真；否则为假。

实现逻辑与的电路称为与门（AND gate），对于与门来说，仅当所有的输入都为 1 时，输出才为 1；而只要有一个输入为 0，输出便是 0。其逻辑表达式为 $Q=A \cdot B$，真值表如表 1-4 所示。

表 1-4　逻辑与真值表

输　入	A	0	1	0	1
	B	0	0	1	1
输　出	Q	0	0	0	1

（3）逻辑非运算

逻辑非是逻辑的否定，当一条件不成立时，与其相关的一事件却为真。

实现逻辑非的电路称为非门（NOT gate）。非门的输入端与输出端永远具有相反的值。其逻辑表达式为 $Q=\overline{A}$，真值表如表 1-5 所示。

表 1-5　逻辑非真值表

输　入	A	0	1
输　出	Q	1	0

（4）异或运算

异或门（exclusive-OR gate）对两路信号进行比较，判断它们是否不同，当两种输入信号不同时，输出为 1；当两种输入信号相同时，输出为 0。其逻辑表达式为 $Q=A \oplus B$，真值表如表 1-6 所示。

表 1-6　异或逻辑真值表

输　入	A	0	1	0	1
	B	0	0	1	1
输　出	Q	0	1	1	0

1.6.2　信息的编码

信息编码（information coding）是指为了方便信息的存储、检索和使用，利用不同的规则（编码方式）来表示原始信息的不同特征，使得在传输或存储过程中能够更有效地表示和处理信息。同时，信息编码也关注如何在有限的资源和传输通道中，最大限度地传输信息，同时保持信息的完整性和可靠性。

信息编码必须标准化、系统化。在计算机科学领域，信息编码涉及将文本、图像、音频、视频等各种形式的数据转换为计算机可以处理的二进制数字形式。

在不同的领域和应用中，信息编码有多种形式。例如，在计算机科学中，字符编码是一种常见的编码方式；在数字化领域，有音频编码、视频编码、图像编码、压缩编码等；在加密领域，信息编码也扮演着重要角色，通过对信息进行加密，可以保护信息的安全性和完整性。

音频编码、图像编码、视频编码、压缩编码将在第 3 章做进一步介绍。信息加密将在第 8 章做进一步介绍。

1.6.3　字符编码

字符编码是将字符转换为计算机可以识别的数字形式的过程。ASCII、汉字编码和 Unicode 是常见的字符编码标准，用于表示文本数据。

1. ASCII 码

ASCII（American standard code for information interchange，美国国家标准信息交换码）是一种用于将字符转换为计算机可识别数字的标准编码方式。ASCII 码保证了不同计算机系统之间的字符表示一致性，使得文本数据在不同系统之间能够正确传输和解释。ASCII 码被广泛用于计算机系统中的文本处理，包括文件存储、通信协议、键盘输入等。每个字符都有对应的 ASCII 码值，使得计算机能够识别和处理文本数据。

最初的 ASCII 码使用 7 位二进制数字表示字符，共包含 $128(2^7)$ 个字符，编号从 0 到 127。为了支持更多字符，后来出现了扩展 ASCII 码，使用 8 位二进制数字表示字符，从 128 到 255 提供了额外的字符编码，共包含 $256(2^8)$ 个字符。

ASCII 编码中包含可显示字符（如字母、数字、标点符号等）和控制字符（如换行符、回车符）。可显示字符如图 1-27 所示，数字 0~9 对应的 ASCII 编码为 00110000~00111001，大写字母 A~Z 对应的 ASCII 编码为 01000001~01011010。

二进制	十进制	图形
0010 0000	32	(空格)(SP)
0010 0001~0010 1111	33~47	!"#$%&'()*+，-./
0011 0000~0011 1001	48~57	0~9
0011 1010~0100 0000	58~64	:；<=>?@
0100 0001~0101 1010	65~90	A~Z
0101 1011~0110 0000	91~96	[\]^_`
0110 0001~0111 1010	97~122	a~z
0111 1011~0111 1110	123~126	{ | } ~
0111 1111	127	删除(控制字符)

图 1-27　ASCII 码中的可显示字符

控制字符如图 1-28 所示，用于数据通信收发双方动作的协调与信息格式的表示，如 ASCII 编码 00001101 表示的是回车。

【例 1-9】用 Python 函数显示 ASSII 字符的编码。

在 Python 语言中，函数 ord( ) 和 chr( ) 可以分别在字符和对应的 ASCII 码数值之间进行转换。

二进制	十进制	名称/意义
0000 0000	0	空字符(Null)
0000 0001	1	标题开始
0000 0010	2	本文开始
0000 0011	3	本文结束
0000 0100	4	传输结束
0000 0101	5	请求
0000 0110	6	确认回应
0000 0111	7	响铃
0000 1000	8	退格
0000 1001	9	水平定位符号
0000 1010	10	换行键
0000 1011	11	垂直定位符号
0000 1100	12	换页键
0000 1101	13	回车键
0000 1110	14	取消变换(Shift out)
0000 1111	15	启用变换(Shift in)

二进制	十进制	名称/意义
0001 0000	16	跳出数据通信
0001 0001	17	设备控制一
0001 0010	18	设备控制二
0001 0011	19	设备控制三
0001 0100	20	设备控制四
0001 0101	21	确认失败回应
0001 0110	22	同步用暂停
0001 0111	23	区块传输结束
0001 1000	24	取消
0001 1001	25	连接介质中断
0001 1010	26	替换
0001 1011	27	跳出
0001 1100	28	文件分隔符
0001 1101	29	组群分隔符
0001 1110	30	记录分隔符
0001 1111	31	单元分隔符

图 1-28　ASCII 码中的控制字符

例如，根据 ASCII 码的数值显示大写 A~Z 字符，程序如下：

In[1]:	```for i in range(65,91):``` ``` print("{}:→{}".format(i,chr(i)),end=", ")```
Out[1]:	65:→A, 66:→B, 67:→C, 68:→D, 69:→E, 70:→F, 71:→G, 72:→H, 73:→I, 74:→J, 75:→K, 76:→L, 77:→M, 78:→N, 79:→O, 80:→P, 81:→Q, 82:→R, 83:→S, 84:→T, 85:→U, 86:→V, 87:→W, 88:→X, 89:→Y, 90:→Z

2. 汉字编码

最早的汉字编码可以追溯到秦朝，当时的编码方式是采用象形字的形状作为编码依据，但这种编码方式简单粗糙，不适用于大规模的数据处理。到了 20 世纪 50 年代，中国科学家开始研究使用计算机处理汉字的问题。1965 年，中国科学院计算机研究所研制出了第一个汉字编码系统——联合汉字编码（简称联通码）。这个编码系统使用 6 位数字表示一个汉字，能够表示 7 262 个字符，标志着中国汉字编码的起步。

随着计算机技术的发展，汉字编码也在不断演进，要在计算机中处理汉字，必须解决以下几个问题：首先是汉字的输入，即如何把结构复杂的方块汉字输入到计算机中去，这是汉字处理的关键；其次，汉字在计算机内如何表示和存储，如何与西文兼容；最后，如何将汉字的处理结果输出。

在计算机中，汉字编码主要分为输入码、国标码和字形码（如图 1-29 所示），这三种编码协同使得计算机能够正确输入、存储和显示汉字字符，方便使用者进行汉字的编辑和阅读。

（1）输入码

输入码是用户在使用计算机输入汉字时所使用的编码，也称外码。它的种类较多，选择不同的输入码方案，则输入方式及输入速度

外

输入码：wài(拼音)

国标码 (GB 18030)

11001101	11100010

字形码

图 1-29　汉字编码示例

均有所不同。汉字输入码大体上分为音码输入、形码输入、音形码输入以及语音输入。其中，音码输入如常见的拼音输入，形码输入如五笔、仓颉等，音形码输入如小鹤音形、声笔飞码等；语音输入作为汉字输入码的一种，使得用户可以直接通过说话的方式输入汉字，大大提高了输入的便捷性。

（2）国标码

国标码是汉字在计算机内存储的最基本编码。不管什么汉字系统和汉字输入方法，输入的汉字外码到机器内部都要转换成国标码才能被存储和处理。

国标码中每个汉字占 2 个字节，是中华人民共和国国家标准汉字信息交换用编码，全称《信息交换用汉字编码字符集 基本集》，标准号为 GB 2312—1980。GBK 是对 GB 2312 的扩展，GB 18030 则是最新的汉字编码标准，几乎包括了所有汉字，也包括多种少数民族文字。

早期的国标码（如 GB 2312、GBK）为了避免 ASCII 码和国标码同时使用时产生二义性问题，将国标码每个字节高位置 1 作为汉字机内码。GB 18030 解决了 ASCII 码和国标码的二义性问题，能够与 ASCII 码兼容，所以，GB 18030 不再区分"国标码"和"机内码"，现在的汉字机内码就是国标码。

（3）字形码

字形码是汉字的输出码，又称为笔画码或字模码。它是用点阵代码来表示汉字字形的编码方式。通常，为了将汉字在显示器或打印机上输出，字形码将汉字按图形符号设计成点阵图。具体地说，字形码使用 0 和 1 来表示汉字的字形，将汉字放入 $n \times n$ 的正方形（点阵）内，该正方形共有 n^2 个小方格，每个小方格用一位二进制表示。凡是笔画经过的方格值为 1，未经过的值为 0。常见的点阵显示方式有 16×16 点阵、24×24 点阵或 48×48 点阵等。

随着信息技术的不断发展和全球化趋势的加强，Unicode 等更为广泛和统一的编码标准也逐渐得到广泛应用。虽然国标码仍然在某些情况下使用，但在跨语言、跨平台的文本处理和交换中，Unicode 等更为通用的编码标准正在逐渐占据主导地位。

3. Unicode

尽管 ASCII 码和汉字国标码在早期起到了重要作用，但它们存在一些局限性。随着计算机的发展和国际化需求的增加，Unicode 的引入解决了诸如 ASCII 码无法表示非英语字符和符号等问题，使得计算机系统能够更好地支持全球化和多语言环境。在今天的计算机系统中，Unicode 已经成为字符编码的主流标准。

Unicode 是一种用于字符编码的国际标准，旨在统一世界上各种语言和符号的字符表示方式。Unicode 定义了超过 143 000 个字符，几乎涵盖了世界上所有已知的书写系统中的字符以及一些特殊用途的字符，包括拉丁字母、希腊字母、西里尔字母、汉字、日文假名、阿拉伯字母等。

Unicode 字符使用不同的编码方式表示，包括 UTF-8、UTF-16 和 UTF-32 等。这些编码方式允许将 Unicode 字符转换为计算机可识别的二进制形式。

自 1991 年开始发展以来，Unicode 已经成为全球广泛使用的字符集和编码方案之一，无论是在传统的文字处理领域还是在现代化的互联网和移动应用程序中，Unicode 标准已经不仅是一个编码标准，它也是一个记录人类语言文字资料的巨大数据库，同时从事人类文化遗产的发掘和保护工作。例如，对于中文而言，Unicode 16 编码已经包含了 GB18030 中的所有汉字，并计划将康熙字典的所有汉字放入到 Unicode 32bit 编码中。

习题

一、思考题

1. 信息的主要特征有哪些？

2. 什么是事物的不确定性？不确定性如何与信息的度量发生关系？

3. 信息是如何度量的？如何理解信息熵？

4. 狭义信息论的适用范围是什么？它有哪些局限性？如何理解广义信息论？

5. 信息技术的"四基元"是指哪些技术？

6. 信息技术的主要领域当前有哪些进展？请举例说明。

7. 计算机为何采用二进制表示信息？

8. 中文信息编码的特殊性表现在哪些方面？

9. 什么是逻辑运算？逻辑运算包括哪几种基本运算？

10. 你从何处得到信息以做出日常生活决定？你最主要的决定又是什么样的？你对得到的信息的准确性有无信心？该信息能用香农公式度量吗？为什么？

11. 请简述冯·诺依曼所提出的现代存储程序式计算机的基本结构和工作原理。

12. 什么是量子？量子的两个基本状态是什么？

13. 量子比特与传统计算机的比特表示有什么不同？

14. 微型计算机系统包括哪几个主要部分？

15. 计算机软件系统的分层结构包括哪几层？

16. 操作系统的主要功能包括哪些部分？

17. 进程与线程有什么区别？

18. 什么是虚拟存储器？

19. 什么是应用软件？常见的应用软件类型有哪些？

二、计算题

1. 设英文字母 e 出现的概率为 1/16，x 出现的概率为 1/64，试求 e 及 x 的信息量。

2. 在一个箱子中，有属性相同的红、黄、蓝三种颜色的彩球，共 36 个，其中红球 18 个，黄球 12 个，蓝球 6 个，任取一球作为试验结果。如果事件 A、B、C 分别表示摸出的是红球、黄球、蓝球，试计算事件 A、B、C 发生后所提供的信息量。

3. 甲袋中有 $n(n+1)/2$ 个不同阻值的电阻，其中 1Ω 的 1 个，2Ω 的 2 个，$n\Omega$ 的 n 个，从中随机取出一个，求"取出阻值为 $i(0\leqslant i\leqslant n)\ \Omega$ 的电阻"所获得的信息量。

4. 同时扔一对均匀的骰子，当得知"两骰子面朝上点数之和为 2"，或"两骰子面朝上点数之和为 8"，或"两骰子面朝上点数是 3 和 4"时，试问这三种情况分别获得多少信息量？

5. 一个信源 X 的符号集为 $\{0,1\}$，其中"0"符号出现的概率为 p，求信源的熵。

6. 某地 2 月份天气构成的信源表示如下，试计算各种天气的自信息量与平均信息量。

$$\begin{bmatrix} X \\ P(X) \end{bmatrix} = \begin{bmatrix} x_1(晴) & x_2(阴) & x_3(雨) & x_4(雪) \\ \dfrac{1}{2} & \dfrac{1}{4} & \dfrac{1}{8} & \dfrac{1}{8} \end{bmatrix}$$

7. 某信息源的符号集由 A、B、C、D 和 E 组成，设每一符号独立出现，其出现概率分别为 1/4、1/8、1/8、3/16 和 5/16，试求该信息源符号的平均信息量。

8. 一信息源由 4 个符号 a、b、c、d 组成，它们出现的概率为 3/8、1/4、1/4、1/8，且每个符号的出现都是独立的。试求信息源输出为 "cabacabdacbdaabcadcbabaadcbabaacdbacaacabadbcadcbaabcacba" 的信息量。

9. 在试验甲和乙中，两种结果 A 和 B 出现的概率如表 1-7 所示。

表 1-7　A 和 B 的概率

试 验 名 称	出现 A 的概率	出现 B 的概率
试验甲	0.50	0.50
试验乙	0.99	0.01

求两个试验的信息熵。哪个试验的不确定性更大？

10. 有甲、乙两箱球，甲箱中有红球 50 个、白球 20 个、黑球 30 个；乙箱中有红球 90 个、白球 10 个。现从两箱中分别随机取一球，问从哪箱中取球的结果随机性更大？

11. 某计算机地址总线宽度为 32 位，这台计算机能够寻址的内存单元是多少？

12. 某存储器容量为 10 MB，试计算能够存储多少中文字符（每个中文字符占 2 字节）。

第 2 章
算法与程序

在人类社会的各个实践领域中，存在着各种各样的矛盾和问题，不断地解决这些问题，是人类社会发展的需要。问题求解的技术以及思维过程，不仅是专业人员要掌握的技能，也是与任何领域、任何人都有关的话题。

问题求解的过程是十分复杂的，知识经验、思维能力、问题的复杂程度、资源信息等诸多因素，共同影响着解决问题的效率和质量。其中，思维能力是问题求解的核心成分，不同的思维模式可以产生多种多样求解问题的方案。

无论用计算机解决哪一方面的问题，我们都必须设法用算法来描述或模拟这些实际问题，把对实际问题的可行解决方案归结为计算机能够执行的若干步骤，然后再把这些步骤用一组计算机指令进行描述，形成计算机程序，最后交给计算机执行。本章介绍算法和程序设计的相关知识，并通过 Python 实例，帮助读者更加深刻地理解各种算法及其实现。

2.1 算法

2.1.1 算法的基本概念

1. 什么是算法

算法（algorithm）是指对问题求解方案的准确而完整的描述，是一系列解决问题的清晰指令，算法代表着用系统的方法描述解决问题的策略机制。

计算机系统中的任何软件都是由大大小小的各种软件构成，各自按照特定的算法来实现，算法的好坏直接决定所实现软件性能的优劣。用什么方法来设计算法？所设计算法需要什么样的资源？需要多少运行时间、多少存储空间？如何判定一个算法的好坏？在实现一个软件时，这些都是必须予以解决的问题。计算机系统中的操作系统、语言编译系统、数据库管理系统以及各种各样的计算机应用系统中的软件，都必须用一个个具体的算法来实现。因此，算法设计与分析是计算机科学与技术的一个核心问题。

算法的发现通常是软件开发过程中富有挑战性的步骤。如果一个算法有缺陷，或不适合于某个问题，执行这个算法将无法解决这个问题。

那么，算法该如何准确而完整地描述呢？

2. 算法的特征

首先，从一个简单的问题求解开始。

问题求解：计算 1 到 10 的整数和。

算法描述：

① 初始化一个变量 sum 为 0，用于存储累加的结果。

② 使用一个循环，从 1 迭代到 10（包括 10）。

③ 在每次循环中，将当前的迭代值（即循环变量）加到 sum 上。

④ 循环结束后，sum 中存储的就是 1 到 10 的整数和。

⑤ 输出或返回 sum 的值。

从以上算法描述可以看出，算法能够对一定规范的输入，在有限时间内获得所要求的输出。算法中的指令描述的是一个计算，运行时能从一个初始状态（如第 1 步 sum = 0）开始，经过一系列有限（如第 2 步限定的迭代次数为 10）而定义清晰的状态，最终产生输出（如第 5 步）并停止于一个终态。

由此，算法的基本特征归纳如下。

（1）可行性

算法中执行的任何计算步骤都是可以被分解为基本的可执行的操作步，即每个计算步都可以在有限时间内完成。这要求算法的每一步都应该是基于某种已知的、有效的操作或规则进行的。

（2）确切性

算法的确切性包含两层含义，一是指算法中的每一个步骤都必须是有明确定义的，即算法的每一个步骤只能有一种解释，不能有歧义，不允许二义性。另一层含义是，对于相同的输入，算法应该产生相同的输出，这种确切性保证了算法的可预测性和可重复性。

（3）有穷性

算法的有穷性是指算法必须能在有限的时间内做完，即算法必须能在执行有限个步骤之后终止。算法的有穷性还应包括合理的执行时间的含义，如果一个算法需要执行数年甚至更长时间，显然失去了实用价值。无论是计算的基本步骤的数量还是执行这些步骤所需要的时间，都应该是有限的。

（4）输入

算法具有零个或多个输入，这些输入是在算法开始之前给出的，它们是算法开始执行的依据。输入的形式可以是多样化的，例如，可以是具体的数值、一组数据或者一个初始状态等。一个算法执行的结果总是与输入的初始数据有关，不同的输入将会有不同的结果输出。当输入不够或输入错误时，算法本身也无法执行或执行出错。

（5）输出

一个算法有一个或多个输出，以反映对输入数据加工后的结果，输出的形式也是多样的，可以是计算的结果、一个决策、一个状态转换等。没有输出的算法是毫无意义的。

2.1.2　算法的表示

算法是对解题过程的精确描述，这种描述是建立在语言基础之上的。表示算法的语言主要有自然语言、流程图、伪代码、计算机程序设计语言等，它们是表示和交流算法思想的重要工具。

1. 自然语言

自然语言是人们日常所用的语言，如汉语、英语、德语等。使用这些语言不用专门训练，所描述的算法也通俗易懂，然而其缺点也是明显的。由于自然语言存在歧义性，容易导致算法描述的不确定性；对于较为复杂的算法，很难清晰地表示出来；另外，自然语言表示的算法不便于翻译成计算机程序。

2. 程序流程图

用流程图表示的算法不依赖于任何具体计算机程序设计语言，从而有利于不同环境的程序设计。

程序流程图是描述算法的常用工具，可以很方便地表示程序的基本控制结构。

美国国家标准化协会 ANSI（American National Standard Institute）规定了如下一组图形符号来表示算法。

起止框 ⬭：表示流程开始或结束。

输入/输出框 ▱：表示输入或输出。

处理框 ▭：表示对基本处理功能的描述。

判断框 ◇：根据条件是否满足，在几个可以选择的路径中，选择某一路径。

流向线→←↑↓：表示流程的路径和方向。

通常在各种图符中加上简要的文字说明，以进一步表明该步骤所要完成的操作。

用流程图描述"计算 1 到 10 的整数和"的算法，如图 2-1 所示。

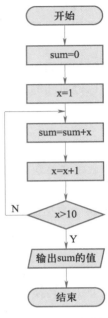

图 2-1　流程图示例

3. 计算机程序设计语言

计算机不能识别自然语言、流程图和伪代码等算法描述语言，而设计算法的目的就是要用计算机解决问题。因此用自然语言、流程图等描述的算法最终还必须转换为具体的计算机程序设计语言编写的程序。这种表示方法是最直接和精确的，因为算法本身就是为了在计算机上执行而设计的。

【例 2-1】分别用 C 语言和 Python 语言描述"计算 1 到 10 的整数和"的算法。

C 语言	Python 语言
```main() { int sum,x; sum=0; x=1; while(x<=10) { sum=sum+x; x=x+1; }; printf("%d",sum); }```	```sum=0 #用遍历循环结构 for x in range(1,11): sum=sum+x #实现累加 print(sum) #结果输出```

4. 伪代码

伪代码使用类似于程序语言的语法，但不是真正的编程语言，来描述算法的步骤。伪代码可以让算法的逻辑更加清晰，方便程序实现。它结合了自然语言和程序语言的特点，既易于理解又具有一定的精确性。

此外，还可以用图形化方法、数学表示、表格等方法来表示算法。在选择算法的表示方法时，应根据算法的性质、复杂度以及读者的需求来确定。通常情况下，会先使用自然语言或流程图来描述算法的基本思路，再使用伪代码或编程语言来细化算法的实现细节。

2.1.3　常见算法

1. 穷举法

穷举法也称为枚举法。在寻找一个问题解时，一个直观的方法是，从可能的解的集合中列出所有候选解，用题目给定的检验条件进行判定。能使命题成立的，即为解。在检查完部分或全部候选解，便可得出该问题或者有解，或者没有解，这就是所谓的穷举法。

众所周知，爱迪生是近代伟大的发明家，白炽灯是他最重要的发明之一，先后尝试了多达 6 000 多种不同灯丝材料进行试验，最后发现了钨丝可以作为电灯材料，这是典型使用穷举法的科学发明范例。

因此，穷举法常用于解决"是否存在"或"有多少种可能"等类型的问题。在理论上，这种方法似乎是可行的，但是在实际应用中较少使用这种方法。这是因为如果解空间的数量非常大时，即便采用最快的计算机，也只能解决规模很小的问题。

穷举法的特点是算法比较简单，但并不就意味着它是没有头绪的尝试、穷举不堪。求解问题将会有许多方案，而不同的方案可能导致解决的效率有很大的差异。因此，穷举法也有它的解题思路。首先要确定穷举对象、穷举范围和判定条件，对实际问题进行详细的分析，将问题解空间进行分类、简化，列举可能的解，排除不符合条件的解，并使方案优化，尽量减少运算工作量。

【例 2-2】考虑一个银行密码由 6 位数字组成，最多要尝试多少次才能找到密码？

[分析] 一个银行密码由 6 位数字组成，其组合方式有 100 万种（10^6），也就是说解空间为 $\{000000, \cdots, 999999\}$，所以最多尝试 999 999 次才能找到真正的密码。如果不考虑时间和成本，即使是用人工逐一尝试破解密码，也只是一个时间问题。

当然，使用计算机可大大提高解题的效率。以下 Python 程序可以生成 000000 ~ 999999 的全部 6 位数字集合，相信你的银行密码一定在这个范围内。

In[1]:	#生成全部的 6 位数字密码	
	f = open('passdict6.txt','w')	#创建 txt 文件
	for id in range(1000000):	
	password = str(id).zfill(6)+'\n'	#生成 6 位数字
	f.write(password)	#写入文件
	f.close()	#文件关闭
Out[1]:	000000,000001,000002,…,999998,999999	

但如果破译一个有 12 位而且有可能拥有大小写字母、数字以及各种符号的密码，其组合方法可能有几千万亿种。即使用计算机推算，也可能会用到数月或数年的时间，这在时间或空间上显然是不能接受的。

【例 2-3】有一个四位数，前两位数字相同，后两位数字相同，而且这四位数恰好是一个整数的平方。求该数字。

[分析] 由已知条件，通过分析，可以减少解空间的变量取值范围。

① 将四位数假定为 aabb，a、b 的变化范围是 1~9。

② 四位数的范围是 1 000~9 999，某整数的平方是四位数。

③ 预估整数的范围：32 的平方是 1 024，95 的平方是 9 025。

由以上分析，可以将解空间的取值范围限定在 {32,…,95}，这样就减少了 1/3 的解空间。

下面用 Python 编程解决此问题，程序采用多重循环结构，分别遍历从 32 至 95 的平方才能得到符合条件的结果。

```
In[2]:     result = []                                      #定义结果列表
           for i in range(1, 10)
               for j in range(1, 10):
                   if i == j
                       continue
                   for k in range(32, 95):
                       if k * k == (1000 * i + 100 * i + 10 * j + j):  #判定公式是否成立
                           result.append((i,i,j,j))          #将结果添加至列表中
           for item in result                                #输出结果
               print("前两位数是{},后两位数是{}".format(item[0],item[2]))

Out[2]:    前两位数是 7,后两位数是 4
```

该题的答案是 7 744，即 88 的平方。

这里要强调的一点是，一旦找到问题的一个解后，还要继续思考。看看是否真正穷尽了所有可能解，是否还能找到效率更高的方案。所以请同学们分析一下，本题是否还存在更好的算法。

2. 归纳法

归纳法又称为归纳推理，或归纳逻辑。人们的认识运动总是从认识个别事物开始，从个别中概括出一般，因此，归纳法是人们广泛使用的基本的思维方法，在科学认识中具有重要的意义。很多的科学发现，都是通过观察、研究个别事实并对它们进行总结的结果，在自然科学中的一些定律和公式也都是应用归纳法制定出来的。例如，门捷列夫运用归纳法等方法，对 63 种元素的性质和原子之间的关系进行研究，总结出了化学元素周期律，揭示了化学元素之间的因果联系。其他如关于气体压强、体积和温度的波义耳定律；关于电磁相互作用的法拉第定律；关于生物进化的生存竞争规律；等等，都是和归纳法分不开的，或至少说在很大程度上运用了归纳推理的方法。

归纳推理是一种或然性推理。归纳推理的前提是一些关于个别事物或现象的认识，而结论则是关于该类事物或现象的普遍性认识。归纳推理的结论所断定的知识范围超出了前提所给定的知识范围，因此，归纳推理的前提与结论之间的联系不是必然性的，而是或然性的。也就是说，其前提真而结论假是可能的。

归纳法有很多形式，在归纳逻辑上主要分为完全归纳法和不完全归纳法。下面简单介绍这两种方法。

（1）完全归纳法

完全归纳法是从全部对象的一切情形中，得出关于全部对象的一般结论。完全归纳推理过程可表示为

S1 是 P

S2 是 P

…

Si 是 P

（S1,S2,…,Si 都是 S 类中的全部对象）

所有 S 是 P

例如，根据直角三角形的内角之和等于 180 度，钝角三角形的内角之和等于 180 度，锐角三角形的内角之和也等于 180 度，从而得出所有三角形的内角之和都等于 180 度。

完全归纳推理的前提无一遗漏地考察了一类事物的全部对象，断定了该类中每一对象都具有（或不具有）某种属性，结论断定的是整个这类事物具有（或不具有）该属性。也就是说，前提所断定的知识范围和结论所断定的知识范围完全相同。因此，前提与结论之间的联系是必然性的，只要前提真实，形式有效，结论必然真实。完全归纳推理是一种前提蕴涵结论的必然性推理。

（2）不完全归纳法

由于完全归纳推理具有一定的局限性和不可实现性（很多情况下不可能枚举所有对象），所以在实际情况中完全归纳推理是不多的，不完全归纳推理则是大量的。

不完全归纳法是以关于某类事物中部分对象（不是全部）的判断为前提，推出关于某类事物全体对象的判断做结论的推理。不完全归纳推理有两种逻辑形式：一是简单枚举归纳推理，这是或然性推理；二是科学归纳推理，这是必然性推理。

不完全推理在现实生活中具有极大的意义，是统计推理归纳对象中比较常用的一种方法。例如，"金导电、银导电、铜导电、铁导电、锡导电；所以一切金属都导电"。前提中列举的"金、银、铜、铁、锡"等部分金属都具有导电的属性，从而推出"一切金属都导电"的结论。

不完全归纳法只依靠所枚举的事例的数量，因此，它所得到的结论的可靠程度较低，一旦遇到一个反例，结论就会被推翻。例如，列举部分鸟类对象的行为，使用简单枚举归纳推理：麻雀会飞，燕子会飞，喜鹊会飞，鸽子会飞，白鹭会飞，从而得出结论"所有鸟类都会飞"。这个结论当然不成立，例如鸵鸟就不会飞，结论就被推翻了。

但是，不完全归纳推理仍有一定的作用，通过不完全归纳得到的结论可作为进一步研究的假说。

3. 演绎法

所谓演绎法或称"演绎推理"，是指人们以一定的反映客观规律的理论认识为依据，就是从一般性的前提出发，通过推导即"演绎"，得出具体陈述或个别结论的过程。所以演绎法是认识"隐性"知识的方法，是从普遍性结论或一般性事理推导出个别性结论的论证方法，是从服从该认识的已知部分推知事物的未知部分的思维方法。

演绎法是现代科学研究中常用的方法，历史上著名的科学发现都是利用该方法。欧几里得最先采用了亚里士多德提出的演绎三段论的形式来构建他的几何学体系。欧氏的贡献在于他从公理和公设出发，用演绎法把几何学的知识贯穿起来，揭示了一个知识系统的整体结构。他破天荒地开辟另一条大路，即建立了一个演绎法的思想体系。直到今天，他所创建的这种演绎系统和公理化方法仍然是科学工作者必须使用的。

演绎推理有多种逻辑形式，如三段论、假说推理、选言推理、关系推理等形式。

（1）演绎推理的三段论

三段论推理是演绎推理中的一种简单推理判断。三段论是由两个含有一个共同项的性质判断作前提，得出一个新的性质判断为结论的演绎推理。三段论包含三个部分：

① 大前提——已知的一般原理。

② 小前提——所研究的特殊情况。

③ 结论——根据一般原理，对特殊情况做出判断。

在欧几里得几何学中，三段论的形式经常用于证明几何定理。举一个简单的例子。

大前提：通过两点有且仅有一条直线（欧几里得几何学的一个基本公理）。

小前提：点 A 和点 B 是平面上的两个不同点。

结论：因此，通过点 A 和点 B 有且仅有一条直线。

为方便理解和记忆，这里给出三段论公理的基本形式：

$M \rightarrow P$（M 是 P）　　　　（大前提）

$S \rightarrow M$（S 是 M）　　　　（小前提）

$S \rightarrow P$（S 是 P）　　　　（结论）

依照三段论公理，可以写出许多符合三段论推理的句式。再举一例：

知识分子都应该受到尊重。

人民教师是知识分子。

所以，人民教师是应该受到尊重的。

（2）假说—演绎法

在观察和分析基础上提出问题以后，通过推理和想象提出解释问题的假说，根据假说进行演绎推理，再通过实验检验演绎推理的结论。如果实验结果与预期结论相符，就证明假说是正确的，反之，则说明假说是错误的。这是现代科学研究中常用的一种科学方法，叫作假说—演绎法。

DNA 双螺旋结构模型提出后，DNA 分子复制方式的提出与证实，遗传密码的破译，也都是采用假说—演绎法。演绎法不仅仅是科学家进行科学研究的方法，也是学生认识客观事物，形成客观规律的重要的科学探究方法。

【例2-4】分析表2-1中的推理是否正确，说明为什么。

表 2-1　演 绎 推 理

序　　号	大 前 提	小 前 提	结　　论
①	自然数是整数	3是自然数	3是整数
②	整数是自然数	−3是整数	−3是自然数
③	自然数是整数	−3是自然数	−3是整数
④	自然数是整数	−3是整数	−3是自然数

［分析］本题序号②~④演绎推理是错误的，主要原因如下。

序号②大前提错误。

序号③小前提错误。

序号④推理形式错误。

所以，只有在前提和推理形式都正确时，所得到的结论才是正确的。

4. 递归法

获普利策奖的图书《哥德尔、埃舍尔、巴赫——集异璧大成》（*Gödel*，*Escher*，*Bach*：*an Eternal Golden Braid*）在第五章开门见山解释道："递归就是嵌套（nesting），各种各样的嵌套"。

美国影片《盗梦空间》是一部关于现实与梦境交互影响的电影。电影讲述的是主人公（希里安·墨非）梦境植入想法的行动。为了向主人公植入理念，影片进入了四层梦境，即从现实进入第一层梦境，从第一层梦境进入第二层梦境，直至进入第四层梦境。然后从第四层返回第三层，接着从第三层梦境返回第二层……这部影片体现了一个递归的过程，如图2-2所示。

图 2-2　电影《盗梦空间》

从上面的递归事例不难看出，正确的递归算法存在以下两个必要条件。

① 问题具有某种可借用的类同自身的子问题描述的性质。

② 必须有一个终止处理或计算的准则。

实际中，有许多问题就是用递归来定义的，数学中的许多函数也是用递归来定义的，它是解决较复杂问题的强有力的工具。

例如，计算 5 的阶乘，先从 5！= 5×4！，4！= 4×3！，…，递归前进到边界条件 1！= 1；然后根据 1！的计算结果逐步返回 2！= 2×1！= 2，3！= 3×2！= 6，……，最后计算出 5！= 120，如图 2-3 所示。

再来看一个有趣的游戏——汉诺塔。汉诺塔问题源自印度神话，传说梵天创造世界时做了三根金刚石柱子，在一根柱子上从下往上按大小顺序摆着 64 片黄金圆盘（见图 2-4）。上帝命令婆罗门把圆盘从下面开始按大小顺序重新摆放在另一根柱子上，并且规定，在小圆盘上不能放大圆盘，在三根柱子之间一次只能移动一个圆盘。

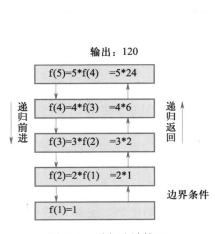

图 2-3 递归法计算 5！

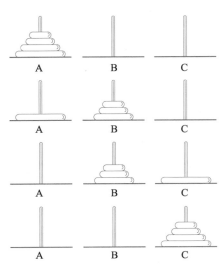

图 2-4 汉诺塔问题移动示意图

［分析］ 显然，这是一个递归求解的过程。汉诺塔问题可以通过以下三个步骤实现。

① 将 A 柱上的 n-1 个圆盘借助 C 柱先移到 B 柱上。

② 把 A 柱上剩下的一个圆盘移到 C 柱上。

③ 将 n-1 个圆盘从 B 柱借助 A 柱移到 C 柱上。

【例 2-5】 用 Python 递归程序计算汉诺塔问题。

```
In[3]:   def move(n, a,c,b):
             if n ==1:
                 print(a, '-->', c)
                 return
             else:
                 move(n-1, a, b, c)
                 move(1, a, c, b)
                 move(n-1, b, c, a)
         move(3, 'A', 'C', 'B')
```

```
Out[3]:  A --> C A --> B C --> B A --> C B --> A B --> C A --> C
```

通过分析，要完成 64 片圆盘从 A 柱移动到 C 柱，需要移动 $2^{64}-1$ 次。假设圆盘每秒移动一次，需要的时间是 $2^{64}-1$ 秒，这相当于多少年呢？用 Python 算一下。

In[4]:	second=2**64-1	#每秒移动一个圆盘
	year_secs=365*24*60*60	#计算 1 年有多少秒
	years=second/year_secs	#将 1 年时间换算成秒
	print(years)	
Out[4]:	584942417355.072	

答案是需要 5 849 亿年！而宇宙至今也不过 138 亿年，而太阳系预计在 20 亿年后会毁灭，看来这个汉诺塔问题是无法完成的任务，因此说它是一个神话。

5. 分而治之法

古人早已有"分而治之"的思想，例如，《孙子兵法》说："凡治众如治寡，分数是也。"

分而治之法（简称分治法）是一种系统分析与划分方法。它将一个难以直接解决的大问题划分成一些规模较小的子问题，以便各个击破，分而治之。更一般地说，将要求解的原问题划分成 k 个较小规模的子问题，对这 k 个子问题分别求解。如果子问题的规模仍然不够小，则再将每个子问题划分为 k 个规模更小的子问题，如此分解下去，直到问题规模足够小，很容易求出其解为止。

一般来说，分治法的求解过程由以下三个阶段组成。

① 划分：既然是分治，当然需要把规模为 n 的原问题划分为 k 个规模较小的子问题，并尽量使这 k 个子问题的规模大致相同。

② 求解子问题：各子问题的解法与原问题的解法通常是相同的，可以用递归的方法求解各个子问题，有时递归处理也可以用循环来实现。

③ 合并：把各个子问题的解合并起来，成为一个更大规模的问题的解，自底向上逐步求出原问题的解。分治算法的有效性很大程度上依赖于合并的实现。

分治法的思想在软件开发中得到广泛使用。例如，结构化设计方法就是将待开发的软件系统划分为若干相互独立的基本单元，即模块（见图 2-5），一个模块可以是一条语句、一段程序、一个函数等。

由于模块相互独立，因此在设计其中一个模块时，不会受到其他模块的牵连，因而可将原来较为复杂的问题化简为一系列简单模块的设计。模块的独立性还为扩充已有的系统、建立新系统带来了不少的方便，因为可以充分利用现有的模块作积木式的扩展。按照结构化设计方法设计出的程序具有结构清晰、可读性好、易于修改和容易验证的优点。

当然，分治法只有在经过问题分解、求解各个子问题、再合并它们的解等步骤所花费的成本（时间与工作量等），比起直接面对原始问题的解决成本少时，这种方法才是有效的。

【例 2-6】用 Python 实现二分法查找。

二分法查找（也称为折半法）是分治法思想的实际应用，是一种在有序数据中查找特定元素的搜索算法。二分法查找前数据需要先排好顺序，Python 的列表数据类型很适合实现。

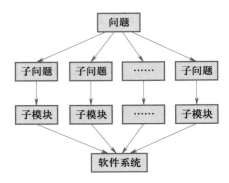

图 2-5　分治法进行结构化开发

二分法查找的算法如下。

① 首先将查找的值 key 与列表中间位置上元素的值比较，如果相等，则检索成功。

② 否则，若 key 小，则在列表前半部分中继续进行二分法检索。

③ 若 key 大，则在列表后半部分中继续进行二分法检索。

这样，经过一次比较就缩小一半的检索区间，如此进行下去，直到检索成功或检索失败。

为提高查找效率，本示例采用递归程序实现。

```
In[5]:    def search(data_list,key):
              data_list.sort()                #对列表进行排序
              mid = len(data_list)//2         #mid 记录 data_list 的中间位置
              if data_list[mid] == key:
                  return True
              elif data_list[mid]> key:
                  return search(data_list[:mid],key)
              elif data_list[mid]<key:
                  return search(data_list[mid+1:], key)
          print(search(temp,temp[30]))        #查找第 30 个元素
Out[5]:   True
```

6. 回溯法

前面讨论的穷举法，在理论上似乎是可行的，但是在实际应用中很少使用这种方法。这是因为候选解的数量非常大，通常是指数级的，甚至是阶乘级的，即便采用最快的计算机，也只能解决规模很小的问题。

回溯法则是一种更加智能的搜索算法，是一种选优搜索法，也叫试探法。它按照选优条件向前搜索，以达到目标。但当探索到某一步时，如果发现原先的选择并不优或达不到目标，就退回一步重新选择。这种走不通就退回再走的技术即为回溯法，而满足回溯条件的某个状态的点称为"回溯点"。

回溯法通过剪枝技术（剪枝函数）来避免无效的探索，即在搜索过程中，一旦发现当前

的选择不可能导致有效的解，就立即停止继续搜索，并回溯到上一步尝试其他选择。这种策略使得回溯法在处理复杂问题时能够显著提高效率。

【例 2-7】回溯法求解 0-1 背包问题。

0-1 背包问题描述：给定一组物品，每种物品都有自己的重量和价值，在限定的总重量内，如何选择，才能使得物品的总价值最大。

回溯法解题思路：这是一个典型的组合优化问题，可以通过回溯法来解决。回溯法会尝试每一种可能的组合方式，同时根据当前的总重量和价值来剪枝，以提高搜索效率。

算法描述如下。

① 初始化：设置当前的总价值为 0、当前的总重量为 0，设置一个数组来记录每个物品是否被选择。

② 选择物品：对于每个物品，有两种选择，即选或不选。如果选择当前物品，则更新当前的总价值和总重量，并递归处理下一个物品。

③ 回溯：当处理完当前物品的所有选择后（选或不选），需要回溯到上一个物品的状态，以便尝试其他可能性。

④ 剪枝：如果在选择某个物品后，当前的总重量已经超过了背包的容量，或者即使选择所有剩余物品也无法超过当前的总价值，则可以提前结束搜索。

⑤ 记录最优解：在搜索过程中，记录遇到的最大价值及其对应的物品选择。

应用举例：假设有 3 个物品和一个容量为 5 的背包，物品的重量和价值如下。

物品 1：重量 2，价值 3

物品 2：重量 3，价值 4

物品 3：重量 4，价值 5

使用回溯法解决 0-1 背包问题的过程如下。

① 初始化：当前总价值=0，当前总重量=0，选择数组=[False, False, False]。

② 选择物品 1：

选择物品 1（总价值=3，总重量=2），继续选择物品 2。

选择物品 2（总价值=7，总重量=5），总重量等于背包容量，记录当前解为价值 7。

不选择物品 2（总价值=3，总重量=2），继续选择物品 3。

选择物品 3（总价值=8，总重量=6，剪枝）。

不选择物品 3（维持总价值=3，总重量=2），回溯结束。

不选择物品 1（维持总价值=0，总重量=0），继续选择物品 2。

……（继续递归处理，考虑物品 2 和物品 3 的所有组合）

在搜索过程中，记录下遇到的最大价值及其对应的物品选择。在这个例子中，最佳解是选择物品 1 和物品 2，总重量为 5，总价值为 7。

2.1.4 算法的评价

算法的好坏，关系到整个问题解决得好坏，算法的评价是一个综合性的过程，涉及多个维度和标准。在设计算法时，通常应考虑以下原则：首先，设计的算法必须是"正确的"，其次，应有很好的"可读性"和"可解释性"，还必须具有"健壮性"，最后还应考虑所设计算法的复杂性，即要有"高效率与低存储量"。

1. 正确性

正确性（correctness）是指算法的执行结果应该满足预先规定的功能和性能要求。除了应该满足算法说明中写明的"功能"之外，应对各组典型的带有苛刻条件的输入数据得出正确的结果。

2. 可读性

一个可读性（readability）高的算法应该思路清晰、层次分明、简单明了、易于理解、易于跟踪其逻辑流程，并且能够快速掌握其关键思想。可读性的好坏直接影响到算法的使用、维护和优化。命名规范、结构清晰、避免冗余、使用注释等可以提高算法的可读性。

3. 健壮性

算法的健壮性（robustness）是指算法在面对各种异常、噪声、错误输入或变化的环境条件时，能够保持稳定性能的能力。具体来说，健壮性强的算法具备以下特点。

① 容错性：能够容忍输入数据中的错误或噪声，而不至于完全失效。

② 稳定性：在面对外部条件变化时，能够保持输出的一致性或可预测性。

③ 适应性：能够适应不同场景或数据集，而不需要过多地调整或重新训练。

4. 复杂度

算法的复杂度（complexity）是算法效率的度量，是评价算法优劣的重要依据。一个算法的评价主要从时间复杂度和空间复杂度来考虑。

时间复杂度是指执行算法所需要的计算工作量。一般情况下，算法的基本操作重复执行的次数是模块 n 的某一个函数 $f(n)$，因此，算法的时间复杂度记作 $T(n)=O(f(n))$。随着模块 n 的增大，算法执行的时间的增长率和 $f(n)$ 的增长率成正比，所以 $f(n)$ 越小，算法的时间复杂度越低，算法的效率越高。

空间复杂度是指算法在计算机内执行时所需存储空间的度量。由于当今计算机硬件技术发展很快，程序所能支配的自由空间一般比较充裕，所以空间复杂度就不如时间复杂度那么重要了。对于一般问题，人们现在很少讨论它的空间耗费。

【例 2-8】求下列算法（程序段）的时间复杂度。

```
In[4]:    s=0
          n=100
          for i in range(1,n+1):        #外循环 100 次
              for j in range(1,n+1):    #内循环 100 次
                  s=s+1                 #s 变量自增 1
          print(s)                      #输出 s 变量的值
Out[4]:   10000
```

［分析］在算法时间复杂度的计算中，最关键的是得出算法中最多的执行次数。很容易看出，算法中最内层循环体语句往往具有最大的语句频度，在计算过程中主要对它们进行分析和计算。

该算法中频度最大的是语句 s = s+1，它的执行次数跟循环变量 i 和 j 有直接关系，而该变量的变化起止范围又较为明确，因此其频度可以通过求和公式求得：

$$f(n) = \sum_{i=1}^{n} \sum_{j=1}^{n} 1 = \sum_{i=1}^{n} n = n^2$$

所以，该算法的时间复杂度为平方阶，记作 $T(n) = O(n^2)$。

2.2　程序与程序设计

算法是对解题步骤（过程）的描述，可以与计算机无关；而程序是利用某种计算机语言对算法的具体实现。可以用不同的计算机语言编写程序实现同一个算法，算法只有转换成计算机程序才能在计算机上运行。

2.2.1　学习程序设计的意义

我们可以找到许多理由来学习编程。对有些人而言，编程可以带来极大的乐趣，他们享受的就是编程本身。但对更多的人而言，编程是一种解决问题的有效方式，事实上，计算机已经渗透到社会的方方面面，即使你不是专业程序员，我们的一生的学习与生活也将与计算机相伴、相关。

学习计算机编程的本质是学习一种思维方式——计算思维。学习程序设计基本思想有助于学习新的思维方式，类似于通过绘画课去学习从不同的角度观察世界一样。学会用一种新的方式思考问题是非常有用的。前面所述的"解决问题"，就是找出问题的答案或者完成一项任务，而编程就是一种纯粹的、精简的解决问题的方式。因此学习编程可以让我们真正掌握一种新的思维方式，从而增强逻辑思维和问题解决能力。

无论是在数据分析、人工智能等领域，还是在其他行业如金融、医疗等，通过编程可以自动化处理重复性的任务，从而节省时间，提高工作效率。编程有助于将计算机科学与各自的专业知识相互融合，促进跨学科学习和应用，编程技能将为个人职业发展带来更多的可能性。

2.2.2　什么是程序

程序就是告诉计算机要做什么的一系列指令，每条指令是一个要执行的动作。编写程序的工作称为程序设计。

程序设计是根据特定的问题，使用某种程序设计语言，按照预定的算法设计计算机执行的指令序列。计算机按照程序所规定的操作步骤一步一步地执行相应的指令，最终完成特定的任务。进行程序设计时应掌握一门或一门以上的程序设计语言。

程序设计就如同解一道数学题。首先需要阅读题目（对问题的描述），再去想怎样求解（需要哪些步骤，即算法设计），最后通过编程，用程序语言写出每个具体的执行步骤，并对结果进行验证以保证它是正确的。

2.2.3　程序设计语言

在计算机程序设计语言的发展历史上，出现的语言达上百种之多，但人们最常用的不过十多种。按照程序设计语言发展的过程，大概分为三类。

1. 机器语言

为编写计算机所能理解的程序，人们最早使用的语言是机器语言。机器语言是由 CPU 可以识别的一组由 0、1 序列构成的机器指令的集合。它是计算机硬件所能执行的唯一语言。不同的计算机设备有不同的机器语言。使用机器语言编写程序是很不方便的，它很难记忆，且要求使用者熟悉计算机的很多硬件细节。

例如，一条表示加法的机器指令：

00101100　　00001010

该指令是将 10 与累加器 A 的值相加，结果仍保存在 A 中。

随着计算机硬件结构越来越复杂，指令系统也变得越来越庞大，一般工程技术人员难以掌握。为了减轻程序设计人员在编制程序工作中的烦琐劳动，1952 年出现了一种符号化的机器语言，称为汇编语言。

2. 汇编语言

汇编语言是用助记符来表示每一条机器指令。比如，上述的加法指令用汇编语言表示为

ADD　　A,10

由汇编语言编写的源程序必须经过翻译转变成机器语言程序，计算机才能识别和执行。这种将汇编语言编写的源程序翻译成机器语言目标程序的工具就称为汇编程序。

汇编语言仍然是一种面向机器的语言，不同类型的计算机具有不同的汇编语言。虽然汇编语言比机器语言容易掌握，但对非专业人员来说，汇编语言仍然难以学习和使用。

机器语言和汇编语言都是面向机器的语言，所以统称为“低级语言”。

3. 高级语言

高级语言是一种与机器指令系统无关，表达形式更接近于被描述问题的程序设计语言。高级语言同人类的自然语言和数学表达方式相当接近，其功能更强、可读性更好、编程也更加方便。现在，我们所说的“程序设计语言”通常是指高级语言。

高级语言种类繁多，如当前流行的面向对象的语言 Python、C++、Java 等，过程化语言 C 语言等，非过程化的数据库查询语言 SQL 等。

与汇编语言一样，计算机不能直接识别和执行高级语言编写的源程序，因此必须经过语言处理程序进行翻译，将源程序转换成机器语言的形式，以便计算机能够运行。

高级语言处理程序有编译程序和解释程序两种。其中，编译方式就像日常生活中的笔译方式，一次性地将整个源程序翻译成用机器语言表示的与之等价的目标程序，完成这项翻译工作的程序称作编译程序。编译出的目标程序通常还要经过链接程序，将目标代码进行修饰和整合，产生“可执行程序”，以便计算机顺利加载并运行程序。编译过程如图 2-6 所示。

解释方式如同人们日常对话中的口译方式，将程序中的指令逐条翻译，逐条执行。所以，编译程序与解释程序最大的区别之一在于前者生成目标代码，而后者不生成。

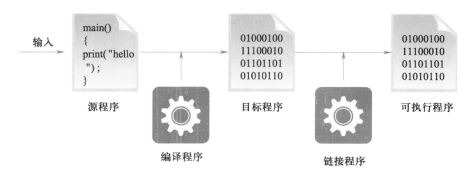

图 2-6　编译型语言处理程序过程示意图

2.2.4　结构化程序设计三种基本结构

结构化程序设计（structured programming）以模块功能和处理过程设计为基本原则。任何程序都可由顺序、选择、循环三种基本控制结构（或它们组合）来实现。

1. 顺序结构

计算机在执行一个程序时，最基本的方式是一条语句接一条语句地执行。顺序结构表示程序中的各操作是按照它们出现的先后顺序执行的。

2. 选择结构

在日常生活中，我们经常会根据不同情况做出不同决策。编程也是一样，常常需要根据逻辑条件做出决策。选择结构表示程序的处理步骤出现了分支，它需要根据某一特定的条件选择其中的一个分支执行。

选择结构主要包括单分支、二分支和多分支以及嵌套的选择结构。其中，单分支选择结构，当满足某个特定条件时，执行相应的语句或语句块；如果不满足条件，则不执行任何操作或继续执行后续的代码。例如，"今天如果下雨，出门要带伞。"的选择结构流程图如图 2-7 所示。

二分支选择结构也称为 if-else 结构。当满足某个条件时，执行一个语句或语句块；如果不满足该条件，则执行另一个语句或语句块。例如，"今天如果下雨就在家看书，不下雨就去爬山。"的选择结构流程图如图 2-8 所示。

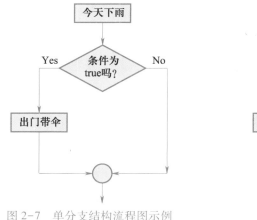

图 2-7　单分支结构流程图示例　　　　图 2-8　二分支结构流程图示例

简单说，二分支结构根据条件的 True 或 False 结果产生两条路径，而单分支选择结构中的一个分支可能什么都不做，即不需要 else 语句。

例如，Python 的二分支结构使用 if-else 保留字对条件进行判断，语法格式如下：

if<条件>：

  <语句块 1>

else：

  <语句块 2>

【例 2-9】Python 用分支结构进行奇偶数判定。

自定义一个 isOdd( ) 函数，参数为整数，如果整数为奇数，返回 True，否则返回 False。

In[4]:	`def isOdd(n):` #自定义函数,n 为传入的参数
	 `if n% 2:` #如果被 2 整除,判定是偶数
	  `return True` #返回 True
	 `else:`
	  `return False` #否则返回 False

Out[4]:	请输入一个整数:7 你输入的是奇数

3. 循环结构

不少实际问题中有许多具有规律性的重复操作，因此在程序中就需要重复执行某些语句。循环结构表示程序反复执行某个或某些操作，直到某条件为假（或为真）时才可终止循环。

如图 2-9 所示的是一种常用的循环结构，程序执行时先判断条件，当满足给定的条件时执行循环体，并且在循环终端处流程自动返回到循环入口；如果条件不满足，则退出循环体直接到达流程出口处。这种循环结构通常又称为 while 循环结构。

Python 语言的循环结构包括两种：While 循环和 for 循环。

for 循环可以理解为从遍历结构中逐一提取元素，放在循环变量中，对于每个所提取的元素执行一次语句块，如图 2-10 所示。for 语句的循环执行次数是根据遍历结构中元素个数确定的。

for <循环变量>　in　<遍历结构>：

  <语句块>

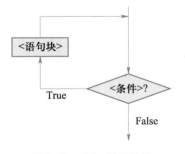

图 2-9　while 循环结构

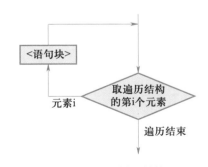

图 2-10　for 循环结构

【例 2-10】用 Python 遍历循环实现九九乘法表。

以下程序就是一个用遍历实现循环的很好的示例，采用循环嵌套结构实现。

| In[4]: | ```
#循环嵌套结构
for i in range(1,10):
    for j in range(1,i+1):
        x=i*j
        print('{}*{}={}'.format(j,i,x),end = " ")
    print("")
``` |
|---|---|
| Out[4]: | 1*1=1
1*2=2 2*2=4
1*3=3 2*3=6 3*3=9
...
1*8=8 2*8=16 3*8=24 4*8=32 5*8=40 6*8=48 7*8=56 8*8=64
1*9=9 2*9=18 3*9=27 4*9=36 5*9=45 6*9=54 7*9=63 8*9=72 9*9=81 |

2.2.5　程序设计的一般过程

程序设计就是使用某种程序设计语言编写程序代码来驱动计算机完成特定功能的过程。程序设计的基本过程一般包括以下几个步骤。

1. 问题描述

程序设计的最终目的是利用计算机求解某一特定问题，因此程序设计面临的首要任务是得到问题的完整和确切的定义。如果不能确定程序的输出，最后就会对程序的结果产生怀疑。还要确定程序的输入，而且要知道提供了特定的输入后，程序的输出是什么以及输出的格式是什么。

2. 算法设计

了解了问题的确定含义后，就要设计具体的解题思路了。解题过程都是由一定的规则、步骤组成的，这种规则就是算法。瑞士的计算机科学家 Niklaus Wirth 曾提出：程序＝算法＋数据结构，算法对于程序设计的重要性由此可见一斑。

为了描述算法，可以使用多种方法。常用的有自然语言、传统流程图、N-S 流程图、伪代码和计算机语言等。

3. 程序设计

问题定义和算法描述已经为程序设计规划好了蓝本，下一步就是用真正的计算机语言表达了。这就要求开发设计者具有一定的计算机语言功底。不同的语言有各自的特点，因此先要针对问题选用合适的开发设计环境和平台，尽管写出的程序有时会有较大差别，但它必须是忠实于算法描述的。正因为如此，有人说代码编制的过程是算法到计算机语言程序的翻译过程。

程序设计时，人们将在纸上编写好的程序代码通过编辑器输入到计算机内，利用编辑器可对输入的程序代码进行修改、复制、移动和删除等编辑操作，然后以文件（源程序）形式
```

保存。现在的程序设计语言一般都有一个集成开发环境，自带编辑器，用户可以方便地编辑程序；也可以用 Windows 环境下的记事本来编辑程序。源程序必须是纯文本文件，不能用带有格式的字处理软件来建立。

4. 调试运行

计算机是不能直接执行源程序的（机器语言程序除外），因此，计算机上提供的各种语言，必须配备相应语言的"编译程序"或"解释程序"。通过"编译程序"或"解释程序"使人们编写的程序能够最终得到执行的工作方式，称为程序的编译方式和解释方式。

无论是编译程序还是解释程序，都需要事先送入计算机内存中，才能对源程序（也在内存中）进行编译或解释。调试的过程实际上是一个对源程序的语法和逻辑结构进行检查的过程。这常常是一个需要多次往返、逐步排查的过程，既要求耐心细致，还要求有调试程序的经验。

5. 编写程序文档

目前的软件不仅规模庞大，且功能日趋复杂，需要团队合作才能完成。一个完善的软件文档对于开发者之间的交流、软件的升级与维护，就显得至关重要。文档记录程序设计的算法、实现以及修改的过程，保证程序的可读性和可维护性。例如，一个有上万行代码的程序，在没有文档的情况下，即使是程序设计者本人，在几个月后也很难记清其中某些程序是完成什么功能。

程序中的"注释"就是一种很好的文档，注释的内容并不要求计算机理解它们，但可被读程序的人理解，这就足够了。如 Python 语言的注释用#开头。对算法的各种描述也是重要的文档。在软件工程中对开发过程每一步的文档都有指导性的建议。

*2.3 数据结构

算法的效率在很大程度上取决于其所使用的数据结构，选择合适的数据结构不仅可以显著提高算法的效率，减少所需的时间和空间资源，还是编写高效、可维护代码的关键。

1968 年，美国的 Donald. Knuth 教授开创了数据结构的最初体系。他所著的《计算机程序设计艺术》（*The Art of Computer Programming*）是第一本系统阐述数据的逻辑结构和存储结构及其操作的著作，他计划共写 7 卷，然而仅仅出版三卷之后，已经震惊世界，使他获得计算机科学界的最高荣誉——图灵奖。后来，此书与牛顿的《自然哲学的数学原理》等一起，被评为"世界历史上最伟大的十种科学著作"之一。

2.3.1 数据结构的基本概念

数据结构（data structure）是计算机科学中的一个核心概念，是计算机存储、组织数据的方式。数据结构是指相互之间存在一种或多种特定关系的数据元素的集合，它主要关注数据的组织、存储和管理的方式，以便能够高效地执行各种操作。数据结构不仅仅是一种数据的存储方式，它更侧重于定义数据的操作以及如何将这些操作有效地组合起来以形成更复杂的算法。

　　数据元素是数据的基本单位，在计算机中通常作为一个整体加以考虑和处理。每个数据元素可包含一个或若干数据项。数据项是具有独立含义的标识单位，是数据的不可分割的最小单位。例如，电话号码簿中的一行为一个数据元素，包括了姓名、住址、电话号码等数据项。

　　数据结构研究的是数据的逻辑结构和物理结构以及它们之间的相互关系，并对这种结构定义相适应的运算（操作），设计出相应的算法。

1. 数据的逻辑结构

　　所谓数据的逻辑结构，是指反映数据元素之间逻辑关系的数据结构。数据的逻辑结构是从具体问题抽象出来的数学模型，与数据在计算机内部是如何存储的无关，数据的逻辑结构独立于计算机。例如，"春""夏""秋""冬"存在时间顺序关系（如图 2-11 所示），"父亲""儿子""女儿"存在辈分关系（如图 2-12 所示）。

　　图 2-11 和图 2-12 是数据结构的图形表示，每一个数据元素用中间标有元素值的圆表示，一般称之为数据结点，简称为结点（node）。为了进一步表示两个结点间的逻辑关系，用一条有向线段连接结点。

图 2-11　一年四季的逻辑结构　　　　　　图 2-12　家庭成员的逻辑结构

2. 数据的存储结构

　　数据的逻辑结构在计算机存储空间中的存放形式称为数据的存储结构（也称数据的物理结构，又称映像）。程序中的数据运算是定义在数据的逻辑结构上的，但运算的具体实现（如插入、删除、更新等）要在存储结构上进行。

　　在实际进行数据处理时，被处理的各个数据元素总是被存放在计算机的存储空间中，并且，各数据元素在计算机存储空间中的位置关系与它们的逻辑关系不一定是相同的，而且很多情况下也不可能相同。物理结构一般有四种主要存储类型：顺序存储、链式存储、索引存储、散列存储。

2.3.2　线性结构

　　虽然数据结构涉及逻辑结构和物理结构两个方面，但当人们谈论"数据结构"时，通常指的是其逻辑结构。

　　如果一个非空的数据结构满足下列两个条件：除了第一个和最后一个结点以外的每个结点只有唯一的一个前结点和唯一的一个后结点，第一个结点没有前结点，最后一个结点没有后结点，则称该数据结构为线性结构；否则，称之为非线性结构。

　　线性结构是最常用且最简单的数据结构，它包括线性表、栈、队列和线性链表等。

1. 线性表

（1）线性表的概念

日常生活中存在着大量这样的表格，例如一份学生名单、一张仓库设备清单等，把一个人、一台设备都抽象地看成是一个数据元素，这些数据元素之间除了在表中的排列次序即先后次序不同外，没有其他的联系，这一类的表属于线性表。

在线性表中，结点就是对数据的一种抽象。例如，在学生名单中，可以认为一个学生数据就是一个结点，如果一张学生名单由 1 000 人组成，就可以抽象地认为，学生名单这样的线性表就是由 1 000 个结点组成的。在这样抽象的意义上，就可以不再关心被处理数据的具体内容是什么，这样可以使对数据结构的研究具有通用性和一般性。

从数据结构的角度出发，线性表是 $n(n \geq 0)$ 个数据元素组成的有限序列，记为

$$(a_1, a_2, \cdots, a_n)$$

当 $n = 0$ 时，线性表为空表。在线性表中，除了第一个和最后一个数据元素外，每一个数据元素都有一个直接前驱结点和一个直接后继结点。

（2）线性表的存储结构

在计算机中存储线性表，一种最简单的方法是顺序存储，也称为顺序分配。

线性表的顺序存储结构具有以下两个基本特点。

① 线性表中所有元素所占的存储空间是连续的。

② 线性表中各数据元素在存储空间中是按逻辑顺序依次存放的。

由此可以看出，在线性表的顺序存储结构中，其前后件两个元素在存储空间中是紧邻的，前件元素一定存储在后件元素的前面。

在线性表的顺序存储结构中，如果线性表中各数据元素所占的存储空间（字节数）相等，在线性表中查找某一个元素是很方便的。

在程序设计语言中，通常定义一个一维数组来表示线性表的顺序存储空间。因为程序设计语言中的一维数组与计算机中实际的存储空间结构是类似的，这就便于用程序设计语言对线性表进行各种运算处理。

2. 栈

递归过程或函数调用时，处理参数和返回地址，通常使用一种称为栈（stack）的数据结构。栈实际上也是线性表，它是一种限定只在线性表的一端进行插入与删除操作的特殊的线性表。即在这种线性表的结构中，一端是封闭的，不允许插入与删除元素；另一端是开口的，允许插入与删除元素，如图 2-13 所示。

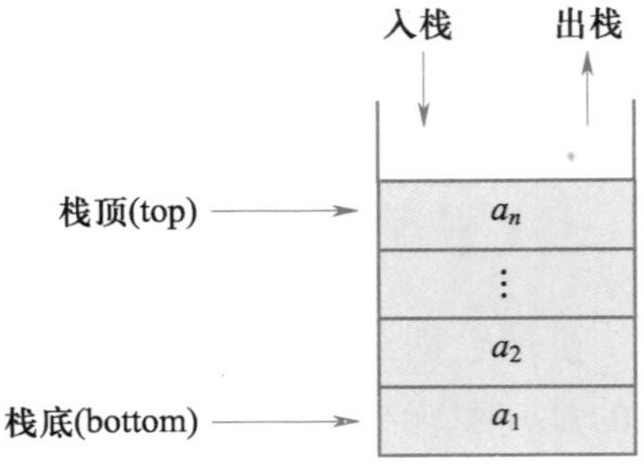

在栈中，允许插入（入栈）与删除（出栈）的一端称为栈顶，栈顶的位置用指针 top 来指示。而不允许插入与删除的另一端称为栈底，用指针 bottom 指向栈底。

图 2-13 栈的示意图

栈顶元素总是最后被插入的元素，因此也是最先被删除的元素；栈底元素总是最先被插入的元素，也是最后才能被删除的元素。即栈是按照"先进后出"（first in last out，FILO）或"后进先出"（last in first out，LIFO）的原则组织数

据的，因此，栈也被称为"先进后出"表或"后进先出"表。由此可以看出，栈具有记忆作用。

栈这种数据结构在日常生活中也是常见的。例如，堆叠的盘子就是一种栈的结构，最后放上（最上一层）的盘子总是最先被拿走，而最先放的盘子（最底一层）最后才能被取出。

【例 2-11】用 Python 语言实现栈结构的操作。

基本思路：用列表来存放栈中的元素的信息，利用列表的 append( ) 和 pop( ) 方法可以实现栈的出栈 pop 和入栈 push 的操作。

（1）定义堆栈

In[1]:	#定义堆栈
	stack_size=5　　　　　　　　　　　　#设定堆栈容量
	stack_list = ["Panda", "Tiger", "Lion","Wolf"]　#定义列表
	print(stack_list)

Out[1]:	['Panda', 'Tiger', 'Lion', 'Wolf']

（2）入栈操作

list. append( ) 方法是向列表添加一个对象元素，即把一个元素添加到堆栈的顶部，如果列表中的元素超出堆栈容量，则不添加。

In[1]:	if len(stack_list)<=stack_size:　　　#判定堆栈是否已满 　　stack_list.append("Elephant")　#元素入栈 else: 　　print("stack is full") print(stack_list)
Out[1]:	['Panda', 'Tiger', 'Lion', 'Wolf', 'Elephant']

（3）出栈操作

首先判定堆栈是否为空，若不为空，则调用 pop( ) 方法把堆栈中最后一个元素弹出来。

In[1]:	if len(stack_list) != 0:　　#判定堆栈若不为空 　　stack_list.pop()　　　#列表中最后一个元素出栈 else: 　　print("stack is empty") print(stack_list)
Out[1]:	['Panda', 'Tiger', 'Lion', 'Wolf']

3. 队列

队列（queues）也是一种操作受限的线性表，要加入的元素总是插入到线性表的末尾，并且又总是从线性表的头部取出（删除）元素。即队列是指允许在一端进行插入，而在另一端进行删除元素的线性表，如图 2-14 所示。

图 2-14 具有 4 个元素的队列示意图

队列中允许插入的一端称为队尾，通常用一个称为尾指针（rear）的指针指向队尾元素，即尾指针总是指向最后被插入的元素；允许删除的一端称为队首，通常也用一个队首指针（front）指向队首元素的前一个位置。

显然，在队列这种数据结构中，最先插入的元素将最先能够被删除，反之，最后插入的元素将最后才能被删除。因此，队列又称为"先进先出"（first in first out，FIFO）或"后进后出"（last in last out，LILO）的线性表，它体现了"先来先服务"的原则。在队列中，队尾指针 rear 与队首指针 front 共同反映了队列中元素动态变化的情况。

在计算机系统中，队列的思想常用于操作系统的资源调度。如打印输出队列，需要将打印的任务先存储于队列中，等到打印完一个任务后，接着才会打印第二个任务，这样依次处理直到队列清空为止。

【例 2-12】用 Python 实现队列操作。

队列符合"先进先出"原则，其实现方法是，先定义一个列表作为队列，调用 append( ) 方法可以把一个元素添加到队列尾部，调用 pop(0)方法可以把队头元素出队。

（1）定义队列

```
In[1]:   queues = ["Panda", "Tiger", "Lion","Wolf"]      #定义队列
         print(queues)
Out[1]:  ['Panda', 'Tiger', 'Lion', 'Wolf']
```

（2）入队操作

```
In[1]:   queues.append('Elephant')      #在队列尾部增加一个元素
         print(queues)
Out[1]:  ['Panda', 'Tiger', 'Lion', 'Wolf', 'Elephant']
```

（3）出队操作

```
In[1]:   queues.pop(0)                   #将队首的元素(索引值为 0)移出队列
         print(queues)
Out[1]:  ['Tiger', 'Lion', 'Wolf', 'Elephant']
```

4. 线性链表

线性表的顺序存储结构具有存储简单、运算方便等优点，特别是对于小线性表或长度固定的线性表，采用顺序存储结构的优越性更为突出。但是，对于大的线性表，特别是元素变动频繁的大线性表不宜采用顺序存储结构，而是采用链式存储结构。

在链式存储方式中，每个结点由两部分组成，一部分用于存放数据元素值，称为数据

域；另一部分用于存放指针，称为指针域，如图 2-15 所示。其中指针用于指向该结点的前一个或后一个结点。线性表的链式存储结构称为线性链表。

图 2-15 线性链表的一个存储结点

在线性链表中，用一个专门的指针 head（称为头指针）指向线性链表中第一个数据元素的结点（即存放线性表中第一个数据元素的存储结点的序号）。线性表中最后一个元素没有后结点，因此，线性链表中最后一个结点的指针域为空（用 null 或 0 表示），表示链表终止。线性链表的逻辑结构如图 2-16 所示。

图 2-16 线性链表的逻辑结构

对于线性链表，可以从头指针开始，沿各结点的指针扫描到链表中的所有结点，依次输出各结点值。上面讨论的线性链表又称为线性单链表。在这种链表中，每一个结点只有一个指针域，由这个指针只能找到后结点，但不能找到前结点。

2.3.3 非线性结构

非线性数据结构是指无法用线性序列保存的拥有复杂内部链接的数据结构。它们可以通过各种指针、指标、结点等来表达。在非线性结构中，各数据元素之间的前后结点关系要比线性结构复杂，因此，对非线性结构的存储与处理比线性结构要复杂得多。非线性数据结构一般分为树结构和图结构两种。

1. 树结构

树（tree）是一种重要的非线性数据结构，在这类结构中，元素之间存在着明显的分支和层次关系。树形结构广泛存在于客观世界中，如家族关系中的家谱、组织结构、计算机操作系统中的多级文件目录结构等。直观地看，它是数据元素按分支关系组织起来的结构，很像一棵倒置的树的形状。

（1）树结构的特点

树结构是由一个或多个结点组成的有限集合，如图 2-17 所示。

树结构有如下特点。

① 层次性：它有一个根（root）结点，根结点可以有一个或多个子结点，每个子结点又可以进一步有它们自己的子结点，这样逐层展开，形成了一个层次分明的结构。

② 结点关系：在树结构中，结点之间存在明确的父子关系。除了根结点外，每个结点只有一个父结点，但可以有多个子结点。这种关系构成了树的基本结构。

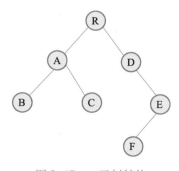

图 2-17 二叉树结构

③ 无环性：树结构中不存在任何环或回路。也就是说，从任何一个结点开始，沿着父子关系向下遍历，最终都会到达一个没有子结点的结点（叶结点），而不会再次回到起始结点。

（2）二叉树

二叉树是一种特殊的树结构，它的每个结点至多有两棵子树，通常被称为左子树和右子树，子树的左右次序不能任意颠倒，图2-17就是一棵不完全二叉树。

二叉树的一个重要特性是其简洁性和规则性，这使得对二叉树的遍历、查找、插入和删除等操作变得相对简单和高效。因此，二叉树在计算机科学和信息技术领域有着广泛的应用，如搜索算法、排序算法、数据压缩等。

（3）二叉树遍历

所谓遍历（traversal）是指沿着某条搜索路线，依次对树中每个结点均做一次且仅做一次访问。访问结点所做的操作依赖于具体的应用问题。遍历是对二叉树进行其他运算的基础操作。

根据访问结点操作发生位置有以下遍历的形式。

① 前序遍历：访问根结点的操作发生在遍历其左右子树之前。例如，图2-17的前序遍历结果为RABCDEF。

② 中序遍历：访问根结点的操作发生在遍历其左右子树之中（间）。图2-17的中序遍历结果为BACRDFE。

③ 后序遍历：访问根结点的操作发生在遍历其左右子树之后。图2-17的后序遍历结果为BCAFEDR。

【例2-13】用Python程序实现二叉树遍历。

（1）定义一个类

```
In[1]:   class Node:
             def __init__(self,value=None,left=None,right=None):
                 self.value=value
                 self.left=left       #左子树
                 self.right=right      #右子树
```

（2）定义前序遍历方法

```
In[1]:   def preTraverse(root):
             if root == None:
                 return
             print(root.value,"->",end="")
             preTraverse(root.left)
             preTraverse(root.right)
```

（3）定义中序遍历方法

```
In[1]:   def midTraverse(root):
             if root == None:
                 return
             midTraverse(root.left)
             print(root.value,"->",end="")
             midTraverse(root.right)
```

（4）定义后序遍历方法

```
In[1]:   def afterTraverse(root):
             if root == None:
                 return
             afterTraverse(root.left)
             afterTraverse(root.right)
             print(root.value,"->",end="")
```

（5）主程序及运行结果

```
In[1]:   if __name__=='__main__':
         root=Node('R',Node('A',Node('B'),Node('C')),Node('D',right=Node('E',Node('F'))))
             print('前序遍历:')
             preTraverse(root)
             print('中序遍历:')
             midTraverse(root)
             print('后序遍历:')
             afterTraverse(root)
Out[1]:  前序遍历: R ->A ->B ->C ->D ->E ->F
         中序遍历: B ->A ->C ->R ->D ->F ->E
         后序遍历: B ->C ->A ->F ->E ->D ->R
```

2. 图结构

图结构是一种比线性表和树更为复杂的数据结构，用于研究数据元素之间多对多的关系。在这种结构中，任意两个元素之间可能存在关系，即结点之间的关系可以是任意的，图中任意元素之间都可能相关。

图结构具有广泛的应用领域，诸如系统工程、化学分析、统计力学、遗传学、控制论、计算机的人工智能、编译系统等领域，在这些技术领域中把图结构作为解决问题的数学手段之一。例如，在地图导航中，地点可以看作是结点，连线代表地点间的路径；在电路设计中，电路元件可以看作是结点，连线代表电路线路；规划网络时也需要图，覆盖全球的Internet 就是一张世界上最大的图。

一个图由有限的顶点（vertex）和边（edge）组成，所以可形式化地用 G=（V,E）代表一个图，其中 V 是顶点的集合，E 是边的集合。图中的结点称为顶点，顶点之间的连线代表边，如图 2-18 所示。

图 2-18 中有 5 个顶点，顶点之间有 5 条没有箭头的边，这种图称为"无向图"。例如，从顶点 4 到顶点 3 的路径有两条：4→2→3 和 4→1→2→3。

图 2-19 中的边带箭头，因此称作"有向图"。例如，顶点 2 到顶点 1 有两条路径：2→1 和 2→3→1，顶点 1 到顶点 2 没有路径。

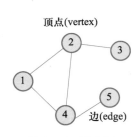

顶点(vertex)

边(edge)

图 2-18　无向图

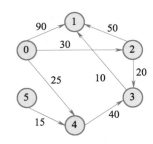

图 2-19　有向图

【例 2-14】利用图结构求顶点之间的最短路径。

[问题描述] 某城市之间的交通运输网络如图 2-19 所示，试求有向图从顶点 0 到顶点 3 的最短路径。

[分析] 用图的顶点表示城市，用图中的各条边表示城市之间的交通运输路线，每条边上的权值表示两城市之间的行车耗时。考虑到交通路线的有向性，例如，汽车上山和下山所需的时间不相同，所以将交通运输网络用带权的有向图来表示。

这样，最小路径问题就转化为，从图中某个顶点（起点）到达另一个顶点（终点）的所有可能路径中找到一条路径使得沿此路径上各边上的权值之和最小，则该条路径即为最短路径。

在有向图顶点 0 到顶点 3 的所有路径中，经计算可以得出，路径 0→2→3 是最短路径，其权值之和为（20+30）= 50。

【例 2-15】利用图结构解决著名的地图四色定理。

[问题描述] 据说，四色定理是一名英国绘图员提出来的，此人叫格思里。1852 年，他在绘制英国地图时发现，如果给相邻地区涂上不同颜色，那么只要 4 种颜色就足够了。四色定理的内容是，任何一张地图只用 4 种颜色就能使具有共同边界的区域着上不同的颜色。也就是说，在不引起混淆的情况下，一张地图只需要 4 种颜色来标记各个区域。"四色定理"又称四色猜想，是世界近代三大数学难题之一。

[分析] 如图 2-20 所示的一幅地图，如果要对该图的各个区域着色，而且相邻区域使用不同的颜色，如何证明最少只需要 4 种颜色？

可作如下规定：首先将地图的每个区域变成一个结点，若两个区域相邻，则相应的结点用一条边连接起来（见图 2-21）。这样一来，现在要解决的问题就是如何只用 4 种颜色对该无向图的各个结点着色，并使得相邻的结点不能有相同的颜色值。

图 2-20　地图四色猜想

这个问题看起来比较简单，实际涉及图论的最基本理论问题，在数学上的证明却一直困扰了人们一个多世纪。直到 1976 年这个问题才由几位研究者利用计算机的帮助得以解决，证明了 4 种颜色足以对任何地图着色。他们在美国伊利诺伊大学的两台不同的电子计算机上，用了 1 200 个小时，做了 100 亿次判断，终于完成了四色定理的证明，轰动了世界。为用计算机证明数学定理开拓了前景。

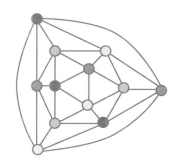

图 2-21 四色地图的图结构表示

在实际应用中，地图四色问题具有重要的实际意义。例如，在地理信息系统、地图制作和可视化等领域，四色定理可以帮助我们更有效地进行地图着色，避免相邻区域颜色混淆，提高地图的可读性和美观性。

习题

一、思考题

1. 什么是穷举法？试举例说明。

2. 完全归纳法和不完全归纳法的本质区别是什么？

3. 试举例说明演绎法的三段论。

4. 试举例说明递归的概念。

5. 分而治之法的基本思想是什么？其求解过程由哪几个阶段组成？

6. 回溯法的基本思想是什么？

7. 什么是算法？算法的特征和基本设计方法有哪些？

8. 算法的表示有哪些基本方法？

9. 算法的评价原则有哪些？

10. 什么是程序？什么是高级语言？

11. 高级语言的编译方式和解释方式有什么区别？

二、练习题

1. 有 10 阶楼梯，每次只能走 1 阶或者 2 阶，请问走完此楼梯共有多少种方法？填写表 2-2。（提示：用归纳法分析。）

表 2-2 楼 梯 走 法

阶数	1	2	3	4	5	6	7	8	9	10
方法数										

2. 一个袋子装有 16 枚硬币，16 枚硬币中有一个是伪造的，并且伪造的硬币比真的硬币要轻。现有一台可用来比较两组硬币质量的仪器，请使用分而治之法设计一个算法，以找出那枚伪造的硬币。（可参考二分法，分组分别称重。）

3. 学校组织了足球、摄影和计算机兴趣小组，A、B、C 同学分别参加了其中的一项。B不喜欢足球，C 不是计算机小组的，A 喜欢摄影，这三个同学可能在哪个兴趣小组？（提示：用表格呈现出题目的已知条件，再排除所有不可能的情况，从而分析出正确的答案。）

4. 请完成表 2-3 中事实陈述的三段式演绎的结论部分。

表 2-3　三段式演绎

大　前　提	小　前　提	结　论
所有金属都能导电	铜是金属	
太阳系的行星以椭圆轨道绕太阳运行	金星是太阳系的行星	
奇数都不能被 2 整除	2015 是奇数	

第3章
媒体信息的智能处理

　　充满机遇和挑战的数字时代，日新月异的多媒体技术正在不断地创造着新的辉煌。在教育领域，多媒体技术以其独特的优势为教学带来了革命性的变革，通过图片、视频、音频等形式，使抽象的知识具象化，帮助学生更直观地理解学习内容。在医学教育中，多媒体技术可以提供逼真的病人症状模拟，帮助医生提高诊断和治疗技能。在影视制作方面，多媒体技术能够提升影视作品的特效和视觉享受，满足观众对高质量视觉内容的需求。

电子教案

　　多媒体技术以其独特的优势，为各个领域带来了显著的改变和进步。它不仅提高了信息传递的效率和准确性，还丰富了人们的学习、生活和娱乐方式，为社会发展注入了新的活力。

　　本章不仅介绍文本、音频、图像、视频等常用媒体的概念和数字化技术，还通过 Python 实例，直观形象地展示人工智能的深度学习技术在中文信息处理、语音识别、语音合成、图像识别和人脸识别的实际应用，使得原本看起来十分"高大上"的技术，在 Python 世界中能够轻松实现。

3.1 媒体的概念

3.1.1 媒体的分类

在现代人类社会中，信息的表现形式是多种多样的，我们把这些表现形式称为媒体（media）。在计算机领域中，媒体有两种含义：一种是指用以存储信息的实体（媒质），如磁带、磁盘、光盘等；另一种是指信息的载体，如文字、声音、图形、图像、动画、视频等信息表现形式。多媒体计算机技术中的媒体通常是指后者。

媒体的类型多种多样，按国际电信联盟（ITU）下属的国际电报电话咨询委员会（CCITT）的定义，媒体可分为以下 5 种，如图 3-1 所示。

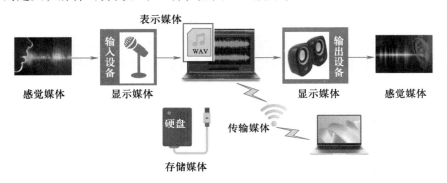

图 3-1　媒体分类及各种媒体间的关系

1. 感觉媒体

感觉媒体（perception）是指能直接作用于人的感官，使人能直接产生感觉的一类媒体。例如，引起听觉反应的声音，引起视觉反应的图像等。

2. 表示媒体

表示媒体（presentation）是为了能更有效地加工、处理和传输感觉媒体而人为研究和构造出来的一种中间媒体，即用于数据交换的编码。例如图像编码（JPEG、MPEG 等）、声音编码（WAV、MP3 等）和文本编码等。

3. 显示媒体

显示媒体（display）是指感觉媒体和用于通信的电信号之间转换用的一类媒体，可分为输入显示媒体和输出显示媒体两种。输入显示媒体有键盘、鼠标、摄像机、话筒、扫描仪等，输出显示媒体有显示器、话筒、打印机等。

4. 存储媒体

存储媒体（storage）是指用于存储表示媒体的物理介质，如硬盘、光盘、U 盘等。

5. 传输媒体

传输媒体（transmission）是指用于将表示媒体从一处传递到另一处的物理传输介质，如电缆、光缆及其他通信信道。

3.1.2　多媒体技术

多媒体技术是指利用计算机综合处理（包括获取、编辑、存储和显示等）多种媒体信息（如文本、图形、图像、音频和视频等）的技术。它包括数字化信息处理技术、音频和视频技术、计算机软硬件技术、人工智能和模式识别技术、通信和网络技术等。或者说，所谓多媒体技术是以计算机为中心，把多种媒体处理技术集成在一起的技术。具有这种功能的计算机称为多媒体计算机。

3.1.3　新一代多媒体技术的主要特征

随着信息技术的不断发展，多媒体技术也与时俱进地发生着改变，新一代多媒体技术的主要特征如下。

① 多样性：多样性是多媒体最主要的特征，多媒体技术可以综合处理文字、声音、图形、动画、图像、视频等多种信息，并将这些不同类型的信息有机地结合在一起进行展示。

② 集成性：多媒体技术不仅集成了多种媒体，而且集成了多种技术，包括计算机技术、通信技术、媒体处理技术、人工智能技术以及虚拟现实技术。因此，多媒体的集成性主要指两个方面，一方面是多媒体信息媒体的集成，另一方面是处理这些媒体的技术集成。

③ 交互性：这是多媒体技术的关键特征之一。交互性使用户更加有效地控制和使用多媒体信息，使人们获取和使用信息的方式由被动变为主动。新一代多媒体技术更加注重交互方式的革新，除了传统的键盘、鼠标和触摸屏外，还引入更多的自然交互方式，如手势识别、语音控制、眼动追踪等。这些交互方式使得用户与多媒体内容的互动更加自然、直观和高效，还可以使人们体验虚拟的场景，给人们带来真实感。

④ 智能化：随着人工智能技术的不断发展，新一代多媒体技术也更加注重智能化。通过引入自然语言处理、机器学习等技术，多媒体计算机系统能够更好地理解和响应用户的需求，提供更为智能的服务。

⑤ 网络性能提升：随着云计算、边缘计算等技术的不断进步，新一代多媒体计算机系统能够实现更加高效的数据传输和共享，为用户提供更加流畅和便捷的多媒体体验。

随着大数据和人工智能技术的不断发展，多媒体技术可以更准确地分析用户的行为和需求，从而为用户提供更加个性化和定制化的服务。随着网络技术的不断发展和普及，多媒体技术借助网络和通信环境，集办公、娱乐、学习于一体，实现多种业务融合互动，进一步丰富用户参与和互动的体验。此外，随着云技术的广泛应用，多媒体终端设备将涉及更广泛的领域，对智能化和嵌入式的要求也将更为严苛。

3.2　中文信息处理

随着中文信息在国际事务和全球信息交流中的作用越来越大，对汉字的计算机处理已成为当今文字信息处理中的重要内容。

中文信息处理是指用计算机对中文的音、形、义等信息进行处理和加工，是自然语言信息处理的一个分支。中文信息处理是一个综合性的学科领域，涵盖了计算机科学、语言学、数学、信息学、声学、心理学、模式识别、人工智能、控制论、形式化理论等多个学科的知识和技术。

由于中文文字的组字、音形转换和语法规则等特点，中文信息处理是一个复杂且充满挑战的领域，主要包括汉字信息处理与汉语信息处理两部分，具体涵盖字、词、句、篇章的输入、存储、传输、输出、识别、转换、压缩、检索、分析、理解和生成等方面的处理技术。

目前，中文信息处理已经在很多方面取得了不小的进展，例如，1.6.3 节介绍的汉字编码技术。此外，光学汉字识别、中文文字与词语处理、搜索引擎、机器翻译、语音识别、智能推荐、情感分析等技术的应用已经深入到我们日常生活的多个方面。

3.2.1　中文分词与分词工具

中文分词（Chinese word segmentation）指的是将一个汉字序列切分成一个个单独的词。中文分词算法是文本挖掘的基础，通常应用于自然语言处理、搜索引擎、智能推荐等领域。

我们知道，在英文的行文中，单词之间是以空格作为自然分界符的，而中文只是字、句和段能通过明显的分界符来简单划界，唯独词没有一个形式上的分界符，虽然英文也同样存在短语的划分问题，不过在词这一层上，中文比英文要复杂得多、困难得多。

根据中文的特点，目前分词算法可分为四大类。

① 基于规则的分词方法：也称为机械分词方法，主要依靠预先设定的规则来进行分词。这种方法的核心是建立一个包含大量词条的词典或词库，然后通过一定的匹配算法将待处理的文本与词典中的词条进行匹配，从而实现分词。这种方法通常需要较多的人工干预，但其分词精度通常较高。

② 基于统计的分词方法：基于字和词的统计信息，例如，把相邻字间的信息、词频及相应的共现信息等应用于分词，相邻的字同时出现的次数越多，越有可能构成一个词语。

③ 基于语义的分词方法：主要是通过对语句的语法、语义进行分析，利用词语上下文语义来共同划分一个词语。这种方法模拟了人脑对中文语言信息的识别和处理过程，通过分词子系统、句法语义子系统和总控系统的相互协调作用，共同处理分词的问题。

④ 基于理解的分词方法：是一种模拟人对句子的理解过程来进行分词的技术。它的核心思想是在分词的同时进行句法、语义分析，利用句法信息和语义信息来处理歧义现象。这种方法不仅考虑词与词之间的边界，还关注词与词之间的语法关系和语义关系，从而更准确地识别出词语。

Python 的计算生态有多种分词工具可供使用，比较有代表性的分词库是 jieba，又称"结巴"，分词效果较好。jieba 支持三种分词模式。

① 精确模式，试图将句子最精确地切开，适合文本分析。

② 全模式，将句子中所有的可能成词的词语都扫描出来，速度非常快，但是不能解决歧义问题。

③ 搜索引擎模式，在精确模式的基础上，对长词再次切分，适用于搜索引擎分词。

【例 3-1】用 Python 对《红楼梦》人物实现词频统计。

《红楼梦》是家喻户晓的中国古典四大名著之一，据说书中描写了多达三四百个的各具特色的人物，那么全书人物中谁出场最多呢？这是一个很有趣的问题。

人物出场统计实际上是词频统计，首先要对全书文本信息进行分词，然后才能进行词频统计，这需要使用到分词库 jieba，下面用 Python 来解决这个问题，完整的代码请访问课程资源。

```
In[1]:   from jieba import lcut
         #词频排名在前 20 的无关词,根据执行结果逐个列出剔除
         excludes =['什么','一个','我们','那里','你们','如今','说道'……]
         txt = open("红楼梦.txt","r", encoding = 'utf-8').read()
         words =lcut(txt)                        #使用 lcut()方法表示精确模式分词
         counts ={}
         for word in excludes:
             del(counts[word])                   #剔除非人名的无关词
         items =list(counts.items())
         items.sort(key=lambda x:x[1],reverse = True)    #出场频次按降序排列
         for i in range(10):
             word,count =items[i]
             print("{} {},".format(word,count))         #输出前十名出场人物结果
Out[1]:  宝玉:3766,贾母:1228,凤姐:1100,王夫人:1011,黛玉:840,贾琏:670,宝钗:595,平
         儿:588,袭人:585,凤姐儿:470
```

3.2.2　自然语言处理与机器翻译

自然语言处理是计算机科学、人工智能、语言学关注计算机和人类（自然）语言之间的相互作用的领域，是计算机科学领域与人工智能领域中的一个重要方向。

自然语言处理大体包括了自然语言理解和自然语言生成两个部分，即自然语言文本的原本意义以及用自然语言文本来表达给定的意图、思想等。前者称为自然语言理解，后者称为自然语言生成。

无论实现自然语言理解，还是自然语言生成，并不像人们想象的那么简单。从现有的理论和技术现状看，通用的、高质量的自然语言处理系统，仍然是较长期的努力目标。但是随着人工智能技术的兴起，具有自然语言处理能力的实用系统已经广泛应用，典型的例子有各种机器翻译系统、全文信息检索系统、自动文摘系统等。

机器翻译，又称为自动翻译，是自然语言处理的一个重要应用领域。机器翻译基于语言学、计算语言学和人工智能等领域的理论和技术，利用计算机模拟人类对语言的理解和翻译过程，将一种自然语言（源语言）自动转换为另一种自然语言（目标语言）。

机器翻译的实现大致包括语言分析、知识表示、翻译规则生成、目标语言生成四个主要

步骤。目前主要的实现手段有基于规则的、基于实例的、基于统计的以及基于神经网络的方法。例如，基于规则的机器翻译，是依据语言规则对文本进行分析，再借助计算机程序进行翻译。

近年来，随着基于深度神经网络的翻译技术的出现，带动了机器翻译技术的突变，这种新的翻译技术克服了传统基于短语的翻译系统的缺点，显著提高了翻译质量，开始在不同领域大规模部署使用。

【例3-2】用 Python 编程使用百度翻译 API 实现机器翻译。

使用百度翻译 API 要先以百度账号登录平台，然后按照页面提示信息注册成为开发者，申请成功后，即可获得 APP ID 和密钥信息。该信息可用于多项服务调用，具体操作可查看官方文档。

百度翻译 API 支持 28 种语言实时互译，可满足大多数业务或应用开发的需求。下面是部分程序示例，完整代码请访问课程资源。

In[2]:	``` appid = '20190212000266052' #你的 appid secretKey = '_2xr2KsxHq5ntt0OaivX' #你的密钥 myurl = 'http://api.fanyi.baidu.com/api/trans/vip/translate' #输入要翻译的单词或短语 phrase = 'To be or not to be' #指定翻译模式：英文->中文 fromLang = 'en' toLang = 'zh' myurl = myurl+'? q='+urllib.request.quote(phrase)+'&from='+fromLang+ '&to='+toLang+'&appid='+appid+'&salt='+str(salt)+'&sign='+sign httpClient.request('GET', myurl) #向 AI 翻译平台提交申请 response = httpClient.getresponse() result=response.read() #得到响应结果 ```
Out[2]:	输入短语：To be or not to be 翻译结果：生存还是毁灭 输入短语："Life's like rollercoaster, up and down. Which means, however bad or good a situation is, it'll change." 翻译结果：生活就像过山车，上下起伏。这意味着，无论情况好坏，它都会改变。

从本次示例的运行结果来看，翻译还是比较准确和恰当的，如果改变 fromLang = 'zh' 和 toLang = 'en' 两条命令的参数，就可实现中译英，有兴趣的读者可以尝试一下。

尽管自然语言处理领域已经取得了显著的进步，但由于语言的复杂性和多样性等因素的影响，自然语言处理技术仍然面临许多难题。中国文化博大精深，使得基于中文的自然语言处理面临更大的挑战。例如，中国古代趣味诗——集句诗，是从现成的诗篇中分别选取现成的诗句，再巧妙集合而成的新诗。南宋文天祥少年时期集杜甫诗句于一诗，以表达投笔从戎的志向：

读书破万卷，《赠韦右丞》

许身一何愚。《自京赴奉先县咏怀五百字》

赤骥顿长缨，《述古》

健儿胜腐儒。《草堂》

创作集句诗要具备博闻强记、融会贯通的能力，才能使集句诗如出一体。随着机器学习和神经网络技术的快速发展，AI 集句诗在文学领域成为一种新的创作形式。AI 集句诗通过训练模型，学习并模仿各种诗歌风格和技巧，生成令人惊叹的诗句。AI 集句诗的博闻强记能力远远强于人类，在快速生成大量作品方面具有明显优势，AI 可以在短时间内产生大量的集句诗作品，极大地提高了创作效率。但是，AI 集句诗的融会贯通能力目前还远不如人类，使得 AI 在理解诗歌情感和内涵方面也存在局限，其创作的作品往往缺乏真正的情感表达，缺乏创新性。

目前自然语言处理技术面临的主要难题包括语言歧义、语言变化、语言语境认知、多语言处理、知识的不确定性、情感分析和主观性理解等。为了克服这些难题，研究者们正在不断探索新的算法、模型和技术，如深度学习、强化学习、迁移学习等，以提高自然语言处理技术的性能和准确性。随着计算能力的提升和大数据的普及，自然语言处理技术有望在未来取得更大的突破和进步。

3.3　音频信号处理

声音是媒体信息的一个重要组成部分，也是表达思想和情感的一种必不可少的媒体。在多媒体制作中，适当地运用声音能起到文字、图像、动画等媒体形式无法替代的作用。通过语音，能清晰而直接地表达和传递信息；通过音乐，能调节环境的气氛。

3.3.1　音频信号的特征

在日常生活中，音频（audio）信号可分为两类：语音信号和非语音信号。语音是语言的物质载体，是社会交际工具的符号，它包含了丰富的语言内涵，是人类进行信息交流所特有的形式。非语音信号主要包括音乐和自然界存在的其他声音形式。非语音信号的特点是不具有复杂的语义和语法信息，信息量低、识别简单。

根据物理学原理，声音是一种在时间和幅度上都是连续的波形，是一种模拟信号。我们之所以能听到日常生活中的各种声音信息，其实就是不同频率的声波通过空气产生震动，刺激人耳的结果。

模拟音频信号有两个重要参数：频率（frequency）和幅度。

1. 频率

一个声源每秒可产生成百上千个波，把每秒波峰所产生的数目称为信号的频率，单位用赫兹（Hz）或千赫兹（kHz）表示。

人耳能识别的声音频率范围大约在 20 Hz~20 kHz，通常称为音频信号。而许多动物的听

力范围远远超过人类，例如，大象与鲸能够在次声波频率相互通信，而海豚可识别高达
160 kHz 频率的声音（见图 3-2）。人们在日常说话时的语音信号频率范围在 300 Hz~3.4 kHz
之间。

图 3-2　声音的频率分布图谱

2. 幅度

信号的幅度是从信号的基线到当前波峰的距离。幅度越大，声音越强。对音频信号，声
音的强度用分贝（dB）表示，分贝的幅度就是音量。

3.3.2　音频的数字化过程

由于声音是一种在时间和幅度上都是连续的波形，是一种模拟信号，它不能由计算机直
接处理。为了使之能够利用计算机进行存储、编辑和处理，必须对声音进行模/数（analog/
digital，A/D）转换，即将连续的声音波形转变为离散的数字量，然后对数字化声音信号进
行编码，使其成为具有一定字长的二进制数字序列，并以这种形式在计算机内传输和存储。
在播放这些声音时，需要经过数/模转换，将数字音频还原成模拟信号。其过程如图 3-3
所示。

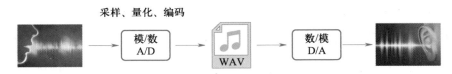

图 3-3　音频信号处理过程

模拟音频信号的数字化过程需要三个步骤：采样、量化和编码。

1. 声音的采样

声音的采样就是按一定的时间间隔将声音波形在时间轴（即横轴）上进行分割，把时间
和幅度上都是连续的模拟信号转化成时间上离散、幅度连续的信号，如图 3-4 所示。该时间
间隔称为采样周期，其倒数称为采样频率，单位为 Hz（赫兹）。

采样频率越高，即采样的时间间隔越短，则在单位时间内计算机得到的声音样本数据就
越多，对声音波形的表示越精确，声音的保真度也越好，但所要求的存储空间也越大。根据
奈奎斯特（Nyquist）采样理论，为了保证数字音频还原时不失真，理想的采样频率应不小于
人耳所能听到的最高声音频率的两倍，也就是说理想的采样频率至少应该大于 40 kHz。

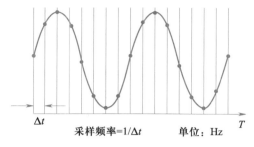

采样频率=1/Δt   单位：Hz

图 3-4　声音的采样

根据不同的声音频率分布和实际应用场景，标准音频采样频率主要包括以下几个等级。

① 8 kHz：电话音质所用的采样率，对于人的说话声音已经足够。

② 11 025 Hz：能达到 AM 调幅广播的声音品质。

③ 22 050 Hz 和 24 000 Hz：能达到 FM 调频广播的声音品质。

④ 32 000 Hz：常用于 miniDV 数码视频 camcorder 和 DAT（LP mode）。

⑤ 44 100 Hz：是理论上的 CD 音质界限，也是目前唯一可以保证兼容所有 Android 手机的采样率。

⑥ 48 000 Hz：这个采样频率相比 44 100 Hz 更加精确一些。

除了上述常见的采样率，还有 16 kHz、37. 8 kHz、96 kHz、192 kHz 等采样频率也被用于不同的音频应用。

2. 量化

采样只解决了音频波形信号在时间坐标（即横轴）的离散化问题，采样得到的音频信号的幅度值（即纵轴）是连续的，同样需要离散化处理。

量化是将采样得到的音频信号的连续幅度值变为有限数量、有一定时间间隔的离散值的过程，称之为"量化"（quantization），如图 3-5 所示。

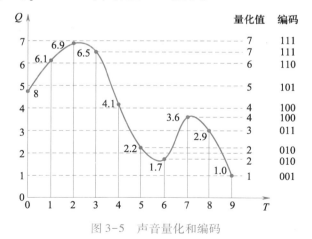

图 3-5　声音量化和编码

量化是通过将输入信号的幅度连续变化范围划分为有限个不重叠的子区间（即量化级），每个子区间用一个确定的数值来表示。这样，落入某个子区间内的输入信号将以该子区间的代表值输出，从而将连续的输入信号转换为具有有限个离散值电平的近似信号。量化的等级取决于量化精度，即使用多少位二进制数来表示一个音频数据。量化精度越高，声音的保真度越高。

以图 3-5 所示的原始模拟波形为例进行采样和量化。假设采样频率为每秒 1 000 次，即每 1/1 000 秒 A/D 转换器采样一次，图中每个竖线表示一次采样。其幅度被划分成 0~7 共 8 个量化等级（Q 表示），并将其采样的幅度值四舍五入取整来表示。

3. 编码

模拟信号量经过采样和量化以后，形成一系列的离散信号——脉冲数字信号。这种脉冲数字信号可以一定的方式进行编码，便于计算机的存储、处理和传输。编码就是按照一定的格式把经过采样和量化后得到的离散数据记录下来，并在有用的数据中加入一些用于纠错、同步和控制的数据。在数据回放时，可以根据所记录的纠错数据判别读出的声音数据是否有错，如在一定范围内有错，可加以纠正。

图 3-5 所示的编码其实就是将量化值变换成对应的二进制表示值（0 和 1）的过程，8 个量化等级中每一个量化值需要 3 位（bit）二进制来表示。

注意以下两个术语的区别："量化等级"（quantization levels）表示音频幅度的划分的等级个数，而"量化位数"（也称为"量化精度"）是为获得量化等级（幅度值）所需的二进制位数，量化位数以比特（bit）为单位，如 8 位、16 位、24 位等。举例来说，当量化位数为 8 位时，音频的幅度将会被划分为 $2^8 = 256$ 个量化等级。而当量化位数为 16 位时，声音幅度将以 $2^{16} = 65\ 536$ 个不同的量化等级加以记录。在相同的采样频率之下，量化位数越大，音质越细腻，声音的质量越好，需要的存储空间也越多。

4. 数字化音频文件的存储容量

对模拟音频信号进行采样量化编码后，得到数字音频，数字音频的质量取决于采样频率、量化位数和声道数三个因素。采样频率、量化位数、声道数的值越大，形成的数字音频文件也就越大。数字音频文件的存储量以字节为单位，模拟波形声音被数字化后音频文件的存储量（假定未经压缩）为

Size（存储容量）= 采样频率（Hz）×量化位数/8×声道数×时间（秒）

【例 3-3】用 44.1 kHz 的采样频率进行采样，量化位数选用 16 位，则录制 1 分钟的立体声节目，试计算波形文件的大小。

［解］按照公式，波形文件所需的存储量计算如下：

Size = 44 100×16/8×2×60 B = 10 584 000 B = 10.1 MB

由此可见，录制 1 分钟的数字音频文件就需要 10 MB 左右，要占用很大存储空间。因此，对数字音频进行压缩是十分必要的。

3.3.3 数字音频的压缩标准及文件格式

采样、量化、编码后的数字化音频最常见的存储格式是 WAV，这是由微软公司专门为 Windows 开发的，是一种标准数字音频文件。WAV 格式以其高质量的无损音频特性，在音频处理领域占据重要地位。当需要保留音频的原始质量时，WAV 是一个理想的选择。然而，在存储和传输方面，由于其文件较大，可能需要考虑其他压缩格式以节省空间。

近年来，人们在利用自身的听觉系统的特性来压缩声音数据方面取得了很大的进展，下面介绍几种常见的数字音频压缩标准及其文件格式。

1. MP3

MP3 是一种动态影像专家压缩标准音频层面 3（moving picture experts group audio layer Ⅲ）的有损压缩技术。它使用心理声学模型来确定音频中的哪些部分可以被丢弃或减小，以减小文件大小。文件扩展名为 . mp3。

MP3 音频文件的压缩是一种有损压缩，具有很高的压缩率。例如，MP3 的压缩率可达 10∶1~12∶1，也就是说一分钟 CD 音质的音乐，未经压缩需要 10 MB 存储空间，而经过 MP3 压缩编码后只有 1 MB 左右，同时其音质基本保持不失真。

2. AAC

AAC（advanced audio coding）是一种高效的音频编码标准，由 MPEG-2 和 MPEG-4 所规范。它结合了其他音频编码的优点，在音质和压缩比上均表现出色。文件扩展名为 . aac 或 . m4a。

3. WMA

WMA（Windows media audio）是微软公司开发的一种音频压缩技术，它支持多种比特率，可以在不同音质和文件大小之间取得平衡。文件扩展名为 . wma。

4. FLAC

FLAC（free lossless audio codec）是一种无损音频压缩格式，它能在不损失任何音频信息的情况下减小文件大小。文件扩展名为 . flac。

5. OGG Vorbis

OGG Vorbis 是一种自由、开放源码的音频压缩格式，它提供了较高的音质和相对较小的文件大小。文件扩展名为 . ogg，常用于存储和播放 Vorbis 编码的音频数据。

6. ITU-T G 系列标准

ITU-T G 系列标准包括 G. 711、G. 722、G. 723、G. 726、G. 728、G. 729 等，主要用于电话和语音通信中的音频压缩。这些标准本身并不直接对应特定的文件格式，它们通常被用于创建和编码各种语音通信协议中的音频数据。

【例 3-4】用 Python 编程使用 PyAudio 库录制音频文件。

基于 Python 的 PyAudio 是一个跨平台的音频 I/O 库，使用 PyAudio 库可以在 Python 程序中播放和录制音频。WAVE 是录音时用的标准的 Windows 文件格式，在研究语音识别、自然语言处理的过程中常常会使用到它。

本示例程序通过 p = pyaudio. PyAudio( ) 返回 pyaudio 类 instance，可以直接通过麦克风录制声音，然后获取到 wav 测试语音。完整代码请访问本课程资源。

```
In[3]:    import pyaudio                      #导入模块
          CHUNK = 1024                        #定义数据流块大小
          FORMAT = pyaudio.paInt16            #采样值的量化格式
          CHANNELS = 1                        #声道数
          RATE = 16000                        #采样频率
          RECORD_SECONDS = 15                 #录制时间,最多时间 60 秒
```

In[3]:	WAVE_OUTPUT_FILENAME = "output.wav" #输出 wave 文件
	p = pyaudio.PyAudio() #调用 pyaudio.PyAudio()类,并实例化
	print("* 开始录音......")
	...
	print("* 录音结束......")
Out[3]:	* 开始录音......
	* 录音结束......

当出现提示信息"* 开始录音......"时,就可以对着麦克风录制一段语音,录音结束会生成 output. wav 文件。

3.3.4 语音识别与语音合成技术

让计算机能听、能看、能说、能感觉,是未来人机交互的发展方向。语音信号处理是研究用数字信号处理技术对语音信号进行处理的一门新兴学科,应用极为广泛,其中的主要技术包括语音编码、语音合成、语音识别和语音增强等。随着智能语音应用需求的不断扩大,以大数据、云计算、移动互联网等关键技术为支撑的智能语音产业迅速发展,语音交互作为人机交互的重要演进方向,已经渗入到我们的日常生活中。

语音识别技术(automatic speech recognition)是指将人说话的语音信号转换为可被计算机识别的文字信息,从而识别说话人的语音指令以及文字内容的技术。语音识别技术所涉及的领域包括语音信号处理、模式识别、语义解析、人工智能等。目前,语音识别技术与应用已较为成熟,并应用到生活的许多方面,以方便用户"动口不动手"的需求。

机器识别语音的大致过程如下:首先是录音文件,其次是特征提取,再次是提取声学模型,最后声学模型把提取出来的特征变成发音,得到发音以后,通过语言模型把音速通过一定的干预变成识别结果,即变成字、词,或者句。

语音合成又称文语转换(text to speech)技术,是指将任意文字信息实时转化为标准流畅的语音朗读出来,相当于给机器装上了人工嘴巴。文语转换系统实际上可以视为一个人工智能系统。为了合成出高质量的语言,除了依赖于各种规则,包括语义学规则、词汇规则、语音学规则外,还必须对文字的内容有很好的理解,这也涉及自然语言理解的问题。

例如 Siri、小爱同学等智能助手,当用户对着它们说出指令或问题时,智能助手的语音识别系统会对用户的语音进行实时处理和分析,识别出其中的文字内容。这一技术使得智能助手能够准确理解用户的意图和需求,从而做出相应的回应或执行相应的操作。

在回应用户时,智能助手会利用语音合成技术将文字信息转化为自然流畅的语音输出。这一技术基于先进的语音合成算法和大量的语音数据训练,使得智能助手的语音输出听起来自然、清晰,并且具备较高的语音质量和可识别度。

通过语音识别技术和语音合成技术,智能助手能够以人性化的方式与用户进行交互,提供更为便捷和智能的服务。

3.3.5 利用百度 API 实现语言识别

百度云平台是一个功能非常强大的开放平台,平台提供了许多开放的 API 接口给用户。

百度语音识别为开发者提供免费的语音服务，通过场景识别优化，为车载导航、智能家居和社交聊天等领域提供语音解决方案，准确率达到 90% 以上。

百度语音识别通过 API 的方式给开发者提供一个通用的接口，通过上传录音文件，可将语音转换成文本。

要使用百度的语音识别功能，需要进行如下步骤。

① 先注册百度云的账号，然后登录 AI 开放平台。

② 在控制台中创建应用，获取到 API Key 和 Secret Key。

应用是调用 API 服务的基本操作单元，基于应用创建成功后获取的 API Key 及 Secret Key，进行接口调用操作及相关配置。

【例 3-5】用 Python 编程使用百度 API 实现语音识别。

对语言识别最好的体验是实践，下列程序简短的几行代码就可将例 3-4 录音的 output. wav 语音文件进行识别，并转换成文字。

In[4]:	```
	from aip import AipSpeech
	APP_ID = '********' #输入你的 APP_ID
	API_KEY = '********' #输入你的 APP_KEY
	SECRET_KEY = '***************' #输入你的 SECRET_KEY
	client = AipSpeech(APP_ID, API_KEY, SECRET_KEY)
	file_handle = open('output.wav', 'rb')
	file_content = file_handle.read()
	result=client.asr(file_content, 'pcm', 16000,{'dev_pid': '1536'})
	if result['err_no'] == 0:
	    print("语音识别输出>> " + result['result'][0])
	``

Out[4]:	语音识别输出>>语音识别技术是指将人说话的语音信号被计算机识别的文字信息,从而识别说话人的语音指令以及文本内容的技术。

【例 3-6】用 Python 编程使用百度 API 实现语音合成。

下列程序用简短的几行代码，可将文字转换成合成语音文件输出，完整代码参考课程资源。

In[5]:	```
	from aip import AipSpeech
	client = AipSpeech(APP_ID, API_KEY, SECRET_KEY) #具体值略过
	result = client.synthesis(text = '语音合成技术', options={'vol':5})
	if not isinstance(result,dict):
	
	with open('audio.mp3','wb') as f:
	        f.write(result)
	else:print(result)
	``

Out[5]:	audio.mp3 #输出语音文件

3.4 数字图像处理

图像是二维的平面媒体，其最大特点就是直观可见、形象生动。计算机图像处理技术是一门非常成熟而发展又十分迅速的实用性科学，其应用范围遍及科技、教育、商业和艺术等领域。图像又与视频技术关系密切，实际应用中的许多图像就来自于视频采集。

计算机数字图像处理研究的主要内容是如何对一幅连续图像采样、量化以产生数字图像，如何对数字图像做各种变换以方便处理，如何滤去图像中的无用噪声，如何压缩图像数据以便存储和传输、图像边缘提取、特征增强和提取、计算机视觉和模式识别等。

3.4.1 数字图像的基本概念

1. 数字图像的表示

图像是人类用来表达和传递信息的最重要手段。现代图像既包括可见图像（visible image，可见光范围的图像），也包括不可见光范围内借助于适当转换装置转换成人眼可见的图像（如红外成像技术），还包括视觉无法观察的其他物理图像和空间物体图像以及由数学函数和离散数据所描述的连续或离散图像。

二维数字图像一般用矩阵形式来表示，把数字图像表示成矩阵的优点在于能应用矩阵理论对图像进行分析处理。数字图像中的每一个像素对应于矩阵中相应的元素。矩阵中的每一个元素就是像素值。

2. 黑白图像、灰度图像与彩色图像

图像根据其描述的方式，可以分为以下三类。

（1）黑白图像

黑白图像顾名思义是指图像的每个像素只能是黑或者白，没有中间的过渡，故又称为二值图像，如图 3-6 所示。二值图像的像素值为 0 和 1。每个像素只需用 1 位存储。

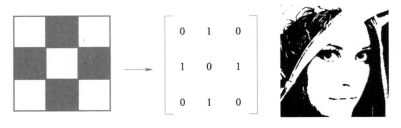

图 3-6　二值图像与示例

（2）灰度图像

灰度图是指每个像素的信息由一个量化的灰度级来描述的图像。灰度图像没有彩色信息（无色调的灰度），只有亮度信息。

灰度图像的灰度级，是指在显示图像时，将最暗像素点的值到最亮像素点的值的区间分

成若干级别，然后对亮度用某种码字来表示。灰度级是以比特位为单位来描述的，图 3-7 为不同灰度级的图像效果。

5 bit(32级灰度)　　4 bit(16级灰度)　　3 bit(8级灰度)　　2 bit(4级灰度)

图 3-7　不同灰度级别的图像效果

【例 3-7】用 Python 实现将彩色图像转换成灰度图像。

PIL（Python image library）是 Python 的第三方图像处理库，该库支持多种文件格式，提供强大的图像处理功能。PIL 非常适合于图像归档以及颜色空间转换、图像滤波等图像处理任务。

本示例是用 Python 实现将 Lena 标准彩色图像（512×512）转换成灰度图像，Lena 样本图片可在教学资源上获得。

注：convert( )函数有不同的模式，模式"L"为灰色图像，它的每个像素用 8 个 bit 表示，0 表示黑，255 表示白，其他数字表示不同的灰度。

```
In[6]:   from PIL import Image                        #导入 PIL 模块
         import matplotlib.pyplot as plt              #导入绘图模块
         img=Image.open('D:/data_analysis/Lena.png')
         gray=img.convert('L')                        #参数 L 表示转换为灰度图片
         plt.imshow(gray,cmap='gray')
         plt.axis('off')
         plt.show()
Out[6]:
```

#将彩色图像转换成灰度图像

（3）彩色图像

彩色图像是指除亮度信息外，还包含颜色信息的图像。彩色图像的表示与所用的颜色空间有关。

例如，一幅采用 RGB 模型表示的彩色图像，由红、绿、蓝三个灰度（或亮度）矩阵组成。通常，三元组的每个数值在 0 到 255 之间，0 表示相应的基色在该像素中没有，而 255 则代表相应的基色在该像素中取得最大值（见图 3-8）。

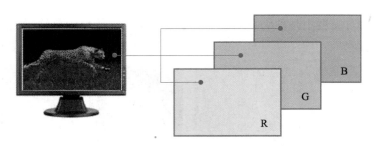

图 3-8　用 RGB 三个灰度矩阵表示彩色图像

【例 3-8】用 Python 实现将 RGB 彩色图像转换为数字矩阵。

通过以下简单的例子，可以直观地了解到彩色图像是如何用数字矩阵表示的，并加深对图像表示形式的理解。

| In[7]: | ```from PIL import Image
import numpy as np
img = np.array(Image.open('D:/data_analysis/Lena.png'))   #图像转化为数字
#矩阵
print(img.shape)   #显示数字矩阵的维度
print(img.size)   #显示数字矩阵的大小
print(img[0])   #显示数字矩阵的像素值``` |
|---|---|
| Out[7]: | ```(512, 512, 3)
786432
[[226 137 125] [226 137 125] [223 137 133]…[230 148 122] [221 130 110]
[200 99 90]]``` |

该程序的输出信息表明：数字图像是由三个 512×512 矩阵的数字矩阵组成(512,512,3)，是一个三维矩阵，图像总共有 512×512×3＝786 432 个像素值，每个像素值的取值空间为 0~255。

3. 色彩模型

在进行数字图像处理时，常常会采用不同色彩模型（或颜色模型）表示图像的颜色。使用色彩模型的目的是尽可能有效地描述各种颜色，以便需要时能方便地加以选择。不同应用领域一般使用不同的色彩模型。

（1）RGB 模型

人眼的视觉是主观视感对客观色彩存在的反映，视觉包括光觉和色觉，也就是亮度视觉和彩色视觉基色（primary color）。基色是指互为独立的单色，任一基色都不能由其他两种基色混合产生。

自然界常见的各种颜色都可以由红（red）、绿（green）、蓝（blue）三种颜色光按不同比例相配而成。同样，绝大多数颜色光也可以分解成红、绿、蓝三种色彩。由于人眼对这三种色光最为敏感，RGB 三种颜色相配所得到的彩色范围也最广，所以一般都选这三种颜色作为基色，这就是色度学的三基色（tri-chrominance primary）原理。

RGB 模式是通过对红（R）、绿（G）、蓝（B）三个颜色通道的变化以及它们相互之间的叠加来得到丰富的颜色，这个标准几乎包括了人类视力所能感知的所有颜色，是目前运用最广的颜色系统之一。

计算机中的 24 位真彩图像就是采用 RGB 模型，如图 3-9 所示。RGB 模型在图像处理和各类显示设备中扮演着重要的角色。一般来说，无论是 CRT 显示器还是液晶显示器，色彩的表示都是基于 RGB 模型。

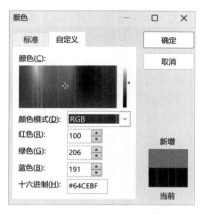

图 3-9　24 位 RBG 彩色模型

【例 3-9】用 Python 将彩色图像分离成 RGB 通道。

通道层中的像素颜色是由一组原色的亮度值组成的。

```
In[8]:    from PIL import Image
          import matplotlib.pyplot as plt
          img=Image.open('D:/data_analysis/Lena.png')    #打开图像
          r,g,b=img.split()                              #分离三通道
          plt.imshow(r,cmap='gray')                      #显示 r 通道,其他通道类似
          pic=Image.merge('RGB',(r,g,b))                 #合并三通道
          plt.imshow(pic)                                #显示通道合成后的图像
```

从图 3-10 中可以看出，RGB 模型实际有 4 个通道，3 个分别代表红色、绿色、蓝色的通道，还有 1 个复合通道（RGB 通道）。

红色　　　　　　　　绿色　　　　　　　　蓝色　　　　　　　　复合

图 3-10　RGB 通道图片及复合通道

（2）CMYK 模型

计算机屏幕显示彩色图像时采用的是 RGB 模型，而在彩色印刷时一般需要转换为 CMY

模型。CMY 模型（cyan、magenta、yellow）是采用青、品红、黄色三种基本颜色按一定比例合成颜色的方法。CMY 模式和 RGB 模式不同，因为色彩不是直接来自于光线，而是由照射在颜料上反射回来的光线所产生。颜料会吸收一部分光线，而未吸收的光线会反射出来，成为视觉判定颜色的依据，这种色彩的产生方式称减色法。因为所有的颜料都加入后才能成为纯黑，当颜料减少时才开始出现色彩，颜料全部除去后才成为白色。

虽然理论上利用 CMY 三原色混合可以制作出所需要的各种色彩，但实际上同量的 CMY 混合后并不能产生完美的黑色或灰色，在印刷时必须加上一个黑色（black），因此，CMY 模式又称为 CMYK 模式。

四色印刷便是依据 CMYK 模式发展而来的。以常见的彩色印刷品为例，所看到的五颜六色的彩色印刷品，其实在印刷的过程中仅仅用了 4 种颜色。在印刷之前先通过计算机或电子分色机将一件艺术品分解成四色，并打印成胶片。一般地，一张真彩色图像的分色胶片是四张透明的灰度图，单独地看一张单色胶片时不会发现什么特别之处，但如果将这几张分色胶片分别以 C（青）、M（品红）、Y（黄）和 K（黑）4 种颜色叠印到一起观察时，就产生了一张绚丽多姿的彩色照片。

3.4.2 图像的数字化过程

现实中的图像是一种模拟信号，与音频数字化类似，图像数字化就是把模拟图像信号转变成计算机能够处理的格式，分为采样、量化与编码三个步骤。与音频不同的是，图像是基于二维空间的，图像数字化是将连续的空间分布和亮度（或色彩）取值转变为离散的数字量。

数字化的逆过程是显示，即由一幅数字图像生成一幅可见的图像，常用的等价词有"回放"和"图像重建"。

1. 图像的采样

图像采样就是将二维空间上连续的图像分割成网状的过程（见图 3-11）。网状中的每个小方形区域称为像素点，像素点是计算机生成和再现图像的基本单位，通过像素点的连续亮度（即灰度）值或色彩值来表示图像。被分割的图像若水平方向有 M 个间隔，垂直方向上有 N 个间隔，则一幅图像画面就被表示成 $M \times N$ 个离散像素点构成的集合，$M \times N$ 表示图像的分辨率。

量化字长为24位   量化字长为8位   量化字长为4位

图像采样为 $M \times N$ 个像素点，量化等级为 2^{24} 图像量化等级为256 图像量化等级为16

图 3-11　图像采样、量化及不同量化等级示意图

在进行采样时，采样点的间隔的选取是一个重要的问题，它决定了采样后的图像是否能真实地反映原图像的程度。很明显，网格点之间的距离影响图像表示的精确程度，决定了可

以表现的细节层次，一般说来，原图像中的画面越复杂，色彩越丰富，则采样间隔应越小。由于二维图像的采样是一维的推广，根据信号的采样定理，要从取样样本中精确地复原图像，可得到图像采样的奈奎斯特（Nyquist）定理：图像采样的频率必须大于或等于源图像最高频率（即原始图像的波长）分量的两倍。

在数字设备上，数字图像的采样通常是由光电转换器件完成的，即将大量的光电转换单元以阵列形式排列，它可将所获得的光线强度转换成与其成正比的电压值。具有这种光敏感特性的元件称为电荷耦合器件（CCD），这也是在数码相机和数字摄像机上的关键部件。将上千万个 CCD 单元封装为二维阵列，每一个 CCD 单元对应着一个图像的像素点，这样就获得一个二维数字图像。

2. 图像的量化

采样后得到的亮度值或色彩值在取值空间上仍然是连续值。把采样后所得到的这些连续量表示的像素值离散化为整数值的操作叫量化。图像量化实际就是将图像采样后的样本值的范围分为有限多个区域，把落入某区域中的所有样本值用同一值表示，是用有限的离散数值量来代替无限的连续模拟量的一种映射操作。

为此，把图像的颜色的取值范围分成 K 个子区间，在第 i 个子区间中选取某一个确定的颜色值 G_i，落在第 i 个子区间中的任何颜色值都以 G_i 代替，这样就有 K 个不同的颜色值，即颜色值的取值空间被离散化为有限个数值，如图 3-11 所示。

与音频量化类似，把在图像量化时所确定的离散取值的个数称为量化等级（quantization levels），它实际表示的是图像所具有的颜色总数或灰度值。为得到量化等级所需的二进制位数称为量化字长（也称颜色深度），如用 8 位、16 位、24 位来表示。这样，图像可表示的量化等级（颜色数或灰度值）就为 2 的幂次方，即 2^8、2^{16} 位、2^{24} 种颜色。图 3-11 中展示了三种量化字长的效果图，显然，量化字长越大，所得到的量化级数也就越多，则越能真实地反映原有图像的颜色。

【例 3-10】 假设一幅由 40 个像素组成的灰度图像，共有 5 级灰度，每一级灰度都是一种信源发出的符号，分别用 A~E 表示。40 个像素中有 15 个灰度为 A，7 个灰度为 B，7 个灰度为 C，6 个灰度为 D，5 个灰度为 E。试求该灰度图像的熵。

［解］

$$H(X) = \sum_{j=1}^{n} P(x_j) \times I(x_j) = -\sum_{j=1}^{n} P(x_j) \times \log_2 P(x_j)$$

$$= -\frac{15}{40} \times \log_2 \frac{15}{40} - \frac{7}{40} \times \log_2 \frac{7}{40} - \frac{7}{40} \times \log_2 \frac{7}{40}$$

$$-\frac{6}{40} \times \log_2 \frac{6}{40} - \frac{5}{40} \times \log_2 \frac{5}{40}$$

$$= 2.196 \, \text{bit}$$

3. 数字图像存储容量的计算

数字化图像以文件形式保存，称为图像文件。图像文件的大小与图像的分辨率和图像量化位数（颜色深度）有关。图像分辨率越高，量化位数越大，则图像的质量越好，图像的存储容量也就越大。

一幅未经压缩的图像文件的存储容量可以按照下面的公式进行估算：

图像存储容量(字节)=分辨率×量化字长/8

【例 3-11】 一幅分辨率为 800×600 的真彩色（24 位）图像，存储容量为多少？

［解］

SIZE = 800×600×24/8 B = 1 440 000 B ≈ 1. 37 MB

由此可见，数字化得到的图像数据量巨大，必须进行压缩，以减少图像的数据量。

3.4.3 图像的压缩与编码

1. 图像信息为什么能压缩

数字化后得到的图像数据量巨大，必须采用编码技术来压缩信息的比特量。在一定意义上讲，编码压缩技术是实现图像传输与存储的关键。

压缩编码的理论基础是信息论。香农曾在他的论文中给出了信息的度量公式，他把信息定义为熵的减少。换句话说，信息可定义为"用来消除不确定性的东西"。从信息论的角度来看，压缩就是去掉信息中的冗余，即保留不确定的信息，去除确定的信息（可推知的），也就是用一种更接近信息本质的描述来代替原有冗余的描述。所以，将香农的信息论观点运用到图像信息的压缩，所要解决的问题就是如何将图像信息压缩到最小，但仍携有足够信息以保证能还原出与原图近似的图像。

图像信息之所以能进行压缩是因为信息本身通常存在很大的冗余量。例如，图 3-12 所示的风景中，包含较大一片蓝天，这片区域许多像素的颜色非常接近，因此它们之间存在大量的冗余信息，用压缩算法去检测并减少这些相似像素之间的差异，从而去除冗余数据，就可以减少文件大小。

图 3-12 颜色接近的背景区域

2. 数据压缩与编码分类

数据压缩方法有许多种，根据解码后数据与原始数据是否完全一致可以分为两大类：有损压缩和无损压缩。

无损压缩算法是为保留原始多媒体对象（包括图像、语音和视频）而设计的。在无损压缩中，数据在压缩或解压缩过程中不会改变或损失，解压缩产生的数据是对原始对象的完整复制。

有损压缩是指使用压缩后的数据进行重构，重构后的数据与原来的数据有所不同，但不会使人对原始资料表达的信息造成误解。当考虑到人眼对失真不易觉察的生理特征时，有些图像编码不严格要求熵保存，信息可允许部分失真以换取高的数据压缩比，这种编码是有损压缩。通常声音、图像与视频的数据压缩都采用有损压缩。有损数据压缩方法通常需要在压缩速度、压缩数据大小以及质量损失这三者之间进行折中。

3. 常见图像压缩标准及文件格式

（1）JPEG

JPEG 是一种静止图像的压缩标准，采用帧内压缩编码方式。当硬件处理速度足够快时，JPEG 也能用于实时动态图像的视频压缩，具有传输速度快、使用安全的特点，但在数据量较大时可能稍显不足。JPEG 压缩后的图像文件扩展名通常为 . jpg 或 . jpeg。

（2）PNG

PNG 代表可移植网络图形，是一种无损压缩格式，常用于保存图像和图标。PNG 格式避免了某些早期专利问题，因此在网络浏览器中得到广泛支持。PNG 文件的扩展名为 .png。

（3）GIF

GIF 采用 LZW 压缩算法进行编码，能有效地减少图像文件在网络上传输的时间，是一种无损压缩格式。GIF 分为静态 GIF 和动画 GIF 两种，常用于保存简单的动画和图像。GIF 代表图形交换格式，文件的扩展名为 .gif。

此外，还有多种其他图像压缩标准，例如 BMP、TIFF 等，每种格式都有其独特的应用场景和优缺点。其中，BMP（bitmap）是 Windows 操作系统中的标准图像文件格式，其特点是包含的图像信息较丰富，几乎不进行压缩，因此文件所占用的空间很大。TIFF（tagged image file format）是一种比较灵活的图像格式，文件扩展名为 .tif 或 .tiff。TIFF 支持多种编码方案，既有无损压缩方式，也有有损压缩方式，如 RAW、RLE、LZW、JPEG、CCITT 等，可以满足不同需求。此外，TIFF 格式支持多种色彩位和色彩模式，如 256 色、24 位真彩色、32 位色、48 位色以及 RGB、CMYK 和 YCbCr 等。这使得 TIFF 格式能够适用于各种不同的图像应用场景，从简单的黑白图像到复杂的彩色图像都能处理。另外，TIFF 还支持透明度和半透明度以及多页图像存储，这些特性使得 TIFF 成为存储和交换具有复杂特性和多页需求的图像的首选格式。

3.4.4　图像识别中的深度学习

图像识别，是指利用计算机对图像进行处理、分析和理解，以识别各种不同模式的目标和对象的技术，是人工智能的重要方面。

深度学习与传统图像模式识别方法的最大不同在于它所采用的特征是从大数据中自动学习得到，而非采用手工设计。好的特征可以提高模式识别系统的性能。

现有的深度学习模型属于神经网络。深度学习模型的"深"字意味着神经网络的结构深，由很多层组成。神经网络近年来能够得到广泛应用，原因有几个方面：第一，大规模训练数据的出现在很大程度上缓解了训练过拟合的问题。例如，ImageNet 训练集拥有上百万个有标注的图像。第二，计算机硬件的飞速发展为其提供了强大的计算能力，一个 GPU 芯片可以集成上千个核，这使得训练大规模神经网络成为可能。第三，神经网络的模型设计和训练方法都取得了长足的进步。

有关人工智能与深度学习的内容，在本书第 7 章将做较为详细的介绍。

【例 3-12】用 Python 编程利用百度 API 实现图像识别。

实现步骤如下。

① 登录 AI 开放平台，选择图像识别。

② 在控制台中创建应用，获取到 API Key 和 Secret Key。

③ 取得该应用授权。

获得 Access Token 后，在应用程序中向授权地址发出请求，形式为

https://aip.baidubce.com/oauth/2.0/token?grant_type = client_credentials&client_id = API Key&client_secret = Secret Key

示例程序如下，完整代码请访问课程资源。

| In[9]: | ```
f = open('D:/data_analysis/animal_demo.png', 'rb')    #读图像文件
img = base64.b64encode(f.read())                       #图像数据用base64编码
host = 'https://aip.baidubce.com/rest/2.0/image-classify/v2/advanced_
general'
headers={'Content-Type':'application/x-www-form-urlencoded'}
access_token = '24.9550543 ****'                       #获得的access_token
host=host+'? access_token='+access_token
img_dict={}                                            #定义img_dict字典
img_dict['access_token']=access_token
img_dict['image'] =img                                 #将图片信息添加至字典
res = requests.post(url=host,headers=headers,data=img_dict)    #请求
#网址
req=res.json()                                         #json格式返回图像识别信息
print(req['result'])
``` |
| Out[9]: | 　#显示被识别的图片

[{'score': 0.459992, 'root': '动物-其他'}, {'score': 0.342996, 'root': '动物-哺乳类', 'keyword': '猎豹'}, {'score': 0.231818, 'root': '动物-哺乳类', 'keyword': '豹子'}, {'score': 0.125964, 'root': '动物-其他', 'keyword': '虫子'}] |

在返回值中，score 为置信度，root 为识别结果的上层标签，keyword 为图片中的物体或场景名称。当然，读者可以传入任意类型的图片，来检测 AI 图像识别的准确度。

3.5　视频信息处理

视觉是人类感知外部世界一个最重要的途径，而计算机视频技术是把我们带到近乎真实世界的最强有力的工具。在多媒体技术中，视频信息的获取及处理无疑占有举足轻重的地位，视频处理技术在目前以至将来都是多媒体应用的一个核心技术。

3.5.1　什么是视频

人类接收的信息70%来自视觉，其中活动图像是信息量最丰富、直观、生动、具体的一种承载信息的媒体。视频（video）就其本质而言，实际上就是其内容随时间变化的一组动态图像，所以视频又称为运动图像或活动图像。
```

从物理上来讲，视频信号是从动态的三维景物投影到视频摄像机图像平面上的一个二维图像序列，一个视频帧中任何一点的彩色位记录了在所观察的景物中一个特定的二维点所发出或反射的光；从观察者的角度来讲，视频记录了从一个观测系统（人眼或摄像机）所观测的场景中的物体发射或反射的光的强度，一般地说，该强度在时间和空间上都有变化；从数学角度描述，视频指随时间变化的图像，或称为时变图像。时变图像 S 是一种时空密度模式（spatial-temporal intensity pattern），可以表示为 $S(x,y,t)$，其中 (x,y) 是空间位置变量，t 是时间变量，如图 3-13 所示。

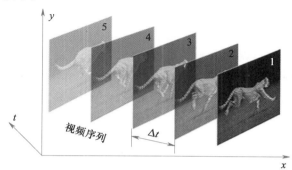

图 3-13　时变图像示意

由图 3-13 可见，视频由一幅幅连续的图像帧序列构成，若一帧图像沿时间轴保持一个时间段 Δt，利用人眼的视觉暂留作用，可形成连续运动图像（即视频）的感觉。

图像与视频是两个既有联系又有区别的概念：静止的图片称为图像（image），运动的图像称为视频（video）。就数字媒体的语境而言，数字视频中的每帧画面均形成一幅数字图像，对视频按时间逐帧进行数字化得到的图像序列即为数字视频。因此，可以说图像是离散的视频，而视频是连续的图像。

视频与动画都是动态的图像，其主要区别在于帧图像画面的产生方式的不同。动画是采用计算机图形技术，借助于编程或动画制作软件生成的一组连续画面；而视频是使用摄像设备捕捉的动态图像帧。

3.5.2　视频的数字化过程

要让计算机处理视频信息，首先要解决的是视频数字化的问题。视频数字化是将模拟视频信号经模数转换和彩色空间变换转为计算机可处理的数字信号，与音频信号数字化类似，计算机也要对输入的模拟视频信息进行采样与量化，并经编码使其变成数字化图像。

与其他媒体的数字化过程类似，视频数字化过程首先必须把连续的图像函数 $S(x,y,t)$ 进行空间和幅值的离散化处理。空间连续坐标 (x,y) 的离散化叫作采样；$S(x,y)$ 颜色的离散化称为量化。两种离散化结合在一起叫作数字化，离散化的结果是得到数字视频。其过程与图像的数字化过程有类似之处，这里不再赘述。

需要指出的一点是，现在数字化的视频设备越来越多，可以很方便地获取视频。例如，通过数字摄像机和手机摄录的视频本身已是数字信号，只不过在处理时需从相关设备上转入计算机中。所以，视频数字化操作更多的是对视频进行各种数字化的录制、编辑、处理、格式转换的过程。

【例 3-13】 对于电视画面的分辨率为 800×600 的真彩色图像，每秒 30 帧，试计算一秒的视频数据量是多少？ 1 张 650 MB 的光盘可以存放多长时间未经压缩的视频数据？

[解] 一秒的视频数据量为

$$Size = 800×600×24/8×30\,b ≈ 41\,Mb \qquad 650/41\,s ≈ 16\,s$$

所以，1 张 650 MB 的光盘可以存放大约 16 s 的未经压缩的视频。

3.5.3 视频压缩的基本思想

视频压缩编码的理论基础是信息论。信息压缩就是从时间域、空间域两方面去除冗余信息，将可推知的确定信息去掉。视频编码技术主要包括 MPEG 与 H.26x（包括 H.261～H.264 等）标准，编码技术主要分成帧内编码和帧间编码。前者用于去掉图像的空间冗余信息，后者用于去除图像的时间冗余信息。

以图 3-14 为例，对基于时间域的差分编码来说，只有第一个图像（I 帧）是将全帧图像信息进行编码，在后面的两个图像（P 帧）中，其静态部分（即房子）将参考第一个图像，而仅对运动部分（即正在行走的人）使用运动矢量进行编码，从而减少发送和存储的信息量。

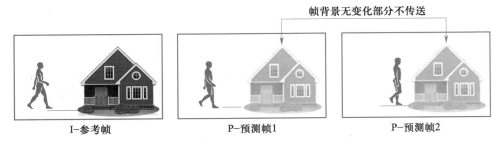

图 3-14　基于时间域的视频帧间编码

3.5.4 视频编码标准：MPEG 家族与 H.26X 家族

MPEG 家族与 H.26X 家族都是视频编码领域的重要标准，但它们分别由不同的组织制定，并各有其特色和应用场景，如图 3-15 所示。

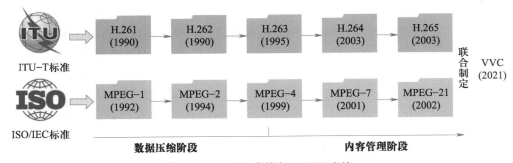

图 3-15　MPEG 家族与 H.26X 家族

ITU-T（国际电信联盟远程通信标准化组织）与 ISO/IEC（国际标准化组织/国际电工委员会）是制定视频编码标准的两大国际组织。MPEG（motion picture experts group）系统标准由 ISO/IEC 制定，广泛应用于视频存储（如 DVD）、广播电视、因特网或无线网上的流媒体等。主要的标准有 MPEG-1、MPEG-2、MPEG-4、MPEG-7 和 MPEG-21 等。其中，MPEG-7 和 MPEG-21 是最新的 MPEG 标准，MPEG-7 标准被称为"多媒体内容描述接口"，它规定了一个用于描述各种不同类型多媒体信息的描述符的标准集合，其目标是支持多种音频和视觉的描述，支持数据管理的灵活性、数据资源的全球化和互操作性等。它标准化了描述子、描述结构、描述定义语言等。而 MPEG-21 标准的目的则是将不同的协议、标准、技术等有机地融合在一起，制定新的标准，并将这些不同的标准集成在一起。

ITU-T 的标准包括 H.261、H.262、H.263、H.264、H.265，主要应用于实时视频通信领域，如会议电视。其中，H.265/HEVC（high efficiency video coding）在相同图像质量下，比 H.264 减少大约 50% 的码流，提供了更高质量的视频体验。它被认为是 H.264 的下一代编码标准，在相同质量的前提下，HEVC 视频流比 H.264 小 50% 左右。

目前最新的视频编码标准 H.266/VVC（versatile video coding）由国际电信联盟电信标准化部门（ITU-T）和国际标准化组织/国际电工委员会（ISO/IEC）联合制定，于 2020 年 7 月定稿，2021 年正式发布。相对于之前的视频编码标准，VVC 对 8K 超高清、屏幕、高动态和 360 度全景视频等新的视频类型以及自适应带宽和分辨率的流媒体和实时通信等应用有了更好的支持。

此外，还有一些在互联网上被广泛应用的编码标准，如 Real Networks 公司的 RealVideo、微软公司的 WMV 以及 Apple 公司的 QuickTime 等。同时，中国也在视频编码标准方面取得了重要进展，例如，中国的 AVS3 音视频信源编码标准被正式纳入国际数字视频广播组织（DVB）核心规范。

【例 3-14】用 Python 编程利用 OpenCV 捕获视频帧并生成 AVI 文件。

在很多应用场景中，都需要通过摄像头实时捕获连续图像画面，而 OpenCV 提供了一个非常简单的接口。下面程序展示一个从摄像头捕获视频，并将其保存为 AVI 格式文件的例子。

示例代码如下，按 Q 键退出，完整程序请访问本课程资源。

```
In[10]:    import cv2 as cv                          #导入 OpenCV 库
           cap = cv.VideoCapture(0)                  #捕获摄像头
           fourcc = cv.VideoWriter_fourcc(*'XVID')   #定义编解码器,创建 VideoWriter 对象
           out = cv.VideoWriter('D:/data_analysis/output.avi',fourcc, 20.0, (640,
           480))
           while(cap.isOpened()):
               ret, frame = cap.read()               #开始捕获,通过 read()函数获取捕获
           #的帧
               if ret==True:
                   frame = cv.flip(frame,1)
                   out.write(frame)                   #write the flipped frame
           cap.release()                             #退出时,释放资源
           out.release()
Out[10]:
```

3.5.5　计算机视觉——AI 之眼

计算机视觉（computer vision，CV）是一个研究计算机如何"看"世界的学科，是指通过使用计算机和算法来模拟人类视觉，使计算机能够感知、理解和解释数字图像和视频。它主要是通过利用数字图像处理、模式识别、机器学习等关键技术，将数字图像转化为计算机可以识别和处理的数据，使得计算机能够通过图像识别、目标检测、人脸识别、运动跟踪等方式获取关于物理世界的信息。

计算机视觉技术发展的初级阶段，主要依赖于传统的图像处理技术，如边缘检测、特征提取等。随着深度学习技术的崛起，计算机视觉领域取得了巨大的突破。深度学习模型，尤其是卷积神经网络（CNN），极大地提高了图像识别和处理的准确性和效率。这使得计算机视觉技术在各个领域中得到了广泛应用。

如今，计算机视觉已成为人工智能的一个重要分支，它就等同于人工智能的大门，在人工智能中视觉信息比听觉、触觉重要得多。人类大脑皮层的 70% 活动都在处理视觉信息，而既然人工智能旨在让机器可以像人那样思考、处理事情，因此计算机视觉技术承担了很大的作用。

计算机视觉有五大技术，分别是图像分类、对象检测、目标跟踪、语义分割和实例分割。在这棵大树上，最主要的三个"树干"是检测、识别和分割。例如，通过镜头下各行人的脸部特征和行为举动等，计算机视觉技术能够快速定位潜在人脸图像，捕捉后将其与已上传的人脸进行匹配比对；也能通过捕捉人的动作来判断该人是否有暴力举动等。

进入人工智能时代，人们关注的无人机、无人驾驶和机器人技术背后，都有计算机视觉技术的强大支持。这些无人参与操作的智能设备有什么共性？首先是要有一个"大脑"，即用计算机代替人脑来处理大量复杂的信息数据。其次，都需要"眼睛"来感应周围环境并做出及时且正确的反应。这些智能机器的"大脑"由一组高性能 CPU 芯片组成，其"眼睛"则是由摄像头、视觉处理器（VPU）和专有的软件系统实现。这种"眼睛"背后的驱动力就是我们所讨论的计算机视觉或机器视觉技术。

例如，自动驾驶技术基本可分为三个阶段：感知、决策和控制。计算机视觉技术主要应用在自动驾驶的感知阶段（图 3-16），其基本原理大致如下。

图 3-16　计算机视觉在自动驾驶中的应用

① 通过车载摄像头和传感器捕捉道路、车辆、行人等周围环境的信息。

② 这些信息被传输到车辆的计算系统中，通过深度学习和图像识别算法进行分析和处理。

③ 通过分析和处理，系统能够识别路标、交通信号、障碍物等关键要素，并根据这些信息规划行驶路线、控制车辆速度和方向。

在实际使用中，自动驾驶技术可以实现在特定路段上的自动驾驶功能，帮助驾驶者减轻驾驶负担，提高驾驶安全性。当然，需要强调的是，自动驾驶技术目前仍是一种驾驶辅助系统，驾驶者仍需保持对车辆的控制和注意力。

未来，计算机视觉在各领域将会有无限的应用前景，并将会在技术理论上有更大突破。

3.5.6　人脸识别

计算机视觉领域另一个重要的挑战是人脸识别。一个模式识别系统包括特征和分类器两个主要的组成部分，两者关系密切，而在传统的方法中它们的优化是分开的。在神经网络的框架下，特征表示和分类器是联合优化的，可以最大程度发挥两者联合协作的性能。

深度学习的关键就是通过多层非线性映射将这些因素成功地分开，例如，在深度模型的最后一个隐含层，不同的神经元代表了不同的因素。如果将这个隐含层当作特征表示，人脸识别、姿态估计、表情识别、年龄估计就会变得非常简单，因为各个因素之间变成了简单的线性关系，不再彼此干扰。目前深度学习可以达到 99.47% 的识别率。

GitHub 开源项目 face_recognition 是一个用于人脸识别的第三方库，是一个强大、简单、易上手的人脸识别平台，并且配备了完整的开发文档和应用案例，开发者可以使用 Python 和命令行工具提取、识别、操作人脸。

face_recognition 使用 dlib 深度学习人脸识别技术构建，将人脸的图像数据转换成一个长度为 128 的向量，这 128 个数据代表了人脸的 128 个特征指标，在脸部检测数据库基准（Labeled Faces in the Wild）上的准确率为 99.38%。

【例 3-15】利用 face_recognition 库实现人脸关键点识别。

演示程序的完整代码请访问本课程资源及其扩展程序。

```
In[11]:    import face_recognition    #导入 face_recogntion 模块
           image = face_recognition.load_image_file("Pierce_Brosnan_0001.jpg")
           #读取源图像文件
           #查找图像中所有面部的所有面部特征
           face_landmarks_list = face_recognition.face_landmarks(image)
           for face_landmarks in face_landmarks_list:    #图像中每个面部特征的位置
                facial_features = ['chin', 'left_eyebrow','right_eyebrow',…]
           pil_image = Image.fromarray(image)
           d = ImageDraw.Draw(pil_image)
           pil_image.show()                              #显示识别的人脸特征点
```

Out[12]:	

注：测试样本图片取自国际开放的人脸识别数据库 Labeled Faces in the Wild。

【例3-16】利用 face_recognition 库实现人脸识别并匹配。

在这个程序演示中，有两张图片中的人物是已知的，有一张图片人物是未知的，要求实现人脸识别并匹配。如果要对上万张图片进行人脸识别，其实现过程也是一样的。

In[12]:	``` image1 = face_recognition.load_image_file(".\lib\picture\Pierce_Brosnan_0003.jpg") image2 = face_recognition.load_image_file(".\lib\picture\Jose_Maria_Aznar_0002.jpg") unknown_image = face_recognition.load_image_file("./lib/picture/unknown.jpg") image1_encoding = face_recognition.face_encodings(image1)[0] image2_encoding = face_recognition.face_encodings(image2)[0] unknown_encoding = face_recognition.face_encodings(unknown_image)[0] results = face_recognition.compare_faces([image1_encoding, image2_encoding], unknown_encoding) print('results:'+str(results)) #输出匹配结果,用True或False表示 ```
Out[12]:	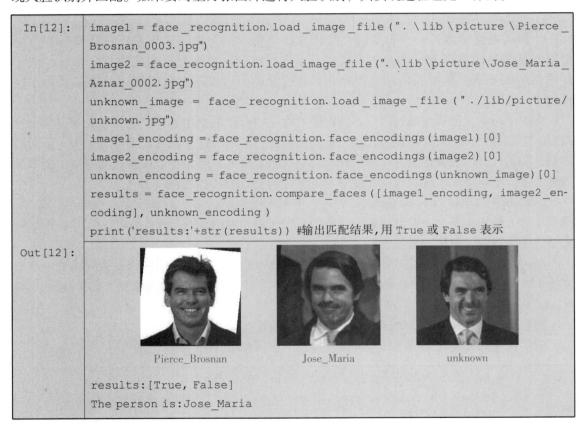 ``` results:[True, False] The person is:Jose_Maria ```

3.6 计算机图形和数字图像的智能处理

3.6.1 矢量图和位图的比较

前面介绍的图像是由像素点阵构成的位图（bit graphics），一般是由扫描仪、摄像机等输入设备捕捉实际的画面产生的数字图像，图像技术关注的是用数字描述像素点、强度和颜色以及将完整的场景分割为几个部分。

在计算机中还有一类图，即由外部轮廓线条构成的矢量图（vector graphics），这些矢量图是由计算机绘制的直线、圆、矩形、曲线、图表等元素组成的。图形使用一组指令集合来描述图形的内容，例如，描述构成该图的各种图元位置、维数、形状等。

矢量图主要是把图形元素当作矢量来处理。矢量图中的图形元素又称为图形对象，每个对象都是一个自成一体的实体，如直线、曲线、圆、矩形框、图表等，对象以数学方法描述，每个对象都具有颜色、形状、轮廓、大小和屏幕位置等属性，通过计算机指令来绘制。既然每个对象都是一个自成一体的实体，就可以多次移动和改变它的属性，而不会影响图形中的其他对象。这些特征使基于矢量的图形技术特别适用于图案设计和三维建模，因为它们通常要求能创建和操作单个对象。

矢量图形的特点是精度高、灵活性大，并且用它们设计出来的作品可以任意放大、缩小而不变形失真。用矢量图制作的作品可以在任意输出设备上输出而不用考虑其分辨率。它不会像位图格式那样，在进行高倍放大后图像会不可避免地方块化，如图 3-17所示。

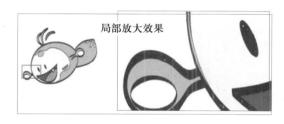 

图 3-17　图形和图像的比较

位图的表现力强，可适于任何自然图像，表现细腻、层次多、色彩丰富、精细细节（如明暗变化、场景复杂和多种颜色等）的图像。为了节省内存和磁盘空间，图像文件通常是以压缩的方式进行存储的。

3.6.2　计算机图形学

计算机图形学是指将点、线、面、曲面等实体生成物体的模型，然后存放在计算机中，并可通过修改、合并、改变模型和选择视点来显示模型的一门学科。计算机图形学的另一个研究重点是如何将数据和几何模型转变成计算机图像。计算机图形学的逆过程是分析和识别输入的图像并从中提取二维或三维的数据模型（特征），如图 3-18 所示。

计算机图形技术主要研究的是从无到有的图形构造方式，即从数据得到图像，它涉及的是对图形的基本图元的操作和处理。计算机图形学的基础技术主要包括三维建模技术、渲染技术、动画技术、仿真技术、交互技术等。例如，三维建模技术可以用来描述三维对象的形状和结构，将实际物体的形状、大小、位置等信息转换为计算机可识别的几何模型。渲染技术则将三维模型转换为二维图像，包括计算每个像素的颜色和深度值，以生成最终的图像，渲染过程中涉及的技术包括光栅化、光线追踪、纹理映射、抗锯齿等，这些技术旨在提高图像的质量和真实感。

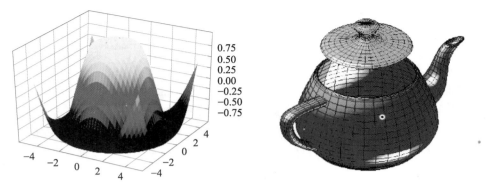

(a) 由Pythont程序绘制的三维曲面   (b) 使用Python+Open GL生成的三维模型

图 3-18 三维图形模型示例

【例 3-17】用 Python 绘制三维曲面图形。

  Python 的 Matplotlib 库广泛用于二维图形绘制，也可以绘制三维图形，主要通过 mplot3d 模块实现，三维图形实际上是在二维画布上展示。绘制三维图形时，需要载入 Axes3D( ) 模块。

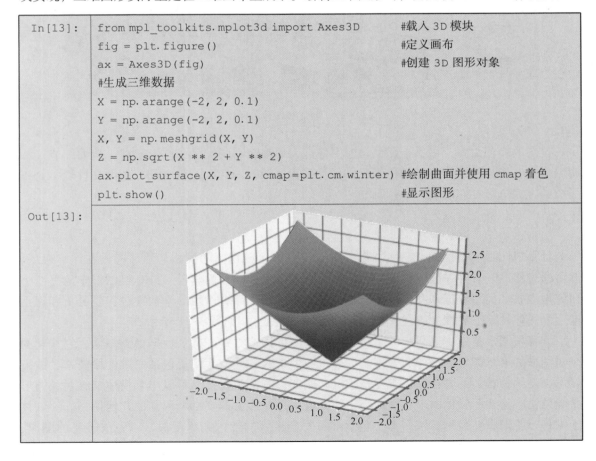

In[13]:		
	`from mpl_toolkits.mplot3d import Axes3D`	#载入 3D 模块
	`fig = plt.figure()`	#定义画布
	`ax = Axes3D(fig)`	#创建 3D 图形对象
	`#生成三维数据`	
	`X = np.arange(-2, 2, 0.1)`	
	`Y = np.arange(-2, 2, 0.1)`	
	`X, Y = np.meshgrid(X, Y)`	
	`Z = np.sqrt(X ** 2 + Y ** 2)`	
	`ax.plot_surface(X, Y, Z, cmap=plt.cm.winter)`	#绘制曲面并使用 cmap 着色
	`plt.show()`	#显示图形
Out[13]:		

计算机图形学研究的主要内容包括以下三个方面。

一是获取和建模。主要研究如何有效地构建、编辑、处理不同的三维信息在计算机中的表达以及如何从真实世界中有效地获取相应的三维信息。这既包括三维几何建模和几何处理这一研究方向，也包含材质和光照建模、人体建模、动作捕捉这些研究课题。

二是理解和认知。主要研究如何识别、分析并抽取三维信息中对应的语义和结构信息。这个方向有很多图形学和计算机视觉共同感兴趣的研究课题，如三维物体识别、检索、场景识别、分割以及人体姿态识别跟踪、人脸表情识别跟踪等。

三是模拟和交互。主要研究如何处理和模拟不同三维对象之间的相互作用和交互过程。这既包含流体模拟和物理仿真，也包含绘制、人体动画、人脸动画等方面的研究。

3.5.5 节介绍的计算机视觉技术是从图像中提取抽象的语义信息，而计算机图形技术则是将抽象的语义信息转化成图像，因此，计算机图形学可以看成是计算机视觉的逆问题，两者从最初相互独立的平行发展到最近的融合是一大趋势。图像模式的分类是计算机视觉中的一个重要问题，模式识别中的许多方法可以应用于计算机视觉中。

计算机图形技术在游戏开发、电影制作、虚拟现实等领域有着广泛的应用，通过这些技术创建出逼真的虚拟世界和角色。随着硬件设备的发展和普及以及计算机视觉和机器学习技术的进步，计算机图形学的应用场景将得到更大的扩展，面向真实世界、机器人和工业设计将成为新的应用场景。面向虚拟世界、虚拟现实，混合可视媒体将成为新兴的应用场景，带给人们更好的娱乐体验。

例如，在工业设计和制造中，计算机图形技术将扮演更加重要的角色。设计师可以利用更加先进的图形学算法和工具，实现更加复杂和精细的产品建模和仿真。这将有助于提升产品的质量和性能，缩短产品开发周期，降低生产成本。同时，虚拟现实和增强现实技术的发展也将为工业设计和制造提供更加丰富和沉浸式的体验，使得设计师和工程师能够更直观地理解和改进产品。

3.6.3　数字图像处理技术

与计算机图形技术和计算机视觉技术不同，数字图像处理技术探索的是一个图像或者一组图像之间的互相转化和关系，与语义信息无关。数字图像技术专注于对已有的图像进行变换、分析、重构，得到的仍是图像，它主要在图像的像素层次上进行操作，通过数学方法来提高图像质量或提取图像信息。常用的技术包括图像增强、图像复原、图像编码等。

数字图像处理主要应用于卫星图像分析、医学影像诊断、工业检测等领域，通过对图像进行分析和处理，提取出有用的信息或提高图像质量。随着人工智能和机器学习等技术的融合，数字图像处理将变得更加智能和高效。例如，在工业自动化和机器人视觉方面，数字图像处理技术可以实现更精确的物体识别、定位和跟踪，提高生产线的自动化水平和效率。此外，数字图像处理技术还将应用于产品质量检测、安全监控、故障诊断等多个方面，为工业生产的稳定运行提供有力保障。

在实际应用中，图形图像技术是相互关联的。把图形处理技术和图像处理技术相结合可以使视觉信息的效果和质量更加完善，更加精美。在计算机中，图形和图像的表示都是以像素为基础，且都是数字形式表示，这就便于在同一系统中进行两种处理。随着图形图像技术的发展，两者之间相互交叉、相互渗透，其界线也越来越模糊。

3.7 新一代人机交互技术

人机交互是研究人与计算机之间通过相互理解的交流与通信，在最大程度上实现信息管理、服务和处理等功能的一门技术科学。

新一代人机交互技术的标志性特征体现在以下几个方面。

① 多模感知与融合：新一代人机交互技术不再局限于传统的键盘、鼠标或触摸屏输入，而是支持多种感知方式，如语音、手势、眼动、面部表情等。这些感知方式可以并行工作，并通过先进的算法进行融合，为用户提供更丰富、更自然的交互体验。

② 智能化与自适应：新一代人机交互技术具有强大的智能化能力，能够学习用户的习惯和行为，自动调整交互方式，以更好地适应不同用户的需求。同时，系统还能够根据上下文环境进行智能决策，提供个性化的服务。

③ 沉浸式体验：通过虚拟现实（VR）、增强现实（AR）等技术，新一代人机交互技术能够为用户创造高度沉浸式的体验。用户仿佛置身于一个真实的虚拟世界中，与虚拟对象进行实时互动，从而获得前所未有的感官享受。

④ 情感化交互：新一代人机交互技术不仅关注用户的任务完成效率，还注重用户的情感体验。通过情感识别、情感计算等技术，系统能够感知用户的情绪状态，并据此调整交互策略，以提供更加贴心、人性化的服务。

⑤ 协同化交互：在新一代人机交互技术中，多个用户可以在同一个虚拟空间中进行协同操作和交流，实现多人共享、编辑和讨论信息。这种协同化交互方式极大地提高了团队协作的效率和便捷性。

3.7.1 虚拟现实技术

虚拟现实（virtual reality，VR）技术是一种可以创建和体验虚拟世界的计算机仿真系统。它利用计算机生成一种模拟环境，使用户沉浸到该环境中。

虚拟现实技术集成了计算机图形技术、计算机仿真技术、人工智能、传感技术、显示技术、网络并行处理等技术的最新研究成果，如实时三维计算机图形技术，广角（宽视野）立体显示技术，对观察者头、眼和手的跟踪技术以及触觉/力觉反馈、立体声、网络传输、语音输入输出技术等，最终由计算机技术辅助生成高技术模拟系统。

虚拟现实用计算机生成逼真的三维视、听、嗅觉等感觉，使人作为参与者通过适当装置，自然地对虚拟世界进行体验和交互。使用者进行位置移动时，计算机可以立即进行复杂的运算，将精确的 3D 世界影像传回产生真实感。

虚拟现实头戴显示器设备，简称 VR 头盔或 VR 眼镜（见图 3-19），是仿真技术、计算机图形学、人机接口技术、多媒体技术、传感技术、网络技术等多种技术集合的产品，是借助计算机及最新传感器技术创造的一种崭新的人机交互手段。

图 3-19　VR 眼镜

在 VR 系统中，双目立体视觉起了很大作用。VR 眼镜的显示原理是左右眼屏幕分别显示左右眼的图像，用户的两只眼睛看到的不同图像是分别产生的，人眼获取这种带有差异的信息后在脑海中产生立体感。头戴式设备还可以追踪头部动作，用户通过头部的运动去观察周围的环境。

在 VR 系统中另外一个重要设备是 VR 手套（见图 3-20）。在一个 VR 环境中，用户可以看到一个虚拟的杯子，你可以使用 VR 手套感觉到杯子的存在，并可以设法去抓住它。这种触感是由于在手套内层安装了一些可以振动的触点来模拟触觉。

图 3-20　VR 手套

VR 在各个领域都有着广阔的应用前景。利用 VR 进行模拟训练、军事对抗演练、航天航空、CAD、3D 游戏等方面已经实用化。例如，在医学教学中，可以建立虚拟的人体模型，借助于跟踪球、HMD、数据感觉手套，使得人们很容易了解人体内部各器官结构，这比现有的采用教科书的方式要有效得多。

目前在 VR 的基础上又发展出两种新的技术，即 AR 和 MR。增强现实（augmented reality，AR）是通过计算机技术，将虚拟的信息应用到真实世界，真实的环境和虚拟的物体实时地叠加到了同一个画面或空间同时存在。混合现实（mix reality，MR）包括增强现实和增强虚拟，指的是合并现实和虚拟世界而产生的新的可视化环境。

AR 和 MR 技术给我们的生活和学习带来了更丰富的体验。例如 AR 购物，通过 AR 技术推出的试穿、试戴功能，用户无须实际接触商品，就能体验产品的外观和使用效果，极大地提升了购物的便捷性和趣味性。AR 导航结合 AR 技术，导航应用能够在手机屏幕上实时展示用户周围的环境，并提供精确的路线指引，使用户在复杂的环境中也能轻松找到目的地。MR 在教育领域的应用使得学习更加生动和有趣，学生可以通过 MR 设备在虚拟环境中进行实践操作，提高学习效果。

3.7.2 可穿戴技术

可穿戴技术主要是指探索和创造能直接穿在身上或整合进用户的衣服或配件的设备的科学技术。可穿戴技术是 20 世纪 60 年代美国麻省理工学院媒体实验室提出的创新技术，利用该技术可以把多媒体、传感器和无线通信等技术嵌入人们的衣着中，可支持手势和眼动操作等多种交互方式。

可穿戴设备多以具备部分计算功能、可连接手机及各类终端的便携式配件形式存在，主流的产品形态包括以手腕为支撑的 watch 类（包括手表和腕带等产品），以脚为支撑的 shoes 类（包括鞋、袜子或者将来的其他腿上佩戴产品），以头部为支撑的 glass 类（包括眼镜、头盔、头带等）以及智能服装、书包、拐杖、配饰等各类非主流产品形态。可穿戴设备产品需要硬件与软件共同配合才能具备智能化的功能。

谷歌眼镜（见图 3-21）属于以头部为支撑的可穿戴设备，与 VR 眼镜相比，谷歌眼镜更注重实时的信息获取和处理，谷歌眼镜具备拍照、摄像、连网、导航等功能，通过语音可以很好地操控撰写功能，从而解放双手。

健康领域是可穿戴设备优先发展的领域，可穿戴健康设备本质是对人体健康的干预和改善。例如，许多智能手表和智能腕带都是为健身和健康而设计的，主要用于日常健康监测（见图 3-22）。

图 3-21　谷歌眼镜

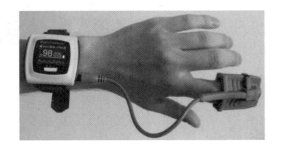

图 3-22　可监测心率的智能手表

习题

一、思考题

1. 什么是媒体？媒体是如何分类的？
2. 多媒体技术有哪些关键特性？
3. 什么是中文分词？Python 使用的典型分词库叫什么？
4. 在本章中，Python 使用百度翻译 API 实现机器翻译，你认为翻译的结果可靠吗？
5. 人耳能识别的声音频率范围大约是多少？
6. 音频的采样和量化有什么区别？
7. 在数字化过程中，音频的质量与采样和量化有何关系？
8. 图像的数字化过程的基本步骤是什么？
9. 图像的采样与分辨率的关系是怎样的？
10. 什么是图像量化？量化级数与量化字长有什么关系？
11. 常见的数字图像文件有哪些？
12. 什么是 RGB 模型？如何用数字矩阵表示？
13. 图像信息为什么能压缩？
14. 数据的有损压缩和无损压缩有什么不同？
15. 图像识别中采用的主要技术是什么？
16. 视频编码主要有哪些标准？
17. 计算机图形学研究的主要内容包括哪些方面？
18. 图形与图像处理技术的主要区别是什么？
19. 虚拟现实技术可能给人们带来什么体验？
20. 可穿戴设备主要有哪些产品？

二、计算题

1. 根据奈奎斯特定理，若原有声音信号的频率为 20 kHz，则采样频率至少应为多少？
2. 若一个数字化声音的量化位数为 16 位，则其能够表示的声音幅度等级是多少？
3. 用 44.1 kHz 的采样频率进行采样，量化位数选用 8 位，则录制 2 min 的立体声节目，其波形文件所需的存储量是多少？
4. 假设音乐信号是均匀分布的，采样频率为 44.1 kHz，采用 16 位的量化编码，试确定存储 50 min 时间段的音乐所需要的存储容量。
5. 一帧 640×480 分辨率的彩色图像，图像深度为 24 位，不经压缩，则一幅画面需要多少字节的存储空间？按每秒播放 30 帧计算，播放一分钟需要多大存储空间？一张容量为 650 MB 的光盘，在数据不压缩的情况下能够播放多长时间？
6. 为了使电视图像获得良好的清晰度和规定的对比度，需要用 5×10^5 个像素和 10 个不同的亮度电平，所有的像素是独立的，且所有亮度电平等概率出现。求此图像所携带的信息熵。

*7. 现有一幅已离散量化的图像，图像的灰度量化分成 8 级，如图 3-23 所示。图中数字为相应像素上的灰度级。现有一个无噪声信道，单位时间（1 s）内传输 100 个二元符号。要使图像通过给定的信道传输，不考虑图像的任何统计特性，并采用二元等长码，问需多长时间才能传送完这幅图像？

```
1 1 1 1 1 1 1 1 1 1
1 1 1 1 1 1 1 1 1 1
1 1 1 1 1 1 1 1 1 1
1 1 1 1 1 1 1 1 1 1
2 2 2 2 2 2 2 2 2 2
3 3 3 3 3 3 3 3 3 3
4 4 4 4 4 4 4 4 4 4
5 5 5 5 5 5 5 5 5 5
```

图 3-23　图像的灰度量化结果

第 4 章
数据科学与大数据

数据要素是数字时代的基本数据单位，在"十四五"期间，我国数据要素流通市场规模快速增长，整体将进入群体性突破的快速发展阶段。为深入贯彻党的二十大和中央经济工作会议精神，充分发挥数据要素乘数效应，赋能经济社会发展，国家数据局会同多个部门联合印发了《"数据要素×"三年行动计划（2024—2026 年）》。该计划以推动数据要素高水平应用为主线，强化场景需求牵引，带动数据要素高质量供给、合规高效流通，培育新产业、新模式、新动能，充分实现数据要素价值，为推动高质量发展、推进中国式现代化提供有力支撑。

电子教案

数据科学通过对数据要素的挖掘、分析和处理，揭示隐藏在数据中的模式、趋势和关联，从而为企业决策、市场预测和科学研究等领域提供有力支持。另一方面，随着大数据技术的不断成熟和应用场景的不断拓展，数据科学提供了丰富的研究对象，数据科学家可以不断学习和掌握新的技能和方法，以应对日益复杂的数据处理和分析任务；大数据的开放性和共享性也为数据科学家提供了更多的数据来源和合作机会，促进了数据科学领域的创新和发展。

本章简要地介绍数据科学、数据库技术、大数据的基本概念以及技术与方法，并通过用 Python 语言实现的小案例，直观地了解数据科学的应用。

4.1 数据科学与 Python

数据科学是一门以数据为研究对象，利用科学方法、流程、算法和系统从数据中提取价值的跨学科领域。其理论基础主要包括统计学、机器学习和数据可视化等，研究内容包括数据的加工、计算、管理、分析以及数据产品开发等。数据科学家综合利用包括统计学、计算机科学和业务知识在内的一系列技能来分析从网络、智能手机、客户、传感器和其他来源收集的数据，揭示趋势并产生见解，这些见解可以帮助用户做出更好的决策并推出更多创新产品和服务。简而言之，数据科学的核心任务是从数据中抽取信息、发现知识，为各领域的决策和创新提供支持。

数据科学的发展前景非常广阔，各个专业领域都会产生各类独具特色的数据，所以有人说任何一个专业都会和数据科学打交道。

4.1.1 数据科学视角下的数据系统架构

数据处理系统依赖于计算机系统的存储和计算能力而建立。从数据科学的系统视角来看，整个系统可以分成三个主要层次，如图 4-1 所示。

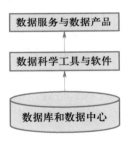

图 4-1 数据处理系统

1. 数据库和数据中心

"数据库"是以一定方式存储在一起、能与多个用户共享、与应用程序彼此独立的数据集合。

数据中心是一整套复杂的设施。它不仅包括计算机系统和其他与之配套的设备（例如通信和存储系统），还包含冗余的数据通信连接、监控设备以及各种安全装置等。

2. 数据科学工具与软件

借助于数据科学软件或程序，实现对该数据集进行勘探，发现整体特性；进行数据研究分析（例如，使用数据挖掘技术）或者进行数据实验，得到分析结果。

数据科学工具与软件包括数据科学的生态、数据科学软件和数据编程语言，例如，商业化的统计分析软件 SAS、MATLIB，甚至 Execl 办公软件等，都属于数据处理的应用软件，Python 则属于数据编程语言。

3. 数据服务与数据产品

数据服务是指面向各种业务需求的操作型业务，大数据就是一种数据服务的形式。

数据产品是可以发挥数据价值去辅助用户更好地做出决策的一种产品形式，它在用户的决策和行动过程中，可以充当信息的分析展示者和价值的使能者。

4.1.2　数据库、大数据技术与数据科学之间的关系

数据库（database）是按照数据结构来组织、存储和管理数据的仓库。在数据库发展的历史上，经历了层次模型、网状模型到关系模型的转变过程。从 20 世纪 70 年代到现在，关系型数据库一统江湖。直到大数据时代，由于非结构化数据的大量涌现，才诞生了非关系型数据库。但是，传统的关系型数据库仍然占据数据存储的相当份额。

传统数据库的主要功能是对事务（或业务）信息进行增加、删除、修改、查询等操作，支持业务的运行。业务数据库的持续运行，积累了大量的基础数据，为数据科学提供了重要的数据源。

大数据是数据科学的一个分支，是数据科学的重要组成。但是，不能把数据科学等同于大数据分析。另外，大数据的"大"其实应该是个相对概念，是相对于当前的存储技术和计算能力而言的。在大数据时代，大数据特有的价值源于其规模效应，当数据量足够大时，其价值能够产生从"量变"到"质变"的效应。另外，从技术的发展来看，现在的大数据可能在将来不能再称之为大数据了。

4.1.3　数据科学家从 Python 开始

"数据科学家"这个名称在 2009 年由 Natahn Yau 首次提出，数据科学家是指能采用科学方法、运用数据挖掘工具对复杂多量的数字、符号、文字、网址、音频或视频等信息进行数字化重现与认识，并能寻找新的数据洞察的工程师或专家（不同于统计学家或分析师）。

1. 想成为数据科学家吗？

《哈佛商业评论》曾将数据科学家评价为"21 世纪最性感的职业"。那么，既然如此，要想成为一名数据处理专家或数据科学家，需要什么样的知识背景和具体技能呢？

Ed Jones 提出，出色的数据科学家应具有三种能力：用数学的思维方式看待数据的能力；使用程序进行数据的获取、开发以及建模的能力；具有较强的计算机科学和软件工程能力。

从技术的角度来说，为了完成所赋予的数据分析任务，并利用数据解决各领域的问题，数据科学家需要拥有一系列的知识和技能，包括一定的数学基础。具体能力要求可概括为以下 6 个方面。

① 对数据的提取与综合能力。

② 统计分析能力。

③ 信息挖掘能力。

④ 机器学习能力。

⑤ 软件开发能力。

⑥ 数据的可视化表示能力。

除了以上方面，数据科学家还需要对待解决的领域问题有深入的理解，具备全流程数据处理的能力，例如，理解任务需要和业务数据，收集数据，集成数据，数据挖掘，能够和业务部门沟通，并将可视化结果展示给用户。

从工具角度来讲，数据科学家需要掌握处理大数据所需的技术，如 Hadoop、Mahout 等，并能熟练使用 Python 等编程语言进行数据获取、整理和展现。同时，还需要掌握 SPSS、SAS 等主流统计分析软件以及用于数据挖掘的各种机器学习算法。

在 2017 年末，Python 软件基金会与 JetBrains 一起开展了 Python 开发人员调查，目标是确定最新趋势，并深入了解 Python 在开发界的使用情况。调查时将"数据分析和机器学习"结合到一个单一的"数据科学"类别中，结果显示很多受访者都在使用 Python 进行数据科学研究。

以上调研结果表明 Python 在数据分析领域具有广泛的应用，成为数据科学家不可或缺的工具之一。

2. 什么是 Python

随着人工智能、大数据、数据科学时代的到来，Python 成为目前最流行的语言之一，Python 无论是在数据的采集与处理方面，还是在数据分析与可视化方面都有独特的优势。我们可以利用 Python 便捷地开展与数据相关的项目，以很低的学习成本快速完成项目的研究。

Python 是一门解释型、面向对象、带有动态语义的高级程序设计语言。Python 将许多机器层面上的细节隐藏，交给编译器处理，并凸显出逻辑层面的编程思考。Python 程序员可以花更多的时间用于思考程序的逻辑，而不是具体的实现细节。

Python 具有简洁易读、学习曲线平缓、丰富的库和强大的社区支持等特点，使得 Python 成为数据科学、机器学习、Web 开发、自动化脚本编写等领域的热门选择。Python 主要特征概括如下。

（1）Python 拥有丰富的标准库和第三方库

Python 解释器提供了几百个内置类和函数库，几乎覆盖了数据科学、机器学习、Web 开发、图像处理等多个领域。例如，NumPy、Pandas 等库提供了强大的数值计算和数据处理能力，Matplotlib、Seaborn 等库则支持数据可视化。这些库使得 Python 能够轻松应对复杂的数据分析和机器学习任务，具备良好的编程生态。

（2）Python 是自由/开放源码软件

Python 是开源（open source）运动的一个成功案例，这使得众多程序员和软件机构在此基础上共享和进一步开发，Python 自身也因此变得更好。

另外，Python 常被昵称为胶水语言，它能够很轻松地把用其他语言制作的各种模块（尤其是 C/C++）轻松地联结在一起。

（3）Python 具有跨平台性

Python 可以在 Windows、Linux、macOS 等多种操作系统上运行。这使得 Python 在不同环境中都能发挥出色的性能，满足不同开发者的需求。

（4）Python 的社区非常活跃

得益于 Python 社区的发展壮大，世界各地的程序员或机构通过开源社区贡献了十几万个第三方函数库，使得 Python 的应用领域得到了极大的扩展，被应用到各种数据分析与处理的场合。很多大公司和机构，包括 Google、Yahoo、NASA、百度等，都在大量地使用 Python。

4.1.4　Python 工具箱

工具、技术和解决方案是数据科学家洞察数据的利器，数据科学家在选择大数据、数据挖掘和数据分析工具时，更倾向于有一定生态基础的工具，这样各个工具间可以相互支持。Python 是计算生态的天然产物，Python 社区拥有大量成熟的工具箱，如图 4-2 所示。

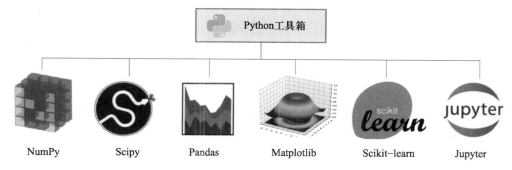

图 4-2　数据科学家的 Python 工具箱

1. NumPy：数值计算

NumPy（numeric Python）专为进行严谨的数值计算而生，是 Python 的一种开源的数值计算扩展。这种工具可用来存储和处理大型矩阵，提供了许多高级的数值编程工具，如矩阵数据类型、矢量处理以及精密的运算库。

2. Scipy：科学计算

Scipy 是 Python 科学计算程序的核心包，致力于科学计算中常见问题的各个工具箱，例如，插值、积分、优化、图像处理、特殊函数等。Scipy 有效地利用了 NumPy 矩阵，与 NumPy 协同工作。

3. Pandas：数据分析

Pandas 是基于 NumPy 的一种工具，最初被作为金融数据分析工具而开发出来，因此，Pandas 为时间序列分析提供了很好的支持。Pandas 库提供一些标准的数据模型和大量的函数、方法，使得人们能够高效地操作大型数据集，快速便捷地处理数据任务。

Pandas 也可以生成各种高质量的图形。

4. Matplotlib：图形绘制

Matplotlib 库是 Python 优秀的数据可视化第三方库，它以各种硬复制格式和跨平台的交互式环境生成出版质量级别的图形。通过 Matplotlib，开发者仅需要几行代码，便可以绘制生成各种常见图形，包括直方图、条形图、折线图、饼图、散点图等，也可以绘制简单的三维图形。

5. Scikit-learn：机器学习

Scikit-learn（简称 sklearn）是目前最受欢迎，也是功能最强大的一个用于机器学习的 Python 第三方库。Scikit-learn 的基本功能主要分为六大部分：分类、回归、聚类、数据降维、模型选择和数据预处理。由于其强大的功能、优异的拓展性以及易用性，目前是数据科学最重要的工具之一。

6. Jupyter Notebooks

Jupyter Notebooks 是数据科学/机器学习社区内一款非常流行的工具。Jupyter Notebooks 提供了一个环境，编程者无须离开这个环境，就可以在其中编写代码、运行代码、查看输出，提供了在同一环境中执行数据可视化的功能。因此，这是一款可执行端到端的数据科学工作流程的便捷工具，其中包括数据清理、统计建模、构建和训练机器学习模型、可视化数据等。

Jupyter Notebooks 允许数据科学家创建和共享他们的文档，从代码到全面的报告都可以。它们能帮助数据科学家简化工作流程，实现更高的生产效率和更便捷的协作。由于这些原因，Jupyter Notebooks 成为数据科学家最常用的工具之一。

4.2　数据库技术

数据库技术是数据科学的重要组成部分，它研究如何组织和存储数据，如何高效地获取和处理数据，并将这种方法用软件技术实现，为信息时代提供安全、方便、有效的信息管理的手段。所以了解数据库技术的基本原理，对于科学地组织和存储数据、高效地获取和处理数据、方便而充分地利用宝贵的信息资源是十分重要的。

4.2.1　数据库系统的组成和特点

1. 数据库系统的组成

数据库系统是一个整体的概念，从根本上说，它是一个提供数据存储、查询、管理和应用的软件系统，是存储介质、处理对象和管理系统的集合体。从数据库系统组成的一般概念而言，它主要包括数据库、数据库管理系统（database management system，DBMS）、数据库应用系统和据库用户，各部分之间的关系如图 4-3 所示。

（1）数据库

数据库是一个长期存储在计算机内的、有组织的、可共享的大量数据的集合。数据库中的数据按一定的数据模型组织、描述和存储，具有较小的冗余度、较高的数据独立性和易扩展性，并可为各种用户共享。

数据库的类型多种多样，包括关系型数据库、非关系型数据库、面向对象数据库等。每种数据库都有其特定的适用场景和优势。例如，关系型数据库以行和列的形式存储数据，适合处理结构化数据；而非关系型数据库则更适合处理大量非结构化数据。

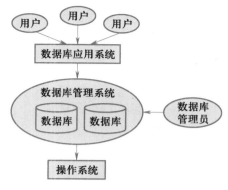

图 4-3　数据库系统组成

（2）数据库管理系统

数据库管理系统是用于描述、管理和维护数据库的软件系统，是数据库系统的核心组成部分。数据库管理系统建立在操作系统的基础上，对数据库的一切操作都是在其控制下进行的。无论是数据库管理员还是终端用户，都不能直接对数据库进行访问或操作，而必须利用数据库管理系统提供的操作语言来使用或维护数据库中的数据。

（3）数据库应用系统

数据库应用系统是程序员根据用户需要在数据库管理系统支持下开发的一类计算机应用系统。

（4）数据库用户

数据库系统中有多种用户，他们分别扮演不同的角色，承担不同的任务。例如，数据库管理员负责全面管理和控制数据库，终端用户则是通过数据库应用系统间接使用数据库来完成其业务活动。

2. 数据库系统的特点

（1）实现数据共享

数据库技术的根本目标之一是要解决数据共享的问题。"共享"是指数据库中的相关数据可为多个不同的用户所使用，这些用户中的每一个都可存取同一块数据并可将它用于不同的目的。由于数据库实现了数据共享，从而避免了用户各自建立应用文件，减少了大量重复数据。

（2）减少数据冗余

数据冗余是指数据之间的重复，或者说是同一数据存储在不同数据文件中的现象。冗余数据和冗余联系容易破坏数据的完整性，给数据库维护增加困难。

（3）实施标准化

标准化的数据存储格式是进行系统间数据交换的重要手段，是解决数据共享的重要课题之一。如果数据的定义和表示没有统一的标准和规范，同一领域不同数据集、不同领域相关数据集的数据描述不一致，就会严重影响数据资源的交换和共享。

（4）保证数据安全

有了对工作数据的全部管理权，数据库管理员就能确保只能通过正常的途径对数据库进行访问和存取，还能规定存取机密数据时所要执行的授权检查。对数据库中每块信息进行的各种存取（检索、修改、删除等），可建立不同的检查机制。

（5）保证数据的完整性

数据的完整性问题是对数据库的一些限定和规则，通过这些规则可以保证数据库中的数据的合理性、正确性和一致性。

4.2.2　由现实世界到数据世界

获得一个数据库管理系统所支持的数据模型的过程，是一个从现实世界的事物出发，经过人们的抽象，以获得人们所需要的概念模型和逻辑模型的过程。信息在这一过程中经历了三个不同的世界，即现实世界、概念世界和数据世界（见图4-4）。

图 4-4　从现实世界到数据世界的过程

1. 现实世界

现实世界就是人们通常所指的客观世界，事物及其联系就处在这个世界中。一个实际存在并且可以识别的事物称为个体，个体可以是一个具体的事物，比如一个人、一台计算机、一个企业网络。个体也可以是一个抽象的概念，如某人的爱好与性格。通常把具有相同特征个体的集合称为"全体"。

2. 概念世界——概念模型

概念世界又称信息世界，是指现实世界的客观事物经人们的综合分析后，在头脑中形成的印象与概念。现实世界中的个体在概念世界中称为实体。概念世界不是现实世界的简单映象，而是经过选择、命名、分类等抽象过程产生的概念模型。或者说，概念模型是对信息世界的建模。

表示概念模型的方法有多种，E-R图（entity-relationship diagram）是描述现实世界概念结构模型的有效方法之一。

3. 数据世界——逻辑模型

数据世界又称机器世界，因为一切信息最终是由计算机进行处理的，因此需要按照计算机系统的观点对数据建立逻辑模型。常见的逻辑模型包括层次模型、网状模型、关系模型、面向对象模型等。这些模型各有特点，适用于不同的应用场景。随着大数据时代的到来，数据模型也发展出了一些新的形式，如数据清洗模型、数据分析模型和数据可视化模型等。

逻辑模型是对现实世界的第二层抽象，是对现实世界数据特征的抽象，是描述数据、组织数据和对数据进行操作的工具，也是数据库系统的核心和基础。其主要内容包括数据结构、数据操作和数据约束三部分。模型的结构部分规定了数据如何被描述（例如树、表等）；模型的操作部分规定了数据的添加、删除、显示、维护、打印、查找、选择、排序和更新等操作。数据的约束条件是一组完整性规则的集合。

4.2.3　概念模型的表示方法：E-R 图

E-R 图，即实体-联系图，也称实体关系图，它提供了表示实体型、属性和联系的方法，用来描述现实世界的概念模型。它是"实体-联系方法"（entity-relationship approach）的简称，构成 E-R 图的基本要素是实体、属性和联系。

1. 实体

在信息世界中，客观存在并且可以相互区别的事物称为实体（entity）。例如，某个学生、某一门课程、某个教师均可以看成是实体。同一类实体的集合称为实体集（entity set），如全体学生的集合。

实体在 E-R 图中用矩形表示，矩形框内写明实体名。

2. 属性

属性（attribute）用于描述实体的某些特征。一个实体可由若干属性来刻画。例如，"学生"实体可用学号、姓名、性别、出生日期等属性来描述。

能够唯一地标识实体的一个属性或多个属性的组合称为主键（primary key），一个实体只能有一个主键，以确保实体集中的每个实体不会出现重复。如学生的学号可以作为学生实体的主键。由于学生的姓名有可能有重名，因此不能作为学生实体的主键。

每个属性都有自己的取值范围，属性的取值范围叫作该属性的"值域"。例如，"成绩"属性的值域可能是 0~100，而"性别"属性的取值只能是"男"或"女"。

在 E-R 图中属性用椭圆形表示，并用无向边连线将其与相应的实体连接起来。

3. 联系

正如现实世界中事物之间存在着联系一样，实体之间也存在着联系（relationship）。实体间的联系可分为一对一、一对多与多对多三种联系类型，如图 4-5 所示。

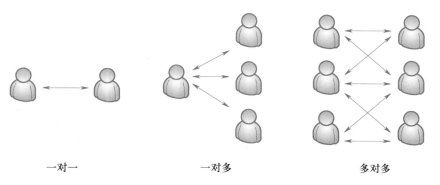

一对一　　　　　　　一对多　　　　　　　多对多

图 4-5　实体间的三种联系

设 A、B 为两个实体集，则每种联系类型的简单定义可叙述如下。

（1）一对一联系（1:1）

若实体集 A 中的每个实体至多和实体集 B 中的一个实体有联系，则称 A 与 B 具有一对一的联系，反之亦然。一对一的联系记作 1:1。例如，一个学校只有一个校长，并且一个校长只能在一所学校任职，则学校与校长之间是一对一的联系。

（2）一对多联系（1:n）

如果实体集 A 中的每一个实体和实体集 B 中的多个实体有联系，反之，实体集 B 中的每个实体至多只和实体集 A 中的一个实体有联系，则称 A 与 B 是一对多的联系。记作 1:n。例如，一个学校有很多个学生，而每个学生只能在一个学校注册。

（3）多对多联系（m:n）

若实体集 A 中的每一个实体和实体集 B 中的多个实体有联系，反过来，实体集 B 中的每个实体也可以与实体集 A 中的多个实体有联系，则称实体集 A 与实体集 B 有多对多的联系，记作 m:n。例如，一个学生可以选修多门课程，而每一门课程也有多名学生选修，课程与学生两个实体间是多对多的联系。

联系在 E-R 图中用菱形表示，菱形框内写明联系名，并用无向边分别与有关实体连接起来，同时在无向边旁标上联系的类型（1:1、1:n 或 m:n）。

图 4-6 是学生实体与课程实体多对多联系的 E-R 图表示，带下划线的属性表示实体的主键，如学生实体的主键是学号，课程实体的主键是编号。学生和课程之间存在"选课"关系，学生可以选择多门课程，而课程也可以被多个学生选择，所以学生和课程之间是多对多的"选课"联系。"选课"联系也可以有自己的属性，如用"成绩"属性来记录学生和课程两个实体间的"选课"关系的测量结果。"选课"联系中"学号"和"编号"两个属性组合成为"选课"联系的主键，称为组合主键。

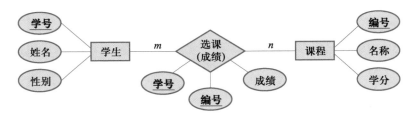

图 4-6　学生实体与课程实体联系的 E-R 图表示

4.2.4　一种常见的逻辑模型——关系数据库模型

E-R 图是对现实世界数据的第一步抽象，而逻辑模型则在这个基础上，进一步按照计算机系统的观点对数据进行建模，形成具体的数据库逻辑结构。

关系数据库模型是一种强大而灵活的逻辑模型，它以关系为基础来组织和管理数据，提供了高效的数据存储、查询和处理能力，广泛应用于各种领域的信息系统中。

关系数据库模型主要基于关系数据库理论，以二维表的形式来表示实体以及实体之间的联系。这种模型强调数据的逻辑结构，通过表、行、列和关系等元素来描述和组织数据。

学生和课程 E-R 图（见图 4-6）对应的关系模型示例如图 4-7 所示。

学号	姓名	性别
95001	张三	男
95002	李四	女
96101	王五	男
96001	赵六	男

学生(学号，姓名，性别)

学号	编号	成绩
95001	C0502	78
95002	C0502	85
96101	C0503	67
96001	C0503	90

成绩(学号，编号，成绩)

编号	名称	学分
C0502	操作系统	3
C0503	Python	4
C0601	软件工程	3
C0602	高等数学	3

课程(编号，名称，学分)

图 4-7　学生和课程 E-R 图对应的关系模型示例

1. 关系模型的基本概念

① 关系（表）：对应通常所说的表，它由行和列组成。

② 关系名（表名）：每个关系要有一个名称，称之为关系名。

③ 元组（行）：表中的每一行称为关系的一个元组，它对应于实体集中的一个实体。

④ 属性（列）：表中的每一列对应于实体的一个属性，每个属性要有一个属性名。

⑤ 值域：每个属性的取值范围称为它的值域，关系的每个属性都必须对应一个值域，不同属性的值域可以相同也可以不同。

⑥ 主键：又称主码，为了能够唯一地定义关系中的每一个元组，关系模型需要用表中的某个属性或某几个属性的组合作为主键。按照关系完整性规则，主键不能取空值（NULL）。

⑦ 外键：在关系模型中，为了实现表与表之间的联系，通常将一个表的主键作为数据之间联系的纽带放到另一个表中，这个起联系作用的属性称为外键。

对关系及其属性的描述通常可以表示为关系名（属性 1，属性 2，…，属性 n）。

例如，图 4-7 中的学生、课程和成绩三个关系可描述为

学生（学号，姓名，性别 ）

课程（编号，名称，学分）

成绩（学号，编号，成绩）

2. 关系模型的性质

关系是一个二维表，但并不是所有的二维表都是关系。关系应具有下列性质，这些性质又可以看成是对关系基本概念的另一种解释。

（1）属性值同性质且不可分解

关系中的每个属性值都取自同一个域，故一列中的各个分量具有相同性质。同时，每个属性值都是不可分解的，即每个属性都是原子性的，不能进一步分割。

（2）属性名唯一性

在同一关系中，不允许有相同的属性名。每个属性名在关系中都是唯一的，用于区分不同的属性。

（3）元组唯一性

关系中没有重复的元组，每个元组在关系中必须是唯一的。

（4）行和列次序无关性

关系中行的次序（即元组的次序）和列的次序（即属性的次序）都是无关紧要的。这意味着，无论行的顺序如何变化，或者列的顺序如何调整，关系所表示的信息内容都不会改变。

3. 关系完整性

关系模型的完整性规则是对关系的某种约束条件。为了维护数据库中数据与现实世界的一致性，关系数据库的数据与更新操作必须遵循下列三类完整性规则，即实体完整性、参照完整性和用户定义的完整性。

（1）实体完整性（entity integrity）

实体完整性是针对基本关系的，一个基本表通常对应于现实世界中的一个实体集。实体完整性规定关系的所有元组的主键属性不能取空值，如果出现空值，那么主键值就起不了唯一标识元组的作用。例如，当选定学生表中的"学号"为主键时，则"学号"属性不能取空值。

（2）参照完整性（referential integrity）

现实世界中的实体之间往往存在某种联系，这样就会存在关系之间的引用。参照完整性实质上反映了"主键"属性与"外键"属性之间的引用规则。例如，"学生"表和"成绩"表之间存在着属性之间的引用，即"成绩"表引用了"学生"表中的主键"学号"。显然，"成绩"表中的"学号"属性的取值必须存在于"学生"表中。

（3）用户定义完整性（user-defined integrity）

实体完整性和参照完整性是任何关系数据库系统都必须支持的。除此之外，不同的关系数据库系统根据其应用环境的不同，往往还需要一些特殊的约束条件，用户定义的完整性就是针对某一具体关系的数据库的约束条件。它反映某一具体应用所涉及的数据必须满足的语义要求。例如，可以根据具体的情况规定"性别"属性只能取值为"男"或"女"；"成绩"的分数应在 0~100 之间。

总之，实体完整性和参照完整性是关系模型必须满足的完整性约束条件，被称为关系的两个不变性，应该由关系数据库系统自动支持。用户定义的完整性是应用领域需要遵循的约束条件，体现了具体领域中的语义约束。

4. 关系模型支持的三种基本运算

（1）选择（selection）

选择运算是根据给定的条件，从一个关系中选出一个或多个元组（表中的行）。被选出的元组组成一个新的关系，这个新的关系是原关系的一个子集。例如，在学生表中选取"性别"为"男"性的记录，组成的新关系，如图 4-8 所示。

学号	姓名	性别
95001	张三	男
96101	王五	男
96001	赵六	男

图 4-8　选择运算

（2）投影（projection）

投影运算就是从一个关系中选择某些特定的属性（表中的列）重新排列组成一个新关系，投影之后属性减少，新关系中可能有一些行具有相同的值。如果这种情况发生，重复的行将被删除。例如，在学生表中选取"学号"和"姓名"属性，组成的新关系，如图 4-9 所示。

（3）连接（join）

连接运算是从两个或多个关系中选取属性间满足一定条件的元组，组成一个新的关系。例如，将学生表和成绩表按"学号"（条件）进行连接，生成一个新关系，如图 4-10 所示。

学号	姓名
95001	张三
95002	李四
96101	王五
96001	赵六

图 4-9　投影运算

学号	姓名	性别	编号	成绩
95001	张三	男	C0502	78
95002	李四	女	C0502	85
96101	王五	男	C0503	67
96001	赵六	男	C0503	90

图 4-10　连接运算

4.2.5　数据库应用系统设计

数据库应用系统设计是一个综合性的过程，旨在构建一个高效、稳定、安全的数据库应用系统，以满足特定应用的需求。设计者针对特定的应用环境，构造最优的数据库模式，并建立数据库及其应用系统，以有效存储数据并满足各种用户的应用需求。

数据库是信息系统的核心和基础，它能够将信息系统中大量的数据按一定的模型组织起来，提供存储、维护、检索数据等功能，使信息系统可以方便、及时、准确地从数据库中获得所需的信息。

数据库应用系统设计是一个复杂且系统的过程，涉及多个关键步骤和考虑因素。以下是一个简化的设计流程。

1. 需求分析

系统需求分析，是为了了解系统到底需要什么样的功能，以便设计数据库系统。数据库设计的最初阶段必须准确了解与分析用户需求，包括数据与处理的需求。在此基础上识别系统中的主要实体和它们之间的关系，并对数据的规模、增长率和访问频率进行评估。

2. 概念结构设计

通过对用户需求进行综合、归纳与抽象，形成一个独立于具体 DBMS 的概念模型，使用实体-关系图（E-R 图）等工具来描述数据模型。在进行数据库概念设计时，应对各种需求分而治之，即先分别考虑各个用户的需求，形成局部的概念模型（又称为局部 E-R 模式），其中包括确定实体、属性。然后再根据实体间的联系的类型，将它们综合为一个全局的结构。全局 E-R 模式要支持所有局部 E-R 模式，合理地表示一个完整的、一致的数据库概念结构。

概念模型是对用户需求的客观反映，并不涉及具体的计算机软、硬件环境。因此，在这一阶段中必须将注意力集中在怎样表达出用户对信息的需求，而不考虑具体实现问题。

3. 逻辑结构设计

在这个环节，必须选择一个 DBMS 来实现数据库设计，将概念结构（E-R 图）转换为 DBMS 支持的数据库模型（如关系数据库模型），完成逻辑结构的设计。主要包括定义表、字段、主键、外键等数据库对象，同时考虑数据的完整性、安全性和性能要求。

在设计逻辑结构设计时，需要遵从不同的规范要求，设计出合理的数据库，这些不同的规范要求被称为不同的范式（normal form）。通过遵循这些范式，可以创建出结构清晰、逻辑严密、冗余较小的数据库系统，从而满足各种复杂的数据查询和操作需求。

4. 数据库物理设计

数据库物理设计指的是从数据的存储效率、备份恢复策略等角度，为逻辑数据模型选取一个最适合应用环境的物理结构，包括存储结构和存取方法。

5. 数据库实施

在数据库实施阶段主要任务有，使用 DBMS 提供的数据语言、工具及宿主语言，根据逻辑设计和物理设计的结果建立数据库；编制与调试应用程序，组织数据入库，并进行试运行。

6. 数据库运行和维护

数据库应用系统经过调试运行后即可投入正式运行。在运行期间需要监控数据库性能，定期进行备份和恢复，并根据业务需求的变化，对数据库进行必要的修改和优化。

以上就是数据库应用系统设计的主要流程。在设计过程中，还需要确保数据的一致性和有效性，避免数据冗余和不一致；保证数据的正确性和相容性，防止非法用户或合法用户非法操作造成数据泄露、更改或破坏；通过认证和授权机制保护数据安全；确保数据库结构具有良好的扩展性和伸缩性。

此外，还需要考虑选择符合需求的数据库类型。不同的数据库类型（如关系型数据库、NoSQL 数据库等）和数据模型（如关系模型、层次模型、网状模型等）有不同的适用场景和优缺点。因此，在选择数据库类型和模型时，需要根据实际应用需求进行权衡和选择。

下面以一个名为 student 的 MySQL 数据表（表 4-1）为例，介绍如何使用 Python 访问 SQL 数据库。

MySQL 是一种开放源代码的关系型数据库管理系统，使用结构化查询语言（SQL）进行数据库管理，当今的所有关系型数据库管理系统都是以 SQL 作为核心的。利用 Python 的 pymysql 库，可以建立 MySQL 数据库的连接，并实现数据库的各种操作。

表 4-1　student 表

Stu_ID	Name	Sex	Birthday	Major_ID
S01001	王小闽	男	2000-10-01	P01
S01002	陈京生	男	1998-08-09	P01
S02002	赵莉莉	女	1999-02-16	P02
S05001	白云	女	2000-06-01	P05

【例 4-1】用 Python 访问 SQL 数据库。

本示例中的 cursor 对象其实是调用了 cursors 模块下的 Cursor 的类，这个模块的主要作用就是用来与数据库交互的。

```
In[1]:    import pymysql
          #连接数据库
          connect = pymysql.Connect(
              host='127.0.0.1',port=3306,        #port 默认值
              user='root',passwd='david618',db='scoredb',charset='utf8')
          cursor = connect.cursor()              #获取游标
          sql = "SELECT * FROM student"          #SQL 查询语句
          cursor.execute(sql)                    #执行 SQL 命令
          for row in cursor.fetchall():          #fetchall()返回多个记录
              print(row)
          print('共查找出', cursor.rowcount, '条数据')

Out[1]:   ('S01001', '王小闽', '男', datetime.date(2000, 10, 1), 'P01')
          ('S01002', '陈京生', '男', datetime.date(1998, 8, 9), 'P01')
          ('S02002', '赵莉莉', '女', datetime.date(1999, 2, 16), 'P02')
          ('S05001', '白云', '女', datetime.date(2000, 6, 1), 'P05')
          共查找出 4 条数据
```

4.3　大数据：预测未来

目前，大数据已逐步成为信息技术行业中热度最高的领域之一，行业正处于快速发展的机遇期，大数据不仅是当今信息社会的重要资源，也是推动社会进步和发展的重要力量。大数据的应用已经渗透到各个行业和领域，例如，在商业和市场领域，大数据可以应用于销售趋势分析、市场需求预测、竞争对手行动分析以及新产品市场反应预测等；在城市规划方面，大数据可以用于改善城市的可持续性和发展；在医疗保健领域，通过分析患者的健康大数据，可以预测疾病的发展趋势，提前采取干预措施，从而提高治疗效果。总之，大数据为我们提供了一个强大的洞察和预测未来的机会。

4.3.1　"大数据"有多大？

大数据时代，每个人每天无时无刻不在产生数据，你知道自己一天能产生多少数据吗？

从我们早上醒来拿起手机的一刻起，一天的数据就开始奔跑了。这些数据主要包括流量数据、本地数据等。例如，通过微信、QQ 等社交软件发送的各类信息，假如一天发送了 30 个表情包、10 张图片、1 个视频，产生的数据量大小约为 25 MB。综合来看，我们通过浏览

器或 App 听音乐、看视频、社交、消费等，普通人每天的流量可以达到 1 GB。加上每天拍照、拍视频、截图、写备忘录等活动产生的本地数据，每人每天产生的总数据量可能达到 1.5 GB 左右。

瞬息万变的互联网，在一分钟内又会产生多少数据呢？

根据 2021 年的数据统计，微信用户每分钟发布 46.52 万张图片，每分钟发起 22.91 万次视频通话，每分钟会有 54.16 万人进入朋友圈；B 站每分钟会有 83.3 万次播放；百度用户每分钟进行 416.6 万次搜索，每分钟会有 6.94 万次语音播报；美团每分钟会有 3.06 万订单；滴滴每分钟会有 2.84 万订单；淘宝每分钟会有 658.8 万元销售额；天猫每分钟会有 767.59 万元销售额；京东每分钟会有 496.57 万元销售额；Instagram 用户每分钟发布 6.5 万张照片；Fackbook 用户每分钟分享 24 万张照片，Facebook Live 每分钟有 4 400 万次播放，获得 21 万美元收入；Google 用户每分钟有 570 万次搜索，Alphabet（Google）每分钟获得 43 万美元收入……

2021 年互联网用户总数为 50 亿，比 2020 年的 45 亿增长了大约 5 亿，也就是每分钟增加 950 名新用户。根据更广泛的数据统计，截至 2023 年底，全球移动互联网用户数量预计将超过 90 亿人，智能手机用户数量也将超过 80 亿人。

以上数据分析表明，进入 IT 时代以来，人类积累了海量的数据，这些数据不断急速增加，给我们的时代带来两个方面的巨变：一方面，在过去没有数据积累的时代无法实现的应用，现在终于可以实现；另一方面，从数据匮乏时代到数据泛滥时代的转变，给数据的应用带来新的挑战和困扰，简单地通过搜索引擎获取数据的方式已经不能满足人们各种各样的需求，如何从海量数据中高效地获取数据，有效地深加工并最终得到感兴趣的数据变得异常困难。

随着云计算时代的来临，大数据（big data）也吸引了越来越多的关注。我们已经置身大数据世界，被大数据所影响。不论人们是否感知是否承认，大数据与我们生活的结合正在日趋紧密，每人都在为大数据世界贡献着数据和样本，并受益于此。

4.3.2 大数据预测未来的"三个转变"

在维克托·迈尔-舍恩伯格及肯尼斯·库克耶编写的《大数据时代》一书中，大数据指不用随机分析法（抽样调查）这样的捷径，而采用所有数据进行分析处理。作者认为，大数据的核心就是预测。这个核心代表着我们分析信息时的三个理念转变。

1. 数据处理从样本到全集

在大数据时代，由于数据量极其庞大，我们不再局限于样本数据，而是可以分析事物的全集数据。这使得我们能够从全局、整体和所有的角度进行洞察，而不再需要依赖随机抽样和多级抽样。这种转变使我们能够更全面地理解问题，洞察全局。

2. 从精确到效率的态度转变

由于大数据量非常庞大，我们不再过分追求精确性。相反，我们可以适当忽略微观层面的精确性，而更侧重于宏观层面的洞察力。我们开始接受混乱和不精确性，因为这可能为我们打开新的视角，带来更大的价值。

3. 从因果到关联的理解转变

在大数据时代，我们不再仅仅寻找因果关系，而是更侧重于寻找事物之间的关联关系。这种转变使我们能够发现新的潜在价值，这正是大数据的关键所在。通过发现事物间的关联，我们可以揭示出以前未曾注意到的模式和趋势，为决策和创新提供有力支持。

大数据时代的"三个转变"不仅改变了我们处理和分析数据的方式，也为我们提供了全新的视角来理解世界和解决问题。通过全集数据、宏观洞察和关联关系的探索，我们能够发现更多隐藏的价值，为决策和创新提供有力支持。尤其是第三个转变，颠覆了千百年来人类的思维惯性。也就是说对于事物只要知道"是什么"，而不需要知道"为什么"。这对人类的认知和与世界交流的方式提出了全新的挑战，也为我们带来了前所未有的机遇。

4.3.3　什么是大数据？

大数据是指无法在一定时间范围内用常规软件工具进行捕捉、管理和处理的数据集合，是需要新处理模式才能使其具有更强的决策力、洞察发现力和流程优化能力的海量、高增长率和多样化的信息资产。

麦肯锡全球研究所给大数据的定义是：一种规模大到在获取、存储、管理、分析方面大大超出了传统数据库软件工具能力范围的数据集合，具有海量的数据规模、快速的数据流转、多样的数据类型和价值密度低四大特征。

可见，大数据的"大"是一个相对的概念，它强调的是数据的规模、复杂性和处理难度，而不仅仅是数据的数量。大数据具有四大典型特点，简称 4 V。

1. 数据体量巨大（volume）

大数据动辄涉及数十亿、数百亿甚至更多的数据点。大数据的起始计量单位至少是 P（2^{50}）、E（2^{60}）或 Z（2^{70}）。这些数据的规模已经远远超出了传统数据处理工具的能力范围。

2. 数据类型繁多（variety）

大数据不仅包括传统的结构化数据，还包括非结构化数据、半结构化数据和流式数据。

（1）结构化数据

结构化数据通常存在于关系型数据库中，它们具有明确的组织结构和预定义的模型，如电子表格中的数据、MySQL 中的数据、POS 或电子商务购物数据、Web 服务器记录的互联网点击流数据日志等。

（2）非结构化数据

与结构化数据相反，非结构化数据没有明确的结构，以文本、图片、音频、视频等形式存在。这些数据的信息量大、具有多样性，但处理和分析起来相对困难。例如，社交媒体上的评论、照片中的标签、电子邮件、文档、博客和维基百科中的内容等都属于非结构化数据。

（3）半结构化数据

半结构化数据介于结构化数据和非结构化数据之间。它们具有一定的结构，但不像结构化数据那样严格按照预定模型组织。XML 文件、JSON 格式的数据等都是半结构化数据的典型例子。

（4）流式数据

流式数据是指实时生成的数据流，需要快速处理和分析。流式数据一般以时间戳为基准，连续不断地到达，如传感器数据、网络日志等。在金融交易分析、实时监控等场景中，流式数据处理的高效性和实时性至关重要。

3. 处理速度快（velocity）

大数据处理通常在秒级时间内完成，对海量数据的高效分析要求数据处理具备快速的特点。这是大数据区别于传统数据挖掘最显著的特征。

4. 价值密度低（value）

大数据虽然数据量大，但价值密度较低，这就要求有专业的数据分析能力来提纯高价值的数据。只要合理利用数据并对其进行正确、准确的分析，将会带来很高的价值回报。

4.3.4 大数据处理的流程

大数据处理方法很多，但是普遍实用的大数据处理流程可以概括为五步，分别是数据采集、数据预处理、数据存储、数据分析和数据挖掘、数据可视化，如图 4-11 所示。

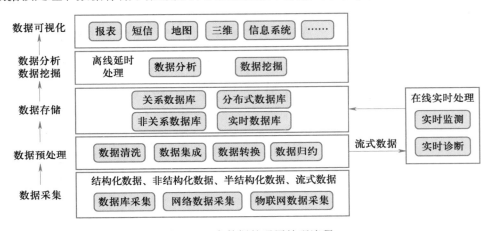

图 4-11　大数据的通用处理流程

1. 数据采集

这是大数据处理的起始步骤，通过各种手段和工具从各种来源（如传感器、监控设备、社交媒体、在线平台等）采集数据。由于大数据的来源非常广泛，可以根据数据源的特点和采集需求，选择适合的采集方法或组合使用多种方法来采集数据。

大数据采集方法主要包括以下四类。

（1）数据库采集

数据库采集是从数据库中提取所需数据的过程，数据库可以是关系型数据库（如MySQL、Oracle 等）或非关系型数据库（如 MongoDB、Redis 等）。在数据库数据采集过程中，根据数据库的类型和结构，选择合适的查询语句或工具来执行数据采集任务。关系型数据库通常使用 SQL 语言编写查询语句来提取数据；对于非关系型数据库，则可能需要使用特定的查询语言或 API 来获取数据。

（2）系统日志采集

系统日志采集是指对数据库、系统、服务器等运行状态、行为事件等数据进行抓取的过程。日志是了解系统运行情况的重要渠道之一，通过采集这些日志数据，可以深入了解系统的运行状况，发现潜在问题，从而进行相应的优化和故障排除。

常见的日志采集方式有三种。

① 本地文件：将应用程序或服务产生的日志写入本地文件，并通过定期轮询或定时上传的方式将这些文件传输到中央存储或分布式存储系统中。

② 远程接口：应用程序或服务通过提供远程接口的方式将日志数据发送到中央存储或分布式存储系统中。

③ 流式数据：应用程序或服务通过流式传输的方式将实时产生的日志数据发送到中央存储或分布式存储系统中。

（3）网络数据采集

网络数据采集是指利用互联网搜索引擎技术，有针对性地抓取数据，并按照一定规则和筛选标准进行数据归类，形成数据库文件的过程。这个过程主要依赖垂直搜索引擎技术的网络蜘蛛（或数据采集机器人）、分词系统、任务与索引系统等技术来完成。

网络爬虫是一种按照一定的规则，通过网页中的超链接信息不断获得网络上的其他网页，自动地抓取万维网信息的程序或者脚本，以获取或更新这些网站的内容和检索方式。网络爬虫技术被广泛用于互联网搜索引擎或其他类似网站，正是因为这种采集过程像一个爬虫或者蜘蛛在网络上漫游，所以被称为网络爬虫系统或者网络蜘蛛系统，在英文中称为 Crawler 或者 Spider。

网络爬虫系统的基本工作原理是，首先将种子 URL 放入下载队列（一般会选择一些比较重要的较大的网站的 URL 作为种子 URL 集合），然后简单地从队首取出一个 URL 下载其对应的网页。得到网页的内容并将其存储后，再通过解析网页中的链接信息，可以得到一些新的 URL，将这些 URL 加入下载队列，然后再取出一个 URL，对其对应的网页进行下载，然后再解析，如此反复进行，直到遍历整个网络或者满足某种条件后才会停止下来。

当然，大多数爬虫系统并不追求全网络覆盖，而是将目标定为抓取与某一特定主题内容相关的网页，为面向主题的用户查询准备数据资源。

网络爬虫系统提供资源库，主要用来存储网页中下载下来的数据记录，所有被爬虫抓取的网页内容将会被系统存储，进行一定的分析、过滤，并建立索引，以便之后的查询和检索。

【例 4-2】用 Python 实现一个最简单的爬虫程序。

requests 是一个很实用的 Python HTTP 客户端库，编写爬虫和测试服务器响应数据时经常会用到。

本程序访问京东的商品页面，返回值为页面脚本和内容。

```
In[1]:import requests
url = "https://item.jd.com/"
r = requests.get(url)
r.raise_for_status()
```

```
r.encoding = r.apparent_encoding
print(r.text[:500])
Out[1]:<!DOCTYPE HTML><html lang="zh-CN"><head><meta charset="UTF-8"><title>京东
(JD.COM)-正品低价、品质保障、配送及时、轻松购物！</title><meta name="description"
content="京东JD.COM-专业的综合网上购物商城,为您提供正品低价的购物选择、优质便捷的服务体
验。商品来自全球数十万品牌商家,囊括家电、手机、电脑、服装、居家、母婴、美妆、个护、食品、生鲜等丰富
品类,满足各种购物需求。" />
```

（4）物联网数据采集

物联网数据采集是指通过物联网设备和技术从各种物体和环境中收集数据的过程。物联网数据采集主要由感知层负责，这一层包括各种传感器和采集设备。

通过传感器、摄像头和其他智能终端自动采集信号、图片或录像来获取数据。这种方法可以获取 RFID 数据、传感器数据等，是物联网应用中重要的数据采集方式。在数据采集过程中，传统有线数据采集方式通过传感器和有线连接将数据从设备传输到中央数据采集系统。这种方式稳定可靠，适用于固定设备和长期监测。无线数据采集方式则是通过无线传感器网络（WSN）实现数据的传输，具有更高的灵活性和扩展性。

除了基本的传感器数据采集，物联网还采用了自适应学习算法采集和万物互联数据采集等高级方法。自适应学习算法采集通过自学习和自我适应来优化数据采集程序，提高数据的精确度和准确性。万物互联数据采集则强调不同物品间的互相关联和交互，实现环境变化的识别和状态的控制。

总之，大数据采集的目的在于帮助企业做出更好的决策，提高生产效率和竞争力。在进行大数据采集时，需要注意法律、伦理和技术等方面的问题，确保采集的数据具有准确性和可靠性，同时也要符合相关的规定和标准。

2. 数据预处理

采集端有很多数据库，需要将这些分散的数据库中的海量数据全部导入到一个集中的大的数据库中，在导入的过程中依据数据特征进行一系列的处理操作。数据预处理的主要目的是提高数据分析和建模的准确性、可靠性和效率。

数据预处理包括以下几个主要步骤。

（1）数据清洗

清洗数据可以去除噪声、异常值、重复数据、缺失数据等对数据质量造成影响的因素，从而提高数据质量和可靠性。清洗数据通常包括填写缺失的值、光滑噪声数据、识别或删除离群点，并解决数据不一致性等问题，达到格式标准化、异常数据清除、错误纠正、重复数据清除等目标。

（2）数据集成

数据集成是指将来源于多个数据源的异构数据合并存放到一个一致的数据库中，这一过程主要涉及模式匹配、数据冗余、数据值冲突的检测与处理。数据集成的目的是消除数据冗余和重复，提高数据分析和建模的效率和准确性。

（3）数据变换

数据变换就是处理采集上来的数据中存在的不一致的过程，包括数据名称、颗粒度、规则、数据格式、计量单位等的变换，也包括对新增数据字段进行组合、分割等变换。数据变换通过平滑聚集、数据概化、规范化等方式将数据转换成适用于数据挖掘的形式，以消除数据的不一致性，并将数据转换为统一的格式和单位，或者将数据转换为可分析的形式，如将文本数据转换为数值数据，对数值数据进行归一化等。

（4）数据归约

数据归约是指在尽可能保持数据原貌的前提下，寻找最有用特征以缩减数据规模，最大限度精简数据。数据归约的方法主要包括高维数据降维处理方法（维归约）、实例规约、离散化技术以及不平衡学习等机器学习算法。数据规约技术可以用来得到数据集的规约表示，使得数据集变小，但同时仍然近于保持原数据的完整性，可以在保证分析挖掘准确性的前提下提高分析挖掘的效率。目前基于海量数据的数据归约技术已经成为大数据预处理的重要问题之一。

3. 数据存储

经过清洗和预处理后的数据需要存储在合适的存储介质中，以备后续的处理和分析。大数据存储是将数量巨大、难于收集、处理、分析的数据集持久化到计算机中的过程。这些数据集通常在传统基础设施中长期保存。大数据存储技术需要能够处理 TB、PB 甚至 EB 级别的数据，并具有良好的可扩展性、高性能、多样性、高可靠性以及低成本等特点。

在实际应用中，选择合适的存储方式是这一步骤的重要考虑因素。主要存储方式包括关系型数据库、非关系型数据库、分布式数据库、实时数据库等。随着数据量的不断增长和数据处理需求的日益复杂，大数据存储技术将继续发展和完善，以更好地满足各行各业的需求。

4. 数据分析和数据挖掘

这是大数据处理的核心步骤，使用各种算法和工具对数据进行统计、建模和挖掘，以发现数据中的模式、趋势和关联。这一步骤可以揭示数据的内在价值，并为决策提供有力支持。

大数据分析是对大规模数据进行详细研究和概括总结的过程，而大数据挖掘则是从这些数据中发现隐藏的、有价值的模式和知识。大数据分析为大数据挖掘提供了必要的基础。

（1）数据分析

在数据挖掘之前，需要通过大数据分析对数据进行预处理、特征选择、模型构建和评估等步骤，确保数据的质量和可用性。大数据分析可以帮助我们理解数据的特征、趋势和关联性，从而为数据挖掘提供更准确的输入和更明确的目标。

大数据分析的方法多种多样，如分组分析、回归分析、指标分析和预测分析等。分组分析是根据数据的性质、特征，按照一定的指标，将数据总体划分为不同的部分，分析其内部结构和相互关系，从而了解事物的发展规律。回归分析则是一种运用广泛的统计分析方法，可以通过规定因变量和自变量来确定变量之间的因果关系。指标分析则是直接运用统计学中的一些基础指标来做数据分析，如平均数、众数、中位数、最大值、最小值等。而预测分析则主要基于当前的数据，对未来的数据变化趋势进行判断和预测。

此外，为了更有效地进行大数据分析，还需要借助一些专门的工具和技术，如 Hadoop、Smartbi、Bokeh、Storm 和 Plotly 等。这些工具能够支持大规模数据的处理、可视化以及分析，帮助用户更好地理解和利用数据。

（2）数据挖掘

大数据挖掘则进一步深化了大数据分析的结果。数据挖掘技术如分类、聚类、关联规则挖掘等，能够发现数据中的隐藏模式、关联和趋势，提取出更有价值的信息。这些挖掘结果不仅有助于解释和验证大数据分析的结论，还可以为决策制定提供更具体、更有针对性的建议。

数据挖掘有多种操作方式，如分类、回归分析、聚类、关联规则、特征分析、变化和偏差分析等。以关联规则为例，这是描述数据库中数据项之间所存在的关系的规则，即根据一个事务中某些项的出现可导出另一些项在同一事务中也出现，即隐藏在数据间的关联或相互关系。

随着技术的发展，数据挖掘也在不断演进。例如，深度学习算法在数据挖掘中的广泛应用，实时流数据处理能力的提升以及数据可视化技术的创新等，都为数据挖掘提供了更强大的工具和手段。

5. 数据可视化

可视化是大数据处理流程的最后一步，通过数据可视化工具将分析结果以图表、图形或其他可视化形式展示出来，以便更好地理解和利用数据。数据可视化不仅有助于人们直观地理解数据，还可以发现一些之前可能被忽视的信息。

在大数据可视化中，还需要考虑到数据的实用性、完整性、真实性、交互性和艺术性等因素。目前，已经有许多大数据可视化工具和平台可供使用，如 Xplenty 等，它们可以帮助用户更方便地实现大数据可视化。

4.3.5 互联网和大数据的故事：关键词频数

在搜索引擎中，关键词频数是指某个关键词在特定文本或数据集中出现的次数，可以帮助我们了解关键词在文本中的重要性、相关性以及分布情况。

假设你正在为一家电商公司做市场调研，想要了解消费者对某一产品的需求和兴趣。你选择了"智能手机"作为关键词，并希望了解它在不同平台或文本中出现的频率。

解决这个问题可以用手动计算方法，也可以用专门的文本分析工具。

如果使用手动计算方法，可以使用搜索引擎，输入"智能手机"进行搜索。搜索引擎会返回大量包含这个关键词的网页结果。搜索引擎本身并不直接提供每个关键词的频数，我们需要通过浏览搜索的结果，手动计算关键词在某些特定网页或段落中出现的次数。

显然，手动计算的方法效率低，还容易算错。为了获得更精确和全面的数据，可以利用专门的文本分析工具或编程库。例如，首先抓取一定数量的网页或社交媒体帖子，然后使用文本分析工具来计算"智能手机"这个关键词在这些文本中的频数。这些工具通常可以快速地处理大量数据，并提供关键词的出现次数、分布情况以及与其他关键词的关联性等详细信息。

　　通过分析这些数据，可以了解到"智能手机"这个关键词在不同平台上的热度、消费者对该产品的关注点以及可能的市场趋势。这些信息对于制定营销策略、优化产品设计和改进服务等方面都非常有价值。

　　【例 4-3】用 Python 编程通过百度搜索引擎接口获取用户搜索"智能手机"的关键词频数。

　　以下反馈的信息只供参考。

In[1]:	```
	import requests
	keyword = "智能手机" #搜索关键词
	kv = {'wd':keyword}
	r = requests.get("http://www.baidu.com/s",params=kv)
	print(r.request.url)
	r.raise_for_status()
	print(len(r.text)) #显示统计数字
	``

Out[1]:	http://www.baidu.com/s? wd=Pthon 447835

习题

一、思考题

1. 数据科学的核心任务是什么？

2. 数据科学家的主要工作任务是什么？

3. Python 是数据科学的重要工具，它具有哪些特点？

4. 数据库系统由哪几部分组成？请解释各组成部分的作用与区别。

5. 构成 E-R 图的基本要素是什么？简述 E-R 图的基本画法。

6. 实体集之间存在哪些联系类型？各适用什么情况？

7. 关系模型有什么特点？请解释关系模型的主要术语。

8. 关系完整性约束包括哪些内容？请举例说明。

9. 大数据的 4V 特征是什么？

10. 如何理解大数据时代理念分析数据时的三大理念转变？

11. 大数据处理的流程包括哪些内容？

12. 什么是网络爬虫？简述其工作原理。

二、练习题

1. 某集团公司下属若干分厂，每个工厂由一名厂长来管理，厂长的信息用厂长号、姓名、年龄来反映，工厂的情况用厂号、厂名、地点来表示。请根据题意画出 E-R 图，并转化为关系模型。

2. 某工厂有一个仓库，存放若干种产品，每一种产品都有具体的存放数量，仓库的属性是仓库号、地点、面积，产品的属性是货号、品名、价格。请根据题意画出 E-R 图，并转化为关系模型。

3. 综合练习：自行车租赁数据大数据集分析。

该训练集来自 Kaggle 华盛顿自行车共享计划中的自行车租赁数据，分析共享自行车与天气、时间等的关系。数据集共 11 个变量，17 000 多行数据。

在覆盖整个城市的共享单车系统网络中，用户可以自助租借、归还自行车。本项目需要通过给予的历史数据（包括天气、时间、季节等特征）预测特定条件下的租车数目。这个系统产生的大量诸如租车时间、起始地点、结束地点等数据将系统构建成一张神经网络，以用来学习城市的交通出行行为。

（1）数据概览

在 Jupyter Notebook 交互环境下，读取 trian.csv 文件，数据示例如表 4-2 所示。

表 4-2　数 据 示 例

	datetime	season	holiday	workingday	weather	temp	atemp	humidity	windspeed	casual	registered	count
0	2011-01-01 00:00:00	1	0	0	1	9.84	14.395	81	0.0	3	13	16
1	2011-01-01 01:00:00	1	0	0	1	9.02	13.635	80	0.0	8	32	40
2	2011-01-01 02:00:00	1	0	0	1	9.02	13.635	80	0.0	5	27	32
3	2011-01-01 03:00:00	1	0	0	1	9.84	14.395	75	0.0	3	10	13
4	2011-01-01 04:00:00	1	0	0	1	9.84	14.395	75	0.0	0	1	1

通过对读取的数据集进行分析，得到训练集共 10 887 条数据，测试集共 6 493 条数据，共 12 个特征，各特征值名称与含义如表 4-3 所示。

表 4-3　特征值名称与含义

序号	列　名	含　义
1	datetime	日期和时间
2	season	季节，1~4 分别代表"春""夏""秋""冬"
3	holiday	是否为假期，0 代表"否"，1 代表"是"
4	workingday	是否为工作日，0 代表"否"，1 代表"是"
5	weather	天气情况，可以理解为 1~4 分别代表天气越来越恶劣的情况
6	temp	温度
7	atemp	体感温度
8	humidity	湿度

序号	列　名	含　义
9	windspeed	风速情况
10	casual	非注册用户数
11	registered	注册用户数
12	count	总用户数

（2）数据分析要求

结合数据科学和大数据分析技术，分析本数据集共享自行车租用数与天气、时间等的关系。例如，在节假日，未注册用户和注册用户的数量走势如图 4-12 所示；在工作日，注册用户呈现出双峰走势，在 8 时和 17 时均为用车高峰期，如图 4-13 所示。

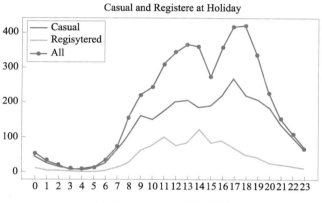

图 4-12　节假日数据可视化

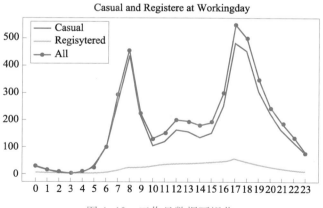

图 4-13　工作日数据可视化

第 5 章
现代通信技术

随着信息技术的飞速发展，计算机通信与网络技术高度融合，大数据、云计算、物联网等重要的基础设施都是构建在计算机网络的基础之上，其应用领域无所不在。同时，这些信息的传播与交流，又依靠各种通信方式与网络技术得以实现，使得信息的传递更为高效和安全。

电子教案

进入 21 世纪，全球迎来了新一轮信息技术革命，以互联网为核心的信息通信技术及其应用和服务正在发生质变。人类社会的信息化、网络化达到前所未有的程度，信息网络成了整个国家和社会的"中枢神经"。信息系统的安全运行越来越受到关注，企业和个人对信息安全的意识越来越强烈。随着新一代信息技术的发展和应用，信息安全领域也在不断发展和变化，以应对各种新的挑战和威胁。

本章介绍计算机通信与网络技术的发展、基本概念和应用，现代通信的关键技术和发展趋势以及信息安全的基本概念和应用，通过若干 Python 示例的演示或操作命令，使读者能够直观地体验网络世界的奇妙。

5.1 通信技术概述

5.1.1 缩短世界的距离——通信与网络技术的历史回顾

自从人和人之间有了沟通的需求，有效、快捷、方便地进行通信就成为人们努力追求的目标。1492 年 10 月 12 日哥伦布发现美洲大陆，而当时的西班牙皇后伊莎贝拉（Isabella）过了半年才得知此消息；1865 年美国总统林肯遇刺的消息经过了 13 天才传到英国，这些消息传递延误的事例是由于当时传统的信息传递方式在时间上和空间上存在着限制。

真正实时通信只有到了发明电信（telecommunication）以后才得以实现。借助于通信技术，现在人们可在任何时候、任何地方和需要的人直接取得联系，人们的时空观发生了根本的变化，似乎空间变得越来越小，人们之间的距离变得越来越近。1969 年，阿波罗火箭将宇航员送上月球的消息只用了 1.3 秒就传遍全球。

人类早期主要使用诸如烟、宣纸、之字形火把等进行短距离通信，直到 1837 年莫尔斯（S. F. B. MorseSamuel，1791—1872 年）发明了电报（见图 5-1），标志着人类进入使用电能进行通信的时代。1876 年贝尔（A. G. Bell）发明了电话。电报与电话的发明使得人们由短距离通信转入长距离通信，从而开辟了近代通信的历史。

到了 20 世纪 50 年代，人们开始使用传输信道进行通信，传输介质在信道传输技术的发展中不断扩展，如卫星通信（见图 5-2）、水声通信、航空通信、地面通信等。

图 5-1　莫尔斯电报机

图 5-2　第一颗通信卫星 Telstar-Ⅰ

20 世纪 80 年代以后，随着微电子技术和计算机技术的迅速发展，大规模集成电路、超大规模集成电路、数字传输理论和技术、商用通信卫星、程控数字交换机、光纤通信、综合数字业务等一系列技术都得到了迅速发展和应用。计算机网络和 Internet 迅猛发展，使得 Internet 成为全球性的信息系统，亿万网络用户共同享用着人类文明创造以来的最为庞大的信息资源。

进入 21 世纪，计算机通信与网络技术在综合化、智能化和个人化方面将会呈现更大的进展。Internet、云计算、物联网、三网融合（计算机网、邮电通信网、有线电视网）正在或已进入实际的应用阶段。由于人们对网络速度及方便使用性的期望越来越大，越来越多的用户开始选择通过智能手机、笔记本电脑等便携终端设备获取移动信息服务和互联网接入服务。与移动设备结合紧密的第 4 代移动通信技术（4G）已发展到 5G，Wi-Fi、蓝牙等技术越来越普及，无线网络已成为生活的主流。

5.1.2　通信系统模型

"通信的基本问题是在彼地精确地或近似地重现此地所选的消息"，香农这句话将通信的本质表述得多么清晰。由此可见，通信的基本目的是在接收端准确或近似地再现另一端发送出来的消息，因而通信系统的基本问题是信源、信道以及编码问题。

信息论的基本任务则是为设计有效而可靠的通信系统提供理论依据。为了研究信息传递的共性原理，就要建立通信系统的一般模型，不管是烽火台还是现代的通信系统，各种通信系统在信息论中被抽象为一个统一的数学模型。在这个模型中信息由信源发出，经过信道而达到接收者。

通信系统最简单的概念模型如图 5-3 所示。信源（发送方）的作用是把消息转换成要发送的信号。原始信号需要完成某种变换（如编码与调制），编码器是将信源输出的消息或消息序列转换成适合通信系统要求的信号的设备，使信号适合在信道中传输。信道是指信号传输的通道，提供了信源与信宿之间的媒介联系。通常信道中传送的信号可分为数字信号和模拟信号，因此通信可分为数字通信和模拟通信。解码是编码的逆运算过程，解码器是完成解码的设备。信宿（也称接收方）将经过解码的信号转换成相应的消息。

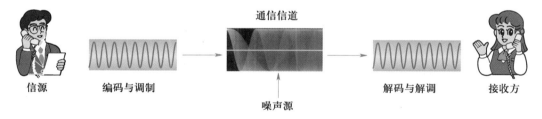

图 5-3　通信系统模型

从通信系统的概念模型来看，通信实际上包括两大方面的问题。首先，是信息的符号表示和编码，即信息如何表示以及根据通信媒体的物理特性选择相应的编码。其次，是通信媒体的物理特性，怎样表示和传输编码数据。不同的通信系统有相同的模型，区别是采取的具体技术如编码技术、传输技术不同，从而导致传输距离、速度及传输的可靠性各不相同。

5.1.3　通信技术基本概念

1. 数字通信系统中带宽的概念

在通信系统中经常会遇到"带宽"（bandwidth）这个词，但也会遇到"带宽"的单位有时用赫兹（Hz）表示，而有时却用比特每秒（bit/s）表示，那么人们所说的"带宽"到底指的是什么呢？

　　早期的电子通信系统都是模拟系统。当系统的变换域研究开始后，人们为了能够在频域定义系统的传递性能，便引进了"带宽"的概念。所谓带宽就是媒体能够传输的信号最高频率和最低频率的差值。如电话信号的频率是 300 Hz~3 300 Hz，它的带宽就是 3 000 Hz。

　　数字通信系统中"带宽"的含义完全不同于模拟系统，它通常是指数字系统中数据的传输速率。数据传输速率是衡量系统传输数据能力的主要指标，是指单位时间内传送的信息量，即每秒传送的二进制比特数，单位为比特每秒，记作 bit/s 或 b/s 或 bps（bit per second）。

　　常用的带宽单位如下。

　　千比特每秒，即 kbit/s（10^3 b/s）。

　　兆比特每秒，即 Mbit/s（10^6 b/s）。

　　吉比特每秒，即 Gbit/s（10^9 b/s）。

　　例如，若传输速率达到 64 kbit/s，就表示二进制信息的流量是每秒 64 000 b/s。这里要注意与计算机存储容量表示的区别。

　　对于数字通信系统来说，一般情况下系统所提供的带宽越宽，其业务的实时性也越好。图 5-4 给出了传输介质（与各种业务有关）与相应传输速率间的大致对应关系。

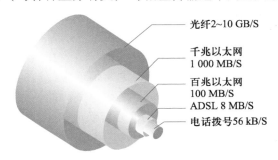

光纤2~10 GB/S

千兆以太网
1 000 MB/S

百兆以太网
100 MB/S
ADSL 8 MB/S
电话拨号56 kB/S

图 5-4　不同传输介质的带宽容量比较

　　【例 5-1】某网络运营商为用户提供了 5 Mb/s 带宽，请问用户实际的下载速率是多少？

　　[分析] 通常所说的下载速率一般指的是 Bps，即字节每秒，1 Byte = 8 bit，因此换算如下：

　　5 Mb/s = 5/8 MB/s = 0. 625 MB/s

　　这样，网络运营商所说的"5 Mb/s"经过换算后，实际的最高下载速率是 0. 625 MB/s。

　　2. 基带传输的概念

　　在通信系统中，经常使用"信道"这一名词。信道和电路并不等同，通常将信道看作是以信号传输媒体为基础的信号通路，一般用来表示某一个方向传送信息的媒体。例如，一条通信线路可以包含一条发送信道和一条接收信道。

　　在通信术语中，基带信号就是将数字信号 1 或 0 直接用两种不同的电压来表示，然后送到线路上去传输，即未经频率变换的原始信号。在数字信道中以基带信号形式直接传输数据的方式称为基带传输。

　　基带传输系统与数字信号的传递特点有关，数字信号通过直流脉冲被发送，当没有数据传输或长时间传输 0 或 1 时，信号状态不发生改变，信号频率几乎为 0；当 0 与 1 交错传输时，信号状态改变最频繁，即信号交变的次数达到频率的最大值。所以，基带传输占用的频率范围为信道提供的全部带宽（见图 5-5）。基带系统中的每个设备都共享相同的信道，当基带系统上的一个结点在传输数据，网络中所有的其他结点在发送数据前必须等待前面的传输结束。基带系统也可以以半双工方式支持双向信号流，即基带系统可在同一条线路上实现数据的发送和接收。

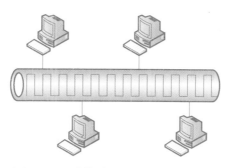

图 5-5　基带传输会占用信道全部带宽

基带信号的能量在传输过程中很容易衰减，只能利用有线介质近距离传输，一般用于短距离的数据传输，传输距离不大于 2.5 km。以太网、令牌环网等计算机局域网都是基带传输方式的例子。

5.1.4　信道容量

在给定通频带宽（Hz）的物理信道上，通信系统可以以多大的数据速率（bit/s）来可靠传送信息？这也就是信道容量问题，早在半个多世纪以前，奈奎斯特和香农定理的提出，为今天通信技术的发展奠定了坚实的理论基础。

1. 奈奎斯特定理

奈奎斯特（Nyquist）定理最先阐述了带宽与系统每秒能传输的最大位数之间的基本关系。它对数据传输的最大速率给出了一个理论上的上限。对于采用二进制编码数据的传输方案，奈奎斯特定理指出，在带宽为 B（单位为赫兹）的传输系统上所能达到的最大数据传输速率以每秒位数表示时可达到 2 B。更一般地，如果被传输的信号包含 V 个状态值（即信号的状态数为 V），那么带宽为 B 赫兹信道所能承载的最大数据传输速率（信道容量）是

$$C = 2B\log_2 V \quad （单位：b/s）$$

奈奎斯特定理描述了有限带宽、无噪声信道的最大数据传输速率与信道带宽的关系。但在实际传输信道中存在着噪声的干扰，所以该公式给出的是一个实际无法达到的数据传输速率最大值。

2. 有噪信道编码定理

在理论上，在无噪无损信道中，只要对信源的输出进行恰当的编码，总能以最大信息传输率 C 无错误地传输信息。但一般信道中总是存在噪声或干扰，信息传输会造成损失，那么在有噪信道中，怎么能使消息通过传输后发生的错误最少？而且无错误传输时可达到的最大信息传输率是多少？这就是通信的可靠性问题。

香农（Shannon）在 1948 年的文章中推广了奈奎斯特的结果，提出并证明了在噪声影响下传输系统所能达到的最大数据传输速率。该定理被称为有噪信道编码定理，也称为香农第二定理。其计算公式表达如下：

$$C = B\log_2\left(1+\frac{S}{N}\right) \quad (\text{单位:b/s})$$

其中 C 是用每秒位数表示的线路容量的实际限制值，B 是信道带宽，S 是平均信号强度，N 是平均噪声强度。在计算时，通常信噪比 S/N 并不直接给出，一般使用数值 $10\log_{10}S/N$ 来表示，它的单位为分贝（decibel），缩写为 dB。

香农的有噪信道编码理论的贡献在于，若信息传输率 R 小于信道容量 C（即 $R \leqslant C$），则可以找到一种信道编码方法，使得信源信息可以在有噪声信道进行无差错传输，如果信息传输率 R 大于信道容量 $C(R>C)$，那么无差错传输在理论上是不可能的。

香农公式的理论价值在于给出频带利用的理论极限值。人们围绕如何提高频带利用率这一目标展开了大量的研究，取得了辉煌的成果。比如航天技术中的宇际通信，由航天器发回的信号往往淹没在比它高几十分贝的宇宙噪声之中，虽然信号非常微弱，但香农公式指出信噪比和带宽可以互换，只要信噪比在理论计算的范围内，总可以找到一种方法将有用信号恢复出来。在各种通信与网络系统中，人们正是合理地采用了信源编码、信道传输编码、纠错编码技术，才能保证信息在有限的通频带宽内可靠地传递，从而实现数据的高速传输。

【例 5-2】一帧电视图像由 300 000 个像素组成，每一像素取 10 个可辨别的亮度信号（电平），假设每个亮度信号独立等概率出现，每秒发送 30 帧图像。信道的信噪比为 1 000，计算传输上述信号所需的最小带宽。

［解］需要传送的信息速率：

$$R = 30(\text{帧/s}) \times (3\times10^5)(\text{像素/帧}) \times \log_2 10(\text{bit/像素}) = 29.9\times10^6(\text{bit/s})$$

根据香农公式，在有噪声信道进行无差错传输，信息传输率 R 应小于信道容量 C（即 $R \leqslant C$），已知 $S/N = 1\,000$，则有

$$B = \frac{C}{\log_2(1+S/N)} \geqslant \frac{29.9\times10^6}{\log_2(1+1\,000)} = 3.02\,\text{MHz}$$

5.1.5　计算机网络

计算机网络（computer network）是通信技术与计算机技术相结合的产物。计算机网络是指把位于不同地理位置且具有独立功能的计算机，用通信线路和通信设备互相连接起来，在功能完善的网络软件管理下实现彼此之间的数据通信和资源共享的一种系统。

计算机网络按不同标准有不同的划分方法。通常，按照覆盖范围分成局域网、城域网和广域网。

（1）局域网

局域网（local area network，LAN）是指连接近距离的计算机组成的网，分布范围一般在几米到几千米之间。局域网可大可小，无论是在单位还是在家庭，实现起来都比较容易，规模较大的局域网，如一座建筑物内的网络或校园网络均属于局域网。

（2）城域网

城域网（metropolitan area network，MAN）扩大了局域网的范围，是适应一个地区、一个城市或一个行业系统使用的网络。它介于广域网和局域网之间，分布范围一般在十几千米到上百千米。

（3）广域网

广域网（wide area network，WAN）是指连接远距离的计算机组成的网，分布范围可达几百千米乃至上万千米。广域网一般由多个部门或多个国家联合组建，能实现大范围内的资源共享。广域网包括大大小小不同的子网，子网可以是局域网，也可以是各种规模的广域网。例如，Internet 就是覆盖全球的最大广域网，将在下一节详细介绍。

除了按通信距离划分外，计算机网络还可以按网络拓扑结构划分为星形网、总线型网、环形网和网状网等；按信号频带的占用方式划分为基带网和宽带网等；按通信方式划分为有线网络和无线网络。

5.1.6　Internet 基础

20 世纪中期，人类发明创造的舞台上，降临了一个不同凡响的新事物，众多学者认为，这是人类另一项可以与蒸汽机相提并论的伟大发明。这项可能创造新时代的事物叫作 Internet（互联网）。"我们通过结合把自己变成一种新的更强大的物种，互联网重新定义了人类对自身存在的目的。"

1. 什么是 Internet？

早在 1950 年，通信研究者认识到需要允许在不同计算机用户和通信网络之间进行常规的通信。这促进了分散网络、排队论和数据包交换的研究。罗伯特·泰勒说："我想要做的事就是实现这些系统的在线连接，那么你在某个地区使用一台系统时，你还可以使用位于另一个地区的其他系统，就像这台系统也是你的本地系统一样。"

1960 年美国国防部高等研究计划署（ARPA）出于冷战考虑创建的 ARPA 网引发了技术进步并使其成为 Internet 发展的中心。1973 年 ARPA 网扩展成 Internet。1974 年 ARPA 的文顿·瑟夫（Vinton G. Cerf）和罗伯特·卡恩（Robert E. Kahn）提出 TCP/IP 协议，定义了在计算机网络之间传送报文的方法，从而成为今天的 Internet 的基石。

Internet 是一个使用计算机互联设备将分布在世界各地、规模不一的计算机网络互连起来的网际网。这种将计算机网络互相联接在一起的方法可称作"网络互联"，在这基础上发展出的覆盖全世界的全球性互联网络称为互联网，即互相连接一起的网络。

从 Internet 使用者的角度来看，Internet 是由大量计算机连接在一个巨大的通信系统平台上，从而形成的一个全球范围的信息资源网。接入 Internet 的主机既可以是信息资源及服务的使用者，也可以是信息资源及服务的提供者。Internet 的使用者不必关心 Internet 的内部结构，他们面对的只是 Internet 所提供的信息资源和服务。

我国从 1994 年 4 月起正式加入 Internet，开通了 Internet 的全功能服务。目前国内各大互联网实现了同 Internet 的连接。中国教育科研网（CERNET）是由我国政府资助的第一个全国范围内的学术性计算机网络。

2. Internet 协议

为使网内各计算机之间的通信可靠、有效，通信双方必须共同遵守的规则和约定称为通信协议，计算机网络与一般计算机互联系统的区别就在于有无通信协议的作用。这些规则规定了传输数据的格式和有关同步问题。若通信双方无任何协议，则对所传输的信息无法理解、处理与执行，对不同的问题可制定各种不同的协议。

为了减少网络设计的复杂性，大多数网络都采用分层结构。对于不同的网络，层的数量、名字、内容和功能都不尽相同。在相同的网络中，一台机器上的第 N 层与另一台机器上的第 N 层可利用第 N 层协议进行通信，协议基本上是双方关于如何进行通信所达成的一致意见。

（1）TCP/IP 协议

TCP/IP（transmission control protocol/Internet protocol）协议是 Internet 使用的通信协议，通俗地讲就是用户在 Internet 上通信时所遵守的语言规范。TCP/IP 协议遵守一个四层的概念模型，即应用层、传输层、互联网层和网络接口层，如图 5-6 所示。

TCP/IP 的四层协议的主要功能如下。

① 网络接口层是该协议软件的最低层，其作用是接收 IP 数据报，通过特定的网络进行传输。

② 互联网层（IP 协议）为网际互联协议。它负责将信息从一台主机传送到指定接收的另一台主机。

图 5-6 TCP/IP 四层协议

③ 传输层（TCP 协议）为传输控制协议，负责提供可靠和高效的数据传送服务。

④ 应用层为用户提供一组常用的应用程序协议，例如，电子邮件协议、文件传输协议、远程登录协议、超文本传输协议等；并且随着 Internet 的发展，又为用户开发了许多新的应用层协议。

（2）IP 地址

就像每个人都有一个唯一的身份证号码一样，任何连入 Internet 的计算机都要给它分配一个唯一的标识，即 IP 地址，Internet 根据 IP 地址来识别网络上的计算机。在 Internet 中，不论发送电子邮件还是检索信息，都必须知道对方的 IP 地址，目前的 IP 地址采用 IPv4 格式。

IPv4 是一个 32 位的二进制数，为了方便用户理解与记忆，通常采用 x.x.x.x 的格式来表示，每个 x 为 8 位。

IP 地址由网络号和主机号两部分组成（见图 5-7）。其中，网络号用来标识一个逻辑网络，主机号用来标识网络中的一台主机。同一网络内的所有主机使用相同的网络号，主机号是唯一的。

图 5-7 IPv4 地址的组成

　　为了给不同规模的网络提供必要的灵活性，IP 地址的设计者将 IP 地址空间划分为 5 个不同的地址类别，如图 5-8 所示，其中，A、B、C 三类最为常用。

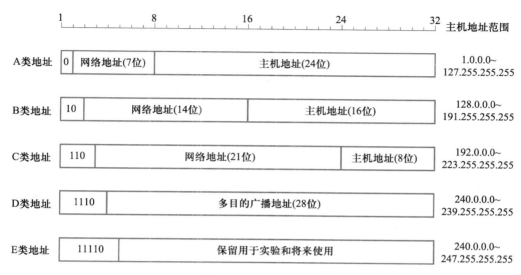

图 5-8　IP 地址的分类

　　A 类地址分配给有大量主机的网络；B 类地址分配给中等规模的网络；C 类地址用于小型网络；D 类地址是预留的 IP 组播地址；E 类地址是一个实验性地址，预留将来使用，E 类地址的最高四位为 1111。

　　网络号由因特网权力机构分配，目的是保证网络地址的全球唯一性。主机地址由各个网络的管理员统一分配。因此，网络地址的唯一性与网络内主机地址的唯一性确保了 IP 地址的全球唯一性。

　　【例 5-3】用 Python 编程，利用 WMI 方法获取本机网络配置信息。

In[4]:	`Network_Info={}`
	`for net in c.Win32_NetworkAdapterConfiguration(IPEnabled=True):`
	`Network_Info["Description"]=net.Description`
	`    Network_Info["Default IP Gateway"]=net.DefaultIPGateway`
	`    Network_Info["IP Address"]=net.IPAddress`
	`    Network_Info["DHCP Server"]=net.DHCPServer`
	`    Network_Info["IP Subnet"]=net.IPSubnet`
	`    Network_Info["MAC Address"]=net.MACAddress`
	`print(Network_Info)`

Out[4]:	`{'Description': 'Intel(R) Dual Band Wireless-AC 3165', 'Default IP Gateway':`
	`('192.168.2.1',), 'IP Address': ('192.168.2.131', 'fe80::854b:9988:fd47:`
	`728f'), 'DHCP Server': '192.168.2.1', 'IP Subnet': ('255.255.255.0', '64'), 'MAC`
	`Address': '7C:67:A2:32:97:DB'}`

（3）IPv4 与 IPv6

目前流行的 IPv4 协议已经接近它的功能上限，主要危机来源于它的地址空间局限性。为了解决这个问题，提出了用下一代因特网协议 IPv6 协议取代 IPv4。

IPv6 地址的基本表达方式是 X:X:X:X:X:X:X:X，其中 X 是一个 16 位字段，用 4 位十六进制表示，X 之间用冒号分隔，例如：

2001:0db8:85a3:0000:0000:8a2e:0370:7334。

IPv6 地址的长度是 IPv4 地址的 4 倍，表达起来的复杂程度也是 IPv4 地址的 4 倍，每个地址共计 128 位。理论上的 IP 地址数量可达 2^{128}，足以满足因特网社会对 IP 地址的需求。

将 IPv4 转换成 IPv6 是一件较为复杂的事情。由于目前在 Internet 上使用 IPv4 的路由器的数量相当多，要统一规定所有路由器从某一天起一律改用 IPv6 是不可能的。因此，从 IPv4 向 IPv6 的过渡将只能采用逐步演变的办法，对新安装的 IPv6 系统要求必须能够向后兼容。也就是说，这些新系统要同时能够接收和转发 IPv4 的分组，并能够为 IPv4 分组提供路由选择。

【例 5-4】用 Python 实现 IP 地址归属地查询。

```
In[4]:    import requests
          def get_ip_info(ip):
              url='http://ip.taobao.com/service/getIpInfo.php? ip='#利用 taobao 接
          #口进行查询
              req = requests.get(url+ip)
              if  req.json()['code'] == 0 :
                  ip_info = req.json()['data']
                  ...
                  print('国家:{}\n 省份:{}\n 城市:{}\n 运营商:{}\n'
                      .format(country,region,city,isp))
              else:
                  print("ERROR! ip:{}".format(ip))
          get_ip_info("210.34.128.33")  #输入要查询的 IP 地址,字符型

Out[4]:   国家:中国 省份:福建 城市:厦门 运营商:教育网
```

3. 域名系统 DNS

通过 IP 地址访问网络中的计算机，需要记住这些复杂的数字串，显然非常不方便。因此，DNS 系统（domain name system，域名系统）应运而生。DNS 的主要功能是将域名（如 www.baidu.com）转换为相应的 IP 地址。这样，用户只需输入域名，DNS 系统就能自动解析出对应的 IP 地址，从而访问目标网站或服务。

DNS 与 IP 地址的结构一样，采用的是典型的层次结构（见图 5-9）。域名可由几个部分（或子域名）组成，各部分之间用"."分隔开，每个子域名都有其特定的含义，顶级域名大致可分为两类：一类是组织性顶级域名，另一类是地理性顶级域名。从右到左，子域名分别表示国家或地区的名称、组织类型、组织名称、分组织名称、计算机名称等。例如，在

www. fafu. edu. cn 域名中，从右到左分别是顶级域名 cn 表示中国，二级域名 edu 表示教育机构，三级域名 fafu 代表福建农林大学，子域名 www 表示是 Web 主机。

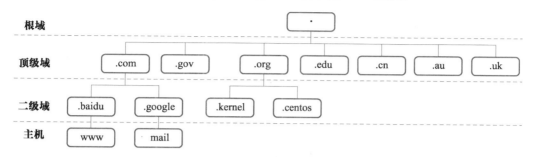

图 5-9　DNS 的层次结构

DNS 的解析过程是一个递归和迭代查询的过程。当用户尝试访问一个域名时，本地域名服务器会首先查询自己的缓存中是否存有该域名的解析结果。如果没有，它会向根域名服务器发起查询请求。根域名服务器会告诉本地域名服务器该域名对应的顶级域名服务器的地址。本地域名服务器再向顶级域名服务器发起查询请求，以此类推，直至找到主域名服务器并获取到最终的 IP 地址。

全世界的域名由非营利性的国际组织 ICANN（互联网名称与数字地址分配机构）管理。每个国家都有自己的域名管理机构，我国的域名注册机构是中国互联网络信息中心 CNNIC。

目前英文域名是互联网上资源的主要描述性文字，中文域名是含有中文的新一代域名，同英文域名一样，是互联网上的门牌号码。CNNIC 域名体系将同时提供"中文域名 . CN"与纯中文域名（如"中文域名 . 公司"）两种方案。CNNIC 不但将这两种技术完美结合而且也使之同现有的域名系统高度兼容。中文域名在技术上符合 IETF（Internet Engineering Task Force）发布的多语种域名国际标准。中文域名属于互联网上的基础服务，可以通过 DNS 解析，支持 WWW、E-mail 等应用服务。

【例 5-5】用 Windows 的 ping 获取 URL 的 IP 地址。

ping 命令执行后，会接收到目标地址发送的回复信息，其中记录着对方的 IP 地址和 TTL。TTL 是该字段指定 IP 包被路由器丢弃之前允许通过的最大网段数量。TTL 是 IPv4 包头的一个 8 bit 字段。

```
>ping www.baidu.com
正在 Ping www.baidu.com [14.215.177.39] 具有 32 字节的数据:
来自 14.215.177.39 的回复: 字节=32 时间=26ms TTL=54
来自 14.215.177.39 的回复: 字节=32 时间=25ms TTL=54
来自 14.215.177.39 的回复: 字节=32 时间=27ms TTL=54
来自 14.215.177.39 的回复: 字节=32 时间=25ms TTL=54
14.215.177.39 的 Ping 统计信息:
数据包: 已发送 = 4,已接收 = 4,丢失 = 0 (0% 丢失),
往返行程的估计时间(以毫秒为单位):
最短 = 25ms,最长 = 27ms,平均 = 25ms
```

4. 万维网 WWW

万维网 WWW（world wide web）简称 Web，是 Internet 应用最广泛的网络服务项目，它将世界各地的信息资源以特有的含有"链接"的超文本形式组织成一个巨大的信息网络。超文本浏览器及相关协议就是我们每次输入网址时出现的 HTTP。

HTTP（hypertext transfer protocol，超文本传输协议）和 HTML（hypertext markup language，超文本标记语言）是计算机之间交换信息时所使用的语言。WWW 是以 HTML 与 HTTP 为基础，能够提供面向 Internet 服务的、一致的用户界面的信息浏览系统。

WWW 系统的结构采用了客户机/服务器模式，它的工作原理如图 5-10 所示。信息资源以主页（也称网页）的形式存储在 WWW 服务器中，用户通过 WWW 客户端程序（浏览器）向 WWW 服务器发出请求；WWW 服务器根据客户端的请求内容，将保存在 WWW 服务器中的某个页面发送给客户端；浏览器在接收到该页面后对其进行解释，最终将图、文、声并茂的画面呈现给用户。通过页面中的链接，方便地访问位于其他 WWW 服务器中的页面或其他类型的网络信息资源。

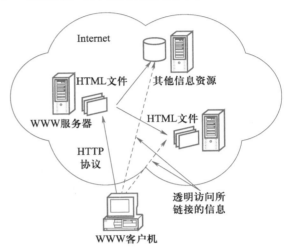

图 5-10　WWW 的工作原理

目前万维网的核心语言是 HTML5，HTML5 的设计目的是在移动设备上支持多媒体，可以真正改变用户与文档的交互方式，HTML5 引进了新的功能以支持这一点，如 video、audio 和 canvas 标记。

【例 5-6】HTML5 实现在 Web 页上播放视频。

本示例展示了用 HTML5 的 video 标记来播放视频的方法，在当前目录下要有指定的 mp4 格式文件。

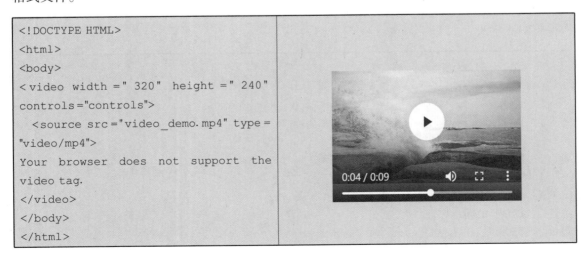

```
<!DOCTYPE HTML>
<html>
<body>
< video width =" 320" height =" 240"
controls ="controls">
  <source src ="video_demo.mp4" type =
"video/mp4">
Your browser does not support the
video tag.
</video>
</body>
</html>
```

5.2　现代通信网络与通信技术

5.2.1　现代通信网络分层结构

传统的通信网络主要由传输、交换和终端三大部分组成。其中，传输部分为网络的链路（link），是传送信息的媒体；交换部分为网络的结点（node），主要是指交换机，它是各种终端交换信息的中介体；而终端则是指用户使用的话机、手机、传真机和计算机等。

业务需求驱动了现代通信技术和通信网络的发展，现代通信网是由一定数量的结点（包括终端设备、交换和路由设备）和连接结点的传输链路组成，以实现两个或多个规定点之间信息传输的通信体系。

随着通信技术的发展与用户需求日益多样化，现代通信网正处在变革与发展之中，网络类型及所提供的业务种类不断增加和更新，形成了复杂的通信网络体系。现代通信网络结构采用分层的形式，由于传递信息的通信网络结构复杂，不同角度有不同的分层结构。例如，从用户接入网络实际的物理连接来划分，可分为用户驻地网、接入网和核心网，如图 5-11 所示。

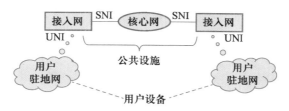

图 5-11　用户接入角度的网络分层结构

（1）用户驻地网

用户驻地网（customer premises network，CPN）是指用户网络接口（user network interface，UNI）到用户终端之间的相关网络设施。用户驻地网主要负责将用户终端接入到网络中并进行数据传输，它通常包括用户驻地布线系统和各种终端设备，如计算机、电话、电视等。根据所接入的业务种类，可分为窄带驻地网和宽带驻地网。根据宽带驻地网的建设方式，可分为 FTTB+LAN 驻地网、FTTH 驻地网、无源光网络驻地网、无线局域网驻地网等。用户驻地网可以接入的业务种类包括固定电话业务、ISDN 业务、ADSL 宽带业务、VDSL 宽带业务、LAN 宽带业务等。

（2）接入网

接入网介于用户驻地网和核心网之间，负责将用户驻地网连接到核心网中，主要包括各种接入设备和系统，如 xDSL 设备、光纤设备、无线设备等。这些设备和系统负责将用户终端接入到网络中，为用户提供高速、稳定的接入服务。接入网还包括各种网络管理系统、网络监控系统等，用于对接入设备和系统进行管理和监控。现代通信网的接入网突破了传统的

SL（subscriber line，用户线路）瓶颈效应，提高了传输媒质的使用效率，支持全业务（full sevice，FS）综合接入，支持三网合一。

（3）核心网

核心网是网络的主干部分，通过业务结点接口（service node interface，SNI）为各种业务提供传输和交换服务，主要包括各种交换结点、路由结点、服务器等设备和系统。交换结点用于实现不同网络之间的数据交换，路由结点用于确定数据包的传输路径，服务器则提供各种网络应用和服务。此外，核心网还包括各种网络协议、网络操作系统、数据库管理系统、网络安全系统等。

从实现用户（端）与用户（端）之间的业务通信角度，又可以将现代通信网络分为业务与终端、交换与路由、接入与传送（如图 5-12 所示）三层功能结构。图 5-12（左）描述的是一个实现端到业务端传递（全程全网）的通信网络实例，图 5-12（右）是根据逻辑功能划分的网络分层结构。

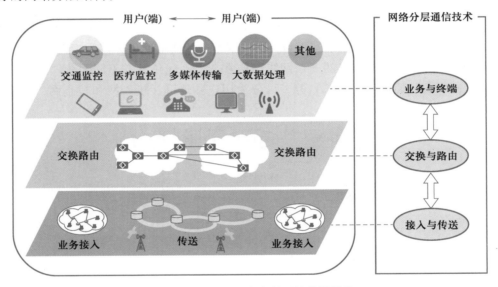

图 5-12　业务功能角度的网络分层结构

业务与终端、交换与路由、接入与传送三个层次在现代通信网中起着不同的作用，共同构成了通信网的完整体系。业务与终端提供了用户所需的各种通信业务，交换与路由实现了数据的交换和传输，接入与传送则为用户提供了接入网络并进行数据传输的手段。三个层次各有不同的支撑技术，这些支撑技术是现代通信网络中的核心技术，并构成了现代通信的技术基础。下面介绍各层次核心技术。

5.2.2　现代通信网络关键技术

1. 业务与终端技术

业务与终端是通信网的最上层，直接面向用户提供各种通信业务。业务与终端技术是现代通信网络的两个重要组成部分，在现代通信网络中密不可分，它们共同实现了数据的传输、交换和共享，为用户提供各种通信业务和应用服务。随着通信技术的不断发展，业务与终端技术也在不断更新和升级，以满足用户日益增长的通信需求。业务与终端技术在通信过程中起着不同的作用。

（1）通信业务

通信业务是指通信网向用户提供的各种通信服务，如语音、数据、图像、多媒体等。通信业务直接面向用户，为用户提供他们所需的各类通信业务，满足他们对不同业务服务质量的需求。通信业务可以分为模拟业务和数字业务两大类，模拟业务包括普通电话业务、智能网业务等，数字业务包括 IP 电话业务、数据通信业务、多媒体通信业务等。根据不同的传输方式，通信业务还可以分为有线通信业务和无线通信业务。有线通信业务主要通过有线传输介质（如光纤、电缆等）进行数据传输，无线通信业务则通过无线传输介质（如电磁波、红外线等）进行数据传输。此外，随着通信技术的发展涌现出新型的通信业务，例如，物联网业务、云计算业务、大数据业务等。

（2）终端技术

终端技术是指用户与通信网之间的接口设备和技术，包括信源、信宿与变换器、反变换器等。终端设备的主要功能是将待传送的信息和传输链路上传送的信号进行相互转换以及完成信令的产生和识别。终端技术可以分为音频通信终端技术、图形图像通信终端技术、视频通信终端技术、数据通信终端技术等。

2. 交换与路由技术

交换与路由是通信网的核心部分，它负责在网络的各个部分之间高速、高效地传输数据。交换结点是实现信息交换的结点设备，在其信道上承接和汇集各种信息的来路，同时按照信令或时序的要求将信息发送到相应的信道上。路由结点则负责按照规定的路径将数据包从一个网络结点发送到另一个网络结点。在交换与路由层，主要的任务是尽快地将数据从一点传输到另一点，通常由一些高速、高容量的设备组成，例如路由器和交换机。

（1）交换机和路由器

交换机和路由器都是现代通信网络中常用的设备，它们在功能和用途上有所不同（见图 5-13）。交换机是一种用于电（光）信号转发的网络设备，它可以为接入交换机的任意两个网络结点提供独享的电信号通路，其主要功能是将一些机器连接起来组成一个局域网，并根据目标地址将数据包转发到相应的输出端口。路由器是一种用于连接不同网段的网络设备，它会根据信道的情况自动选择和设定路由，以最佳路径按前后顺序，将数据包从一个网络转发到另一个网络。

图 5-13　交换机与路由器的区别

从工作原理来看，交换机（switch）是一种基于 MAC（网卡的硬件地址）识别，能完成封装转发数据包功能的网络设备。交换机可以"学习"MAC 地址，并把其存放在内部地址表中，通过在数据帧的始发者和目标接收者之间建立临时的交换路径，使数据帧直接由源地址到达目的地址。

所谓"路由"，是指把数据从一个地方（如主机 A）传送到另一个地方（如主机 B）的行为和动作。而路由器，正是执行这种行为动作的机器。路由器名称中的"路由"来自路由器的转发策略——路由选择（routing）。路由表包含网络地址以及各地址之间距离的清单，路由器利用路由表为数据传输选择路径。从这个意义上来说，路由器是互联网络的枢纽，是网络的"交通指挥"。

在一个大型互联网中，经常用多个路由器将不同类型的局域网或广域网互连起来，它可以连接不同传输速率并运行于各种环境的局域网和广域网，因特网就是依靠遍布全世界的千万台路由器连接起来的。

目前家庭中广泛使用的 Wi-Fi 无线路由器（wireless router），与上述所说的互联网路由器在功能和作用都有很大不同。家庭所使用的 Wi-Fi 路由器实际是一个转发器，它可以把接入家中的有线宽带网络信号（例如 ADSL、小区宽带）转换成无线信号，就可以实现计算机、手机等 Wi-Fi 设备的无线上网。

【例 5-7】Windows 系统下查看路由信息。

tracert 命令用来显示数据包到达目标主机所经过的路径（路由器），并显示到达每个结点（路由器）的时间。

例如，要查看从本机到 Python 官网的路径信息，输入 Python 官网的域名即可：

```
>tracert www.python.org
通过最多 30 个跃点跟踪
到 dualstack.python.map.fastly.net [151.101.108.223] 的路由:
  1    1 ms    1 ms    1 ms   192.168.2.1 [192.168.2.1]
  2    1 ms    1 ms    1 ms   192.168.1.1 [192.168.1.1]
  3    2 ms    2 ms    2 ms   100.64.0.1
  4    5 ms    9 ms    5 ms   61.154.236.93
  5    8 ms    6 ms    5 ms   61.154.236.21
  ......
 15   12 ms   36 ms  251 ms   151.101.108.223
跟踪完成。
```

注：返回信息显示，从本机到目标主机共有 15 个跃点（路由），最终到达目标主机（151.101.108.223）。

跃点数即路由。一个路由为一个跃点。传输过程中需要经过多个网络，每个被经过的网络设备点（有能力路由的）叫作一个跃点，地址就是它的 IP。跃点数能够反映跃点的数量、路径的速度、路径可靠性、路径吞吐量以及管理属性。

路由和交换机之间的主要区别就是交换机发生在 OSI（open system interconnect，开放式系统互联）参考模型（图 5-14）第二层（数据链路层），而路由发生在第三层，即网络层。数据链路层的功能是在网络内部传输帧，而网络层的功能则是负责将数据包从源地址发送到目的地址。因此，交换主要关注于局域网内的数据传输，而路由则关注于不同网络之间的数据传输。

图 5-14 OSI 参考模型

随着网络技术的发展，交换和路由的界限逐渐变得模糊。一些新型的交换机也具备路由功能，例如，三层交换机（layer 3 switch）具备交换和路由功能，能够在网络中实现流量的快速传递和路由选择，它们通常能够处理更复杂的网络策略，如 VLAN 隔离、子网间路由等。多层交换机（multilayer switch）结合了交换和路由的功能，支持 VLAN 划分、路由选择和负载均衡。

同样，一些路由器也具备交换机的功能，例如，路由交换机（routing switch）集成了交换和路由功能，允许在网络层和链路层之间进行快速转发和路由决策。它们能够处理复杂的网络拓扑和路由表。

（2）电路交换技术

交换机可以分为电路交换和分组交换两种。

电路交换技术是一种直接的交换方式，为一对需要进行通信的装置之间（点对点）提供一条临时的专用通道，即提供一条专用的传输通道，既可以是物理通道又可以是逻辑通道（使用时分或频分复用技术），适用于实时性要求较高的通信业务。基于该项技术的网络主要包括公用电话交换网、综合业务数字网、智能网（IN）等。例如，如果需要在两部用户话机之间进行通话，只需用一对线将两部话机直接相连即可，但如果有成千上万部话机需要互相通话，就需要将每一部话机通过用户线连到电话交换机上，交换机根据用户信号（摘机、挂机、拨号等）自动进行话路的接通与拆除。

（3）分组交换技术

分组交换技术（packet switching technology）也称包交换技术。信息不再是点对点的整体传输，而是分切成一个个轻巧的碎片（分组），让它们在网状的通道中自由选择最快捷的路径，在到达目的地后自动组合汇聚，还原成完整信息。分组交换技术是通过计算机和终端实现计算机与计算机之间的通信，在传输线路质量不高、网络技术手段还较单一的情况下应运而生的一种交换技术。每个分组的前面有一个分组头，用以指明该分组发往何地址，然后由交换机根据每个分组的地址标志，将它们转发至目的地，这一过程称为分组交换。

分组交换技术适用于实时性要求不高的通信业务，如电子邮件、网页浏览等。基于该项技术的网络主要包括 X.25 分组交换网、帧中继（FR）网、数字数据网（DDN）、异步转移模式（ATM）网等，基本方式是存储转发分组（包）交换方式。

（4）IP 网技术

随着计算机联网用户的增长，数据网带宽不断拓宽，网络结点设备几经更新，在这个发展过程中不可避免地出现新老网络交替、多种数据网并存的复杂局面。于是一种能将遍布世界各地各种类型数据网连成一个大网的 TCP/IP 协议应运而生，从而使采用 TCP/IP 协议的国际互联网（Internet 或 IP 网）一跃而成为目前全世界最大的信息网络。

IP 网技术是一种基于 IP 协议的网络技术，它是互联网的基础技术之一。IP 协议是一种无连接的协议，它可以将数据分割成小的数据包，通过不同的路径发送到目的地。在 IP 网中，每个设备都被分配一个唯一的 IP 地址，用于识别和通信。IP 网采用分布式结构，每个设备都可以独立地发送和接收数据包，不需要中心结点的控制。

（5）软件定义网络的新思维

随着网络技术的不断发展，交换与路由技术也在不断进步。目前，一些新型的交换与路由技术，如软件定义网络（SDN）、网络功能虚拟化（NFV）等已经成为研究热点，并逐步应用到实际的通信网络中。

软件定义网络（software defined network，SDN），是一种新型网络创新架构，其核心技术是将网络设备控制面与数据面分离开来，从而实现了网络流量的灵活控制，为核心网络及应用的创新提供了良好的平台。

由于传统的网络设备（交换机、路由器）的固件由设备制造商锁定和控制，所以 SDN 希望将网络控制与物理网络拓扑分离，从而摆脱硬件对网络架构的限制。这样企业便可以像升级、安装软件一样对网络架构进行修改，满足企业对整个网站架构进行调整、扩容或升级的需求。而底层的交换机、路由器等硬件则无须替换，节省大量成本的同时，网络架构迭代周期将大大缩短。

3. 接入与传送技术

接入与传送是通信网的底层部分，负责将用户终端接入到网络中并进行数据的传输。接入网通过有线或无线的方式，为用户提供高速、稳定的接入服务。传送网则负责为业务网提供透明的传输通道，包括分配互连通路和相应的管理功能，如传输电路调度、网络性能监视、分离业务、故障切换等。

（1）传输介质

信息需要在一定的物理媒质中传播，将这种物理媒质称为传输媒质。传输媒质是传递信号的通道，提供两地之间的传输通路。根据传输介质的特性，有两种基本类型。第一种类型为有线传输介质，第二种类型则根本不需要物理连接，而是依靠电磁波，又称为无线传输介质。每一种类型都有许多品种。

① 有线传输介质。计算机网络通常使用有线导线作为连接计算机的主要介质，因为导线便宜且易于安装。虽然导线可以由各种不同的金属制成，但网络中大多使用铜缆，因为其较低的电阻能使电信号传递得更远。例如，双绞线（twisted pair）是局域网最常用的通信介质，在电话系统中也使用。同轴电缆（coaxial cable）适用于有线电视传播、长途电话传输、计算

机系统之间的短距离连接以及局域网等。

对于高速宽带计算机网络，一般使用柔软的玻璃纤维即光纤（optical fiber）传输数据。用光纤作传输介质有很多优点。第一，光纤不会引起电磁干扰，也不会被干扰。第二，光纤传输信号的距离比导线所能传输的距离要远得多。第三，因为较之电信号，光可以对更多的信息进行编码，所以光纤可在单位时间内传输比导线更多的信息。第四，电流总是需要两根导线形成回路，光仅需一根光纤即可从一台计算机传输数据到另一台计算机。

② 无线传输介质。使用金属导体或光导纤维的通信方式都有一个共同点：通信设备必须物理连接起来。但在许多情况下，物理连接是不实际的，甚至是不可能的。例如，地面的飞行控制指挥部要指挥、控制一个卫星或宇宙空间，此时就需要物理连线以外的通信手段，即无线传输。目前无线通信越来越普及，无线网络技术也应用到校园和城市的各个角落。无线网络就是利用无线电波作为信息传输的媒介构成的无线局域网（WLAN）。无线通信的方法有无线电波、微波和红外线，紫外线和更高的波段目前还不能用于通信。

微波就是频率较高的无线电波，由于微波传输是直线传播，在传输路径上信号不能被建筑物以及山脉等遮挡。微波信号如果要实现长距离传送，需要在传输路径上设置若干中继站（见图 5-15）。中继站上的天线依次将信号传递给相邻的站点。因此，绝大多数微波发射站与中继站都建在高处，以避免信号被遮挡。

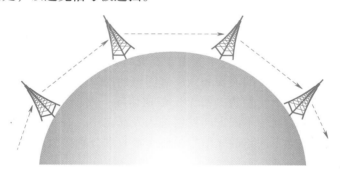

图 5-15　通过中继实现长距离微波通信

红外线是电磁波中不可见光线中的一种，在通信、探测、医疗、军事等方面有广泛的用途。红外线通信有两个最突出的优点：其一是不易被人发现和截获，保密性强；其二是几乎不会受到电磁的干扰，抗干扰性强。此外，红外线通信机体积小，重量轻，结构简单，价格低廉。但是它必须在直视距离内通信（如同开电视机一样，电视遥控器要对着电视机接收器）。

（2）传输系统

传输系统包括传输设备和传输复用设备。传输设备主要有微波收发信机、卫星地面站收发信机、机站设备和光端机等。在数据通信系统或计算机网络系统中，传输媒体的带宽或容量往往超过传输单一信号的需求，为了有效地利用通信线路，希望一个信道同时传输多路信号，这就是所谓的多路复用技术（multiplexing）。采用多路复用技术能把多个信号组合起来在一条物理信道上进行传输，在远距离传输时可大大提高传输资源的利用率。

　　多路复用技术主要包括频分多路复用、波分多路复用、时分多路复用、码分多址和空分多址几种类型。

　　① 频分多路复用（frequency division multiplexing，FDM），该技术用于模拟信号。它最普遍的应用可能是在电视和无线电传输中。多路复用器接受来自多个信源的模拟信号，每个信号有自己独立的带宽。接着这些信号被组合成另一个具有更大带宽、更加复杂的信号，产生的信号通过某种媒体被传送到目的地，在那里另一个多路复用器完成分解工作，把各个信号单元分离出来，如图 5-16 所示。CATV（有线电视）便是频分多路复用应用的一个最普遍的例子。

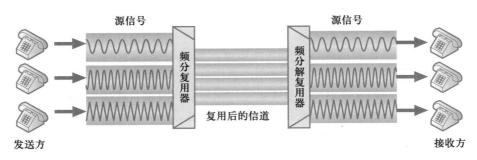

图 5-16　频分多路复用示意图

　　② 波分多路复用（wave-division multiplexing，WDM），该技术主要应用在光纤通道上，WDM 实质上也是一种频分多路复用技术。由于在光纤通道上传输的是光波，光波在光纤上的传输速度是固定的，所以光波的波长和频率有固定的换算关系。在一条光纤通道上，按照光波的波长不同划分成为若干子信道，每个子信道传输一路信号就叫作波分多路复用技术。在实际使用中，不同波长的光由不同方向发射进入光纤之中，在接收端根据不同波长的光的折射角度不同，再分解成为不同路的光信号由各个接收端分别接收（见图 5-17）。

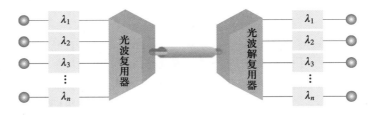

图 5-17　波分多路复用原理图

　　③ 时分多路复用。与频分多路复用和波分多路复用不同，时分多路复用（time-division multiplexing，TDM）技术不是将一个物理信道划分成为若干子信道，而是不同的信号在不同的时间轮流使用这个物理信道。通信时把通信时间划分为若干时间片，每个时间片占用信道的时间都很短。这些时间片分配给各路信号，每一路信号使用一个时间片。在这个时间片内，该路信号占用信道的全部带宽。TDM 保持了信号物理上的独立性，而逻辑上把它们结合在一起，它是数字电话多路通信的主要方法。

　　④ 码分多址（code division multiple access，CDMA），该技术是一种通过编码区分不同用

户信息，实现不同用户同频、同时传输的通信技术。具体来说，它利用扩频技术，将需传送的具有一定信号带宽的信息数据，用一个带宽远大于信号带宽的高速伪随机码进行调制，使原数据信号的带宽被扩展，再经载波调制并发送出去。接收端使用完全相同的伪随机码，与接收的带宽信号作相关处理，把宽带信号换成原信息数据的窄带信号即解扩，以实现信息通信。

码分多址具有多址接入能力强、抗多径干扰、保密性能好等优点。在第三代移动通信系统中得到了广泛的应用。此外，码分多址还可以与其他技术如分组交换技术结合使用，实现个人终端用户在全球范围内完成任何信息之间的移动通信与传输。

⑤ 空分多址（space division multiple access，SDMA），该技术是一种无线通信技术，通过区分用户信号到达的方向来实现频率的复用。具体来说，SDMA 技术利用阵列天线，在角度域提供虚信道来控制空间，使得不同用户可以在同一无线信道上实现同时通信。SDMA 技术允许在一个小区内，用相同的频率、相同的时隙、相同的扩频码，通过不同的波束为不同的用户服务。

SDMA 技术的主要优点是可以提高频谱利用率和系统容量，同时可以降低干扰和提高通信质量。它在无线通信系统中有着广泛的应用前景，尤其是在未来 5G 通信系统中，SDMA 技术将发挥重要作用。

5.2.3　现代通信网络接入方式

接入网泛指"用户网络接口与业务结点接口间实施承载功能的实体"。宽带接入网是指能同时承载语音、图像、数据、视频等宽带业务需求的接入网络。通常接入网传输系统按传输媒质分为有线接入和无线接入两种方式，其主要分类如图 5-18 所示。

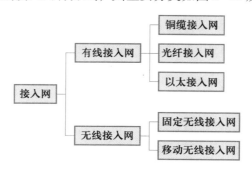

图 5-18　接入网分类方式

1. 有线接入网

（1）光纤接入方式

国家"十三五"规划中指出："要构建现代化通信骨干网络，提升高速传送、灵活调度和智能适配能力。推进宽带接入光纤化进程，城镇地区实现光网覆盖，提供 1000 Mb/s 以上接入服务能力，大中城市家庭用户带宽实现每秒 100 Mb/s 以上灵活选择"。

所谓光纤接入网（OAN）就是采用光纤传输技术的接入网，泛指本地交换机或远端模块与用户之间采用光纤通信或部分采用光纤通信的系统。通常，OAN 指采用基带数字传输技术并以传输双向交互式业务为目的的接入传输系统，将来应能以数字或模拟技术升级传输宽带广播式和交互式业务。

光纤接入网有多种方式，有光纤到路边（fiber to the curb，FTTC）、光纤到大楼（fiber to the building，FTTB）以及光纤到户（fiber to the home，FTTH）等几种形式，它们统称为FTTx（图 5-19）。FTTx 不是具体的接入技术，而是光纤在接入网中的推进程度或接入策略。

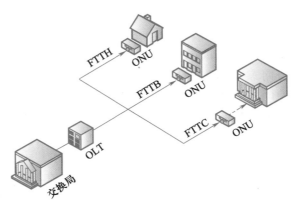

图 5-19　光纤接入网

FTTH（光纤到户）是指将光网络单元（ONU）安装在住家用户或企业用户处，一直被认为是宽带发展的最终目标。因为它能够满足各类用户的多种需求，如高速通信、家庭购物、实时远程教育、视频点播（VOD）、高清晰度电视（HDTV）等。

（2）铜缆接入方式

DSL（digital subscriber line，数字用户线）是以铜质电话线为传输介质的传输技术组合，它直接将数字信号调制在电话线上（并没有经过模/数转换），所以可以获得比普通调制解调器高得多的带宽和速率。

DSL 包括 HDSL（高速数字用户线）、VDSL（高速不对称数字用户线）和 ADSL（非对称数字用户线）等，一般称之为 xDSL 技术。不同数字用户线技术的主要区别就体现在信号传输速度和有效距离的不同以及上行速率和下行速率对称性的不同。ADSL 是目前众多 DSL 技术中较为成熟的一种，其优点是带宽较大、连接简单、投资较小，因此发展很快。

ADSL（asymmetric digital subscriber line，非对称数字用户线）是一种能够通过普通电话线提供宽带数据业务的技术，能够向终端用户提供 8 Mb/s 的下行传输速率和 1 Mb/s 的上行速率，与电话拨号方式相比，ADSL 的速率优势是不言而喻的。ADSL 具有传输速率高、频带宽、性能优、安装方便的特点。由于市话铜线现在已与所有的家庭相连接，随着技术发展成熟，ADSL 成为 Internet 用户广泛使用的方案之一。

（3）HFC 接入方式

HFC（hybrid fiber coax，混合光纤同轴网）是一种基于有线电视网的宽带接入技术，采用光纤到服务区，然后通过同轴电缆到用户家中。它提供了一种高带宽的接入方式，支持多种业务，如电视、电话和数据传输。

（4）以太网接入方式

以太网是一个古老而又充满活力的网络技术，以太网由于具有标准化程度高、升级性能好、价格便宜等多种优势，是组建局域网和宽带 IP 网络的重要技术。以太网技术是一种局域网技术，采用带冲突检测的载波侦听多路访问（CSMA/CD）机制。以太网接入方式适用于企业、校园等局域网用户的接入，可以提供高速、稳定的上网服务。

以太网接入方式如图 5-20 所示，在用户接入层，交换机的每个接口可连接 1 个用户计算机。在交换层，交换机通过以太网与汇聚层的路由器连接。汇聚层为路由器（或路由交换机），路由器可提供的以太网接口可以连接多台交换机，路由器再通过 1 000 Mbps 以太网、光接口与 IP 核心网络连接。

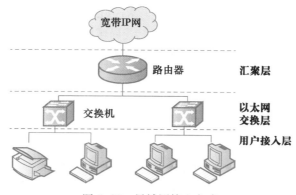

图 5-20　局域网接入方式

2. 无线宽带接入技术

目前，移动互联网正处于快速发展阶段，越来越多的用户开始选择通过手机、笔记本电脑等便携终端获取移动信息服务和互联网接入服务。多元的用户需求和增长的用户规模快速地促进了移动宽带业务的发展。"基本上，万事万物都将成为无线。"

无线不是对有线网络的扩展，它不再用电线的长度来定义网络，而是用人们所处的位置来定义网络。无线接入是指用不需要物理传输媒质的无线传输手段来代替接入网的部分甚至全部的接入技术。无线接入以改进灵活性和扩展传输距离为目的。移动无线接入最有代表性的是 IEEE 802 系列标准。经历了 20 年的发展，已经形成了一个庞大的标准体系。

（1）卫星通信技术

虽然无线电波传输并不沿地球表面弯曲，但采用卫星通信技术可以提供远距离通信。卫星通信系统是由"空间部分——通信卫星"和"地面部分——通信地面站"两大部分构成的。在这一系统中，通信卫星实际上就是一个悬挂在空中的通信中继站。它居高临下，视野开阔，只要在它的覆盖照射区以内，不论距离远近都可以通信，通过它转发和反射电报、电视、广播和数据等无线信号，如图 5-21 所示。

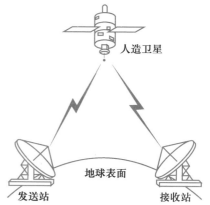

图 5-21　卫星通信示意图

卫星系统既可以和地面系统相结合，又可以绕开复杂的地面网络建立独立的卫星网络。卫星系统可以配置成按需提供带宽，而且可以动态分配接入容量，以满足广播、多点传送和多媒体通信需求。

（2）无线局域网技术

无线局域网络（wireless local area networks，WLAN）是相当便利的数据传输系统，它利用射频（radio frequency，RF）技术取代双绞铜线所构成的局域网络，使得无线局域网络能免去大量的布线工作，只需要安装一个或多个无线接入点（access point，AP），就可以覆盖一个建筑内的局域网络，而且便于管理和维护。

无线局域网（WLAN）技术以 IEEE 802.11 标准为基础，通过无线方式连接到互联网，适用于小范围的宽带接入，如家庭、办公室等。Wi-Fi 是一种基于 IEEE 802.11 标准的无线网络通信技术品牌，利用 Wi-Fi 技术构建家庭无线局域网是 WLAN 最常见的应用。

Wi-Fi 无线路由器可以提供广泛的功能，为家庭中的所有的 Wi-Fi 设备提供了无线的宽带互联网访问（见图 5-22）。无线局域网有多种配置方式，无线路由器可以工作在无线 AP模式，也就是当无线交换机使用。每个 AP 可以支持上百个用户接入。有了 AP，就像连接到有线网络交换机的端口一样，只要配置有无线网卡，无线设备就可以快速且轻易地与网络相连。

图 5-22　家庭 Wi-Fi 网络的构建

在现有的无线局域网基础之上增加 AP，就可以把小型网络扩展成几百个、上千个用户的大型网络，并且能够提供结点间"漫游"等有线网络无法实现的特性。目前，无线局域网发展十分迅速，已经在大学校园、企业、大型商厦等场合得到了广泛的应用。

为了扩展无线网的覆盖范围，通过 Wi-Fi 中继器（带中继功能的无线路由器）可以简单地重新生成信号。中继器可以从接入点接收无线射频信号（即 802.11 帧），在不改变帧内容的情况下对帧进行转播，覆盖到家庭的每一角落。

【例 5-8】用 Python 编程，获取周围 Wi-Fi 设备信息。

此程序可获取 Wi-Fi 设备（接入点）的名称与信号强度信息，运行前需要安装 pywifi模块。

In[4]:	`import pywifi`	#导入模块
	`wifi = pywifi.PyWiFi()`	#创建一个无线对象
	`iface = wifi.interfaces()[0]`	#取一个无线网卡
	`iface.scan()`	#扫描
	`result=iface.scan_results()`	#获得扫描结果
	`for i in range(len(result)):`	
	`print(result[i].ssid, result[i].signal)`	#输出 Wi-Fi 名称与信号强度
Out[4]:	`TP-LINK_3` `-74` **#后面的数字表示信号强度**	
	`ChinaNet-vV23` `-87`	
	`......`	

（3）无线个域网技术

无线个域网（wireless personal area network，WPAN）是连接个人工作生活空间内的电子设备的网络，是一种小范围的无线通信系统，覆盖半径仅 10 m 左右，可用来代替计算机、智能手机、平板电脑、数码相机等智能设备的通信电缆，或者构成无线传感器网络和智能家庭网络等。WPAN 无须基础网络连接的支持，只能提供少量小型设备之间的低速率连接。

IEEE 802.15 工作组负责制定 WPAN 的技术规范，以蓝牙、ZigBee 等技术为代表，适用于近距离的无线连接，如智能家居、智能穿戴设备等。

蓝牙（bluetooth）是一种支持设备短距离通信（一般在 10 m 内）的无线电技术，能在包括智能手机、平板电脑、无线耳机、笔记本电脑、相关外设等众多设备之间进行无线信息交换（见图 5-23）。利用蓝牙技术，能够有效地简化移动通信终端设备之间的通信，也能够成功地简化设备与因特网之间的通信，从而使数据传输变得更加迅速高效，为无线通信拓宽道路。蓝牙采用分散式网络结构以及快跳频（frequency-hopping spread spectrum，FHSS）和短包技术，支持点对点及点对多点通信，工作在全球通用的 2.4 GHz ISM（即工业、科学、医学）频段。其数据速率为 1 Mb/s，采用时分双工传输方案实现全双工传输。

图 5-23　蓝牙应用场景示意图

ZigBee 技术是一种应用于短距离和低速率下的无线通信技术，主要用于短距离、低功耗、低传输速率的各种电子设备之间进行数据传输以及典型的有周期性数据、间歇性数据和低反应时间数据传输的应用。ZigBee 底层采用的是 IEEE 802.15.4 标准规范的媒体访问与物理层，通信距离从标准的 75 m 到几百米、几千米，并且支持自由扩展。

ZigBee 源于蜜蜂的八字舞，由于蜜蜂（bee）是靠飞翔和"嗡嗡"（zig）地抖动翅膀的"舞蹈"来与同伴传递花粉所在方位信息，也就是说蜜蜂依靠这样的方式构成了群体中的通信网络，于是，这个新一代无线通信技术就命名为 ZigBee。

ZigBee 的应用领域主要包括工业控制（如自动控制设备、无线传感器网络）、医护（如监视和传感）、家庭智能控制（如水、电、气计量及报警）、消费类电子设备的遥控装置等。ZigBee 与 Wi-Fi 配合使用，可以使智能家庭更智能、更安全、更舒适、更节能。

Wi-Fi、蓝牙、ZigBee 特征比较如表 5-1 所示。

表 5-1　Wi-Fi、蓝牙、ZigBee 特征对比

	Wi-Fi	蓝牙	ZigBee
工作频率		2.4 GHz	
价格	贵	便宜	较便宜
通信距离	（100~300）m	（2~30）m	（50~300）m
传输速率	300 Mbps	3 Mbps	250 Kb/s
功耗	高	低	低
设备连接能力	中	低	高
安全性	低	高	高
组网能力	较弱	结点多，稳定性稍逊于 ZigBee	结点多，稳定性强

（4）无线城域网技术

无线城域网（wireless metropolitan area network，WMAN）是指以无线方式构成的城域网，提供面向互联网的高速连接。WMAN 既可以使用无线电波也可以使用红外光波来传送数据，具有传输距离远、接入速度高、应用范围广、不存在"最后 1 公里"的瓶颈限制、系统容量大、提供广泛的多媒体通信服务以及安全性高等诸多优点。

1999 年，IEEE 设立了 IEEE 802.16 工作组，研究无线城域网技术标准。在 IEEE 802.16 工作组的努力下，近年来陆续推出了 IEEE 802.16、IEEE 802.16a、IEEE 802.16b、IEEE 802.16d 等一系列标准。WiMAX（worldwide interoperability for microwave access，全球微波接入互通）论坛于 2001 年成立，IEEE 802.16 协议在全球范围内得到推广，因而市场上也把无线城域网技术称为"WiMAX 技术"。

WiMAX 可以在 5.8 GHz、3.5 GHz 和 2.5 GHz 这三个频段上运行，利用无线发射塔或天线，能提供面向互联网的高速连接，其接入速率最高达 75 Mb/s，最大距离可达 50 km，覆盖半径达 1.6 km，它可以替代现有的有线和 DSL 连接方式，来提供最后 1 公里的无线宽带接入。WiMAX/IEEE 802.16 网络体系如图 5-24 所示，包括核心网、用户基站（SS）、基站（BS）、中继站（RS）、用户终端设备（TE）和网管。

核心网通常为传统交换网或 Internet，WiMAX 提供核心网与基站（BS）间的连接接口。基站（BS）提供用户基站（SS）与核心网间的连接，可提供灵活的子信道部署与配置功能，并根据用户群体状况不断升级扩展网络。用户基站（SS）也是一种基站，提供基站与用户终端设备（TE）间的中继连接，通常采用固定天线，基站与用户基站间采用动态自适应信号调制模式。中继站（RS）用于在点对点体系结构中提高基站的覆盖能力。WiMAX 系统定义用户终端设备（TE）与基站间的连接接口，提供用户终端设备的接入。网管用于监视

和控制网络内所有的基站和用户基站，提供查询、状态监控、软件下载、系统参数配置等功能。

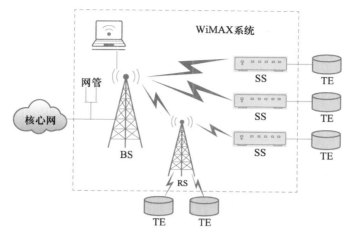

图 5-24　WiMAX 网络体系结构

应用 WiMax 技术可以迅速部署完成一个高速数据通信网络，比如，在大学校园内部署高速无线网络，使用 Wi-Fi 技术的校园无线网络目前已经十分普遍，但是 WiMAX 要比 Wi-Fi 先进很多，WiMAX 使用很少的基站即可达到整个校园的无线信号无缝连接。

5.3　移动通信技术

通信技术日新月异的发展促使无线通信逐渐成为一种灵活、方便的大众化技术。而通信技术的最高发展目标就是利用各种可能的网络技术，实现任何人（whoever）在任何时间（whenever）、任何地点（wherever）与任何人（whomever）进行任何种类（whatever）的信息交换，即所谓 5W 通信。个人化通信模式、宽带数据通信能力以及通信内容的融合是迈向 5W 发展的必然途径。而最终的目标是达到通信与数据服务的智能化，满足人们随时随地进行通信的需求，通信技术与计算机技术的相互融合，移动、无线通信与互联网相互渗透，促成了移动通信的出现与发展。

5.3.1　蜂窝移动通信技术

无线通信依赖于无线电磁波进行信息交换，而移动通信也是通过无线电波进行通信，移动通信是无线通信的一种形式。无线通信更侧重于通信的传输媒介，而移动通信则更侧重于通信的移动性，即用户可以在移动状态下进行通信，如手机通信。无线通信采用的技术主要包括无线局域网技术、蓝牙技术等，而移动通信则采用蜂窝移动通信技术，具有更高的数据传输速度和更广泛的网络覆盖。

蜂窝移动通信系统的核心原理是采用频率复用和空间复用技术。频率复用是指在不同的蜂窝内使用相同的频率，通过基站之间的协调来避免相互干扰。空间复用是指利用电磁波的传播特性，在不同的蜂窝内采用不同的天线方向和发射功率，以减少相互之间的干扰。

基站是移动通信中组成蜂窝小区的基本单元，单个基站的力量其实非常渺小，一般只能覆盖方圆几百米的范围。如果边打电话边走路，很容易从一个基站的覆盖范围移动到另外一个基站的覆盖范围，通信信号必须在这两个基站间无缝交接，才能保证电话通畅。这就需要让众多的基站联合起来，遵守相同的规则，协同工作。

大量基站该如何联合起来呢？人们从蜂巢由许多正六边形无缝衔接的内部结构得到启发，让每个基站的覆盖都是一个正六边形，多个基站联合起来，实现大面积的无缝覆盖，如图 5-25 所示。

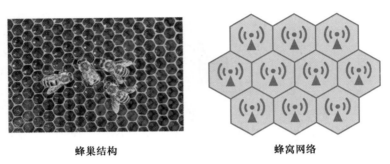

蜂巢结构　　　　　　　　　　　蜂窝网络

图 5-25　蜂巢结构与蜂窝网络

每一个正六边形的"蜂房"就叫作一个"cell"（小区），多个这样的 cell 组成的系统就叫作 cellular network（蜂窝网络）。

蜂窝网络解决了移动通信大面积无缝覆盖问题，接下来要解决另一个关键问题——"移动"。通过小区选择、重选、位置更新和切换等技术来解决"移动"问题。例如，手机开机时，会不断地检测哪个基站的信号强，并进行排序确认最优的服务小区，一旦选定，手机就会驻扎在这个小区里，手机上也就显示出信号标识，这个过程就叫作"小区选择"。手机在移动过程中时刻都在扫描相邻小区的信号强度，一旦发现更优的小区，就会选择新的小区，这个过程就叫作"小区重选"。蜂窝网络会按照地理区域划分出多个"位置区"，每个位置区包含一组基站，每个基站会不断地向用户广播自己的位置区编码，手机检测到自己所在的位置区，并向网络报告，这个过程就叫作"位置更新"。小区选择、重选和位置更新都是手机空闲状态时的行为，而手机通话中也会一直在测量着相邻小区的信号强度，服务小区一旦发现邻区信号强到一定的程度，就会迅速与邻区办理移交业务，确保电话持续畅通，这个过程就叫作"切换"。由于切换是在手机处于通话状态的行为，必须快速准确完成，否则可能导致切换失败，电话断开。

5.3.2　从 2G 到 5G

1. 2G 网络

由多个基站连成的蜂窝网络，如果靠各个基站之间彼此互通、自治，效率太低，需要一个控制器，对多个基站进行统一管理，多个控制器则由核心网来管理，由此组成一个如图 5-26 所示的 2G 通信网络架构。

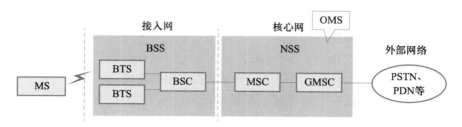

图 5-26　GSM 通信网络架构（简化）

2G 的全称为"第二代移动通信技术"，根据网络制式不同，分为 GSM 与 CDMA，国内中国移动与中国联通 2G 网络使用 GSM 制式，中国电信则选择了 CDMA 制式。GSM 全称为 global system for mobile communications，中文名为全球移动通信系统，是由欧洲电信标准组织 ETSI 制定的一个数字移动通信标准，采用时分多址技术，自 20 世纪 90 年代中期投入商用以来，被全球超过 100 个国家采用。CDMA 全称为 code division multiple access，中文名为码分多址，是一种扩频通信技术，通过编码技术区分不同的用户，实现多路复用。

图 5-26 是简化表示的 GSM 网络结构，主要由以下四部分组成。

① MS（mobile station，移动台）：它的功能是负责无线信号的收发及处理。

② BSS（base station subsystem，基站子系统）：它属于接入网部分，由 BTS（base transceiver station，基站收发信台）和 BSC（base station controller，基站控制器）两部分构成。BTS 可看作是一个无线调制解调器，负责移动信号的接收和发送处理，BTS 收到 MS 发送的无线信号后，将其传送给 BSC，由 BSC 进行无线资源的管理及配置（如功率控制、信道分配等），然后传送至核心网部分。

③ NSS（network and switching subsystem，网络子系统）：它属于核心网部分，主要负责数据的处理和路由，可以把它理解成一个"超级路由器"。其中，MSC（mobile service switching center，移动业务交换中心）是 NSS 的核心，负责在移动通信网络中处理和交换语音和数据呼叫，包括呼叫接续、用户位置更新、越区切换、呼叫前转、呼叫控制等功能。GMSC（gateway mobile switching center，移动网关局）是网关移动交换中心，提供接入外部网络的接口，主要负责移动运营商和其他运营商之间的网间结算，并且承担所有呼叫的处理和路由功能。

④ OMS（operations management system，操作管理系统）：主要负责网络的监视、状态报告及故障诊断等。

2G 的外部网络（external networks）包含 PSTN（公用电话网）、PDN（公用数据网）等语音、数据通信网。2G 通信实现的功能比较简单，以数字语音传输技术为主，一般无法直接传送如电子邮件、软件等信息，只具有通话和一些如时间日期等信息的传送功能。

2. 3G 网络

GSM 网络使用电路交换（circuit switched，CS）技术来实现语音业务的承载。在通话过程中，通话双方各占用一条"专用"的通道，其他人无法再占用这条通道。因此，使用 2G 网络打电话时，不能同时上网，于是就从 GSM 网络演进到了 GPRS（general packet radio service，通用分组无线服务）网络。

GPRS 是一种基于 GSM 系统的无线数据传输业务，其最主要的变化是引入分组交换业务。原有的 GSM 网络基于电路交换技术，不具备支持分组交换业务的功能，GPRS 引入了两个概念：一个是电路交换（circuit switching，CS）域，一个是分组交换（packet switching，PS）域，实现在移动电话和互联网之间进行高速数据传输的功能。

GPRS 是在 2G 移动通信技术的基础上发展而来的，称为 2.5G 移动通信技术。2003 年，GPRS 业务在中国移动和中国联通两家运营商中正式商用。随着 2.5G 之后数据业务的爆炸性增长，促成了 3G 的到来。

3G 通信在速率方面有了质的提高，而网络结构上，同样发生巨大变化。UMTS（universal mobile telecommunications system，通用移动通信系统）是一种全球性的 3G 标准，使用的是宽带 CDMA（WCDMA）技术。UMTS 通信网络架构如图 5-27 所示，包含以下四部分。

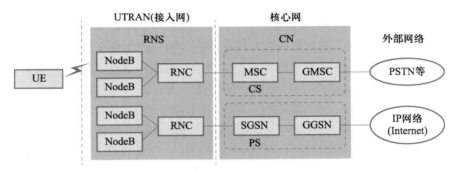

图 5-27　UMTS 通信网络架构（简化）

① UE（user equipment）：用户终端设备。

② UTRAN（UMTS terrestrial radio access network，UMTS 陆地无线接入网）：3G 接入网不再包含 BTS 和 BSC，取而代之的是 NodeB（基站）和 RNC（radio network controller，无线网络控制器）。NodeB 包括无线收发信机和基带处理部件，主要完成射频处理和基带处理两大类工作。RNC 主要负责控制和协调基站间配合工作，完成连接建立和断开、切换、宏分集合并、无线资源管理控制等功能。

③ CN（core network，核心网络）：负责与其他网络的连接和对 UE 的通信和管理。核心网分割为电路交换域（CS 域）和分组交换域（PS 域），CS 域功能与 2G 的 NSS 基本相同，主要包括 MSC 和 GMSC，分别负责承载传统用户呼叫与外部基于电路的网络的接口，主要包括一些语音业务，也包括电路型数据业务，如传真业务。

为了使 3G 支持更广泛的互联网多媒体应用，增加一个 PS 域来承载用户数据，其包括 SGSN（serving GPRS support node，服务 GPRS 支持结点）和 GGSN（gateway GSN，网关 GSN），SGSN 是负责移动性、会话管理和计费的实体，GGSN 负责确保和管理与外部分组交换网络（例如 Internet）的连接。PS 域主要包括常见的数据业务，也包括流媒体业务、VOIP（voice over IP）等。

④ 外部网络（external networks）：分为电路交换网络和分组交换网络两类，电路交换网络（CS networks）提供电路交换的连接服务，如通话服务，PSTN 属于电路交换网络。分组

交换网络（PS networks）提供数据包的连接服务，Internet 属于分组数据交换网络。通俗地说，就是打电话信号走 CS 域，数据业务信号走 PS 域。

3. 4G 网络

从 2G 到 5G 都离不开一个国际性的通信标准化组织 3GPP（3rd generation partnership project，第三代合作伙伴项目），3GPP 的工作范围涵盖了各种移动通信技术，包括 GSM、UMTS、LTE、5G 等，其主要工作包括制定和发布技术规范、进行技术评估、推动产业发展等。

3GPP 诞生于 1998 年，旨在对第三代（3G）移动通信网络进行技术规范。1999 年，3GPP 基于 2G 系统发布了首版标准 Release 99。在 Release 99 中，核心网分为电路交换域和分组交换域两部分。2009 年，为了更好地支持移动互联网广泛普及以及支持更多的用户连接和数据流量，3GPP 发布了 4G 首版标准 Release 8，该版本在技术上称为 LTE（long-term evolution，长期演进），是 UMTS 技术标准的长期演进。LTE 网络架构如图 5-28 所示。

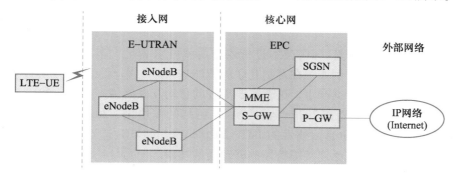

图 5-28　LTE 网络架构（简化）

整个 LTE 网络从接入网和核心网方面分为 E-UTRAN 和 EPC。

① E-UTRAN：LTE 体系结构将 UMTS（图 5-27）接入网 UTRAN 中的 RNC、NodeB 融合为一体，即图 5-28 中所示的 eNodeB，使得整个体系趋于扁平化。eNodeB 的功能由 3G 阶段的 NodeB、RNC、SGSN、GGSN 的部分功能演化而来，并新增加了系统接入控制、承载控制、移动性管理、无线资源管理、路由选择等功能，被称为"胖基站"。

② EPC（evolved packet core，演进分组核心）：Release 8 提出了分组交换系统的标准 EPC，在这个新架构中，所有的服务（比如语音、数据和短信）都由 IP 协议驱动，这意味着传统电路交换域（CS 域）从核心网中消失了。EPC 对之前的网络结构能够保持前向兼容，而自身结构方面，也不再有之前各种实体部分，传统 MSC 和 EIR（equipment identity register，设备标识寄存器）的功能被合并到 MME（mobility management entity，移动管理实体）中，MME 负责移动宽带网络的鉴权、漫游和会话管理等。S-GW（serving gateway，服务网关）具有 3G 系统中 SGSN 的部分功能，在切换过程中充当移动锚点，并负责路由用户的数据包。PDNGW（packet data network gateway，分组数据网网关）结合了 GMSC 和 GGSN 的功能，连接 S-GW，也是与外部基于 IP 的网络的互联结点，负责数据包过滤、合法拦截和 IP 地址分配等。LTE 的外部网络只接入 IP 网。

总的来说，LTE 引入了新的空中接口标准和一系列技术，以提供更快的数据传输速度和更高的网络容量。同时,对网络架构进行了演进,引入了扁平化的网络结构,减少了网络结点和复杂度,从而提高了网络的效率和可靠性。此外,还对语音和短信业务进行了优化,引入了 VoIP(语音 IP)和 CSFB(电路域回落)等技术,以提供更好的语音和短信服务质量。

由于 LTE 没有 CS 域,只剩下 PS 域,这就意味着语音通话仍然要使用 2G/3G 的 CS 网,上网则用 4G 的 LTE 网络,这种情况下依然存在前面提到的 2G 网络手机不能同时打电话和上网的问题,VoLTE(voice over LTE)就是一种 LTE 语音解决方案,是基于 IMS(IP multimedia subsystem,IP 多媒体子系统)的语音业务。它是一种 IP 数据传输技术,不需 2G/3G 网,全部业务都承载于 4G 网络上,可实现数据与语音业务在同一网络下的统一。此外,由于 VoLTE 采用了高分辨率编解码技术,其语音质量比 2G、3G 语音通话提高约 40%。VoLTE 还具有接通等待时间短、语音质量清晰自然、可在通话时上网、提供高清视频通话等优点。同时,它的掉线率接近于零,几乎不会出现语音中断的情况。因此,可以说 VoLTE 技术是 4G 时代下的一种革新性的语音通信技术,能够为用户带来更加稳定、清晰、快速的语音通信体验。

4. 5G 网络

如果纯粹从现有需求来看,4G 技术进行改进后就可以满足大多数用户的需求。但如果网络的商业模式发生转变,例如,在万物互联的智能城市中,车辆、虚拟现实设备、智能机器人等互相连接并有大量数据产生,这就需要更好的移动互联网络来支撑。2013 年,欧盟提出了 5G 网络的概念,并计划在 2020 年前实现 5G 网络的商用化。2015 年,联合国国际电信联盟(ITU)发布了 5G 移动通信技术的 IMT-2020 标准,将 5G 定义为能够提供超高速率、超高可靠性、超低时延和广泛连接等特性的移动通信技术。

5G 通信设施是实现万物互联的网络基础设施,可以满足多样化的应用场景需求。国际电信联盟(ITU)定义了 5G 的三大类应用场景。

① 增强移动宽带(eMBB):主要面向移动互联网流量爆炸式增长,为移动互联网用户提供更加极致的应用体验。

② 超高可靠低时延通信(uRLLC):主要面向工业控制、远程医疗、自动驾驶等对时延和可靠性具有极高要求的垂直行业应用需求。

③ 海量机器类通信(mMTC):主要面向智慧城市、智能家居、环境监测等以传感和数据采集为目标的应用需求。

随着网络功能虚拟化(NFV)和软件定义网络(SDN)技术不断发展以及为了支持 5G 端到端网络切片,进入 5G 时代,核心网再次发生了变革。核心网关键技术主要包括网络功能虚拟化(NFV)、软件定义网络(SDN)、网络切片和多接入边缘计算(MEC)。

① 网络功能虚拟化(NFV):通过 IT 虚拟化技术将网络功能软件化,并运行于通用硬件设备之上,以替代传统专用网络硬件设备。NFV 将网络功能以虚拟机的形式运行于通用硬件设备或白盒之上,以实现配置灵活性、可扩展性和移动性,并以此希望降低网络 CAPEX 和 OPEX。NFV 独立于 SDN,可单独使用或与 SDN 结合使用。

② 软件定义网络(SDN):是一种将网络控制平面和数据平面分离的技术,通过开放网络平台 API 接口,实现网络设备的集中管理和控制。

③ 网络切片:5G 网络将面向不同的应用场景,比如,超高清视频、VR、大规模物联

网、车联网等，不同的场景对网络的移动性、安全性、时延、可靠性，甚至是计费方式的要求是不一样的，因此，需要将一张物理网络分成多个虚拟网络，每个虚拟网络面向不同的应用场景需求。

④ 多接入边缘计算（MEC）：是一种基于云的 IT 计算和存储环境，将计算和存储能力下沉到网络边缘的技术，以实现更快速的网络响应和更好的用户体验。

除了核心网关键技术，5G 网络还有其他一些重要技术，例如大规模天线技术、超密集组网、新多址技术、全频谱接入技术、新型网络架构等。大规模天线技术是利用大量天线来提高系统的频谱效率和可靠性。超密集组网通过增加基站部署密度来获得更高的频谱效率和接入能力。新多址技术则是一种多用户复用技术，通过发送信号的叠加传输来提升系统的接入能力。全频谱接入技术利用各类频谱资源，有效缓解 5G 网络频谱资源的巨大需求。

目前，5G 通信技术成为世界各国竞相争夺的最大焦点。在 2016 年，全球各大运营商、设备厂商和标准组织就开始着手开发 5G 技术，以期在全球范围内加速推广 5G 网络。2018 年，全球各地开始进行 5G 网络的试点和商用，中国成为了全球第一个开展 5G 商用的国家。2018 年 6 月 28 日，中国联通公布了 5G 部署：将以 SA 为目标架构，前期聚焦 eMBB，5G 网络计划 2020 年正式商用。同时，各种智能终端逐渐普及，移动数据流量将呈现爆炸式增长。

我国国民经济和社会发展"十四五"规划中提出"加快 5G 网络规模化部署""构建基于 5G 的应用场景和产业生态""推动 5G、大数据中心等新兴领域能效提升"等要求。根据"十四五"时期国家层面发布的相关政策，未来 5G 行业的发展将集中在新型基础设施建设、用户普及率提升、应用场景丰富（物联网、工业互联网、车联网、医疗健康）等方面。

2023 年 5 月 17 日，中国电信、中国移动、中国联通、中国广电宣布正式启动全球首个 5G 异网漫游试商用，这标志着我国 5G 技术的进一步发展和应用。

5.3.3　下一代通信网络

1. 什么是下一代通信网络？

下一代通信网络（next generation network，NGN），由软交换设备组成，是一种采用新技术演进出来的新一代网络。软交换是指软交换设备的功能实体，是一种硬交换的分解，可以灵活调度和扩展。NGN 是一个极其松散的术语，泛指不同于当前的，大量采用新技术，以 IP 技术为核心，以统一管理的方式提供多媒体业务，同时可以支持语音、数据和多媒体业务的融合网络。

5G 主要关注移动通信网络的升级和拓展，能够提供更快、更可靠、更智能的数据传输服务，适用于个人和物联网等场景。相较于 5G，NGN 主要关注固定网络的升级和改造，能够提供更为灵活、智能和丰富的业务，适用于企业和大型机构等场景。

2004 年 2 月，ITU-TSG13 会议上给出的 NGN 的定义是，NGN 是一个分组网络，它提供包括电信业务在内的多种业务，能够利用多种带宽和具有 QoS 能力的传送技术，实现业务功能与底层传送技术的分离；它允许用户对不同业务提供商网络的自由接入，并支持通用移动性，实现用户对业务使用的一致性和统一性。

NGN 的出现不是革命而是演进，NGN 提出了分组、分层、开放的概念，是一种从面向管理的传统电信网络转变成面向客户、面向业务的全新的电信网络体系架构。

2. 下一代通信网络的核心技术

下一代通信网络的核心技术包括软交换、人工智能、沉浸式云 XR、空天地一体化、通信感知一体化、全息通信、数字孪生、太赫兹及可见光通信等。

① 软交换（soft switch）技术：是 NGN 的核心技术，为 NGN 提供具有实时性要求的业务呼叫控制和连接控制功能，是 NGN 呼叫与控制的核心，最早起源于美国的 IP PBX。根据国际软交换论坛 ISC 的定义，软交换是基于分组网利用程控软件提供呼叫控制功能和媒体处理相分离的设备和系统。因此，泛义的 NGN 容包了所有新一代网络技术，狭义的 NGN 就是指软交换。

② 人工智能技术：是下一代通信网络的核心技术之一，它可以实现对网络的智能化管理和优化，提高网络的效率和可靠性。

③ 沉浸式云 XR（extended reality）技术：是指通过云计算技术和虚拟现实（VR）技术，实现逼真的、沉浸式体验的云服务。它包括许多不同的技术和应用，如 3D 视觉、音视频编解码、传感器融合、可视化计算、空间音频、高精度地图等，可以在不同领域中实现身临其境的虚拟现实体验。云 XR 平台提供从底层设施到平台层的全方位服务，包括算力调度、3D 实时渲染、音视频编码与推流、应用发布与用户管理等服务。开发者可以将应用发布托管到云 XR 平台，用户可以使用 AR、VR、MR 等多终端加入到云 XR 平台与 3D 应用交互并体验。应用场景包括游戏、电影、教育、医疗、工业设计等。

④ 空天地一体化信息网络：由多颗不同轨道上、不同种类、不同性能的卫星形成星座覆盖全球，将空中、地面和海洋等多个维度的信息进行整合，具备空、天、地全方位的通信、导航、探测、侦察等能力，可实现更加全面、精准的定位和导航。

⑤ 通信感知一体化技术：是指基于软硬件资源共享或信息共享，同时实现感知与通信功能协同的新型信息处理技术，可以有效提升系统频谱效率、硬件效率和信息处理效率。在6G 基站和终端中，通信感知一体化将使移动蜂窝网络具备测速、测距、定位、目标成像及识别等全新的感知能力，从而满足智慧交通、无人机监控、自动驾驶环境感知、机器人交互等智能化场景的新需求。

⑥ 全息通信技术：是一种通过记录物体的反射或透射光波中的振幅和相位信息，并利用干涉和衍射原理进行物体真实三维图像再现的技术。它包括光学全息、数字全息和计算全息等类型，可以应用于高沉浸式、高自然度交互的业务场景，如高质量全息、沉浸 XR、新型智慧城市、全域应急通信抢险、智能工厂、网联机器人等。在全息通信中，可以通过计算机模拟物体的光场分布，用算法进行全息图的制作，实现全息术从实际物体到虚拟物体的突破。全息通信可以提供高沉浸式、高自然度交互的业务形态，使用户能够感受到真实世界和虚拟世界的无缝融合。

⑦ 数字孪生技术：是充分利用物理模型、传感器更新、运行历史等数据，集成多学科、多物理量、多尺度、多概率的仿真过程，在虚拟空间中完成映射，从而反映相对应的实体装备的全生命周期过程。数字孪生是一种超越现实的概念，可以被视为一个或多个重要的、彼此依赖的装备系统的数字映射系统。它是一种普遍适应的理论技术体系，可以在众多领域应用，在产品设计、产品制造、医学分析、工程建设等领域应用较多。在国内应用最深入的是工程建设领域，关注度最高、研究最热的是智能制造领域。

⑧ 太赫兹通信技术：太赫兹指的是频段 0.1~10 THz（波长为 30~3 000 μm）的电磁波，具有约 10 THz 候选频谱。由于波长短，天线阵子尺寸小，发送功率低，太赫兹通信更适合与超大规模天线结合使用，形成宽度更窄、方向性更好的太赫兹波束，有效地抑制干扰，提高覆盖距离。

⑨ 可见光通信技术：可见光通信通常指频段 430~790 THz（波长为 380~750 nm）的电磁波，有约 400 THz 候选频谱。由于其具有低功耗、低成本、易部署等特点，并且可以与照明功能结合，因此可以采用超密集部署实现更广泛的覆盖。可见光通信适合在局域和短距离场景提供更大的容量和更高的速率，例如，可以在大楼内部或地下进行通信。

总之，NGN 的出现是电信发展史上的一块里程碑，标志着新一代电信网络时代的到来，它是通信网、计算机网的一种融合和延伸，代表了 PSTN（公众电话网）、3G、4G、5G 乃至 6G 等网络的发展方向。

3. 下一代通信网络的特点

下一代通信网络的特点是支持多种业务，具有开放式结构，便于系统扩展升级和资源共享，能够提供高质量可靠的通信服务，同时也减少了网络管理等工作量。

① 多业务支撑：NGN 可以同时支持语音、视频、数据通信等多种业务，并且能够灵活地将这些业务整合起来，从而提供更加丰富的业务体验。

② 业务与呼叫控制相分离：NGN 将实现业务与呼叫控制相分离，这意味着业务和呼叫控制不再绑定在同一个网络元素上，而是可以独立发展和演进。这种架构可以提高网络的灵活性、可扩展性和可维护性。

③ 开放接口：NGN 提供了开放的接口，使得第三方开发商和用户可以方便地开发和集成应用，扩大了网络的应用范围和用户群体。

④ 业务独立于网络：下一代网络将使业务独立于网络，这意味着业务可以在不同的网络平台上运行，并且可以在不同的设备之间进行移植和迁移。这种架构可以提高业务的灵活性和可扩展性，同时降低网络的复杂性和成本。

⑤ 支持移动性和多接入方式：下一代网络将支持移动性和多种接入方式，包括固定接入、无线接入和移动接入等。这样可以满足不同用户和不同设备的需求，提高网络的覆盖范围和服务质量。

⑥ 三网融合：下一代网络将实现电信网、广播电视网和互联网的融合，即三网融合。通过三网融合，可以提供更加多样化的业务和服务，例如语音、视频、数据和多媒体等，从而满足不同用户的需求。

6G 通信设施是实现人机物互联的网络基础设施，具有高速率、低时延和大连接特点的新一代宽带移动通信技术。6G 将构建物理世界与数字世界连接的神经中枢，真正开启万物感知、万物互联、万物智能的时代，实现"因智而联，因联而智，智通万物，慧达千行"的人类可持续发展愿景。因此，下一代通信网络将是高速率、低时延、大连接、高可靠性、万物互联的智能化网络。

当然，未来网络的发展方向是多种多样的，受到许多因素的影响，例如市场需求、技术进步、政策法规等。因此，下一代网络的特点可能会根据不同的应用场景和需求而有所差异。同时，由于网络技术的不断演进和发展，下一代网络的特点也可能会随着时间的推移而不断演进和发展。

5.3.4 三网融合

1. 什么是"三网融合"?

"三网融合"是下一代通信网络的特征之一,那么,什么是"三网融合"呢?

早在 1998 年,为了节约网络建设资源、避免重复和浪费,我国不少专家就提出对现有网络进行融合的构思,国家发布的"九五""十五"和"十一五"规划中,三网融合都位列其中,在政策层面不断丰富内涵。我国"十一五"规划中,首次对三网融合的概念进行了界定:"三网融合是指电信网、计算机网、广播电视网打破各自界限,在业务应用方面进行融合。三个网络在技术上趋向一致,网络层面实现互联互通,业务层面互相渗透和交叉,有利于实现网络资源最大程度的共享"。"十二五"规划中明确将三网融合作为全面提高信息化水平的重要手段进行定位,为三网融合的发展提出了明确的方向和目标。

"三网融合",也被称为"三网合一",是一个涉及电信网络、广播电视网和互联网的概念。它指的是这三大网络通过技术改造,实现相互渗透、互相兼容,并逐步整合成为统一的信息通信网络,其中互联网是其核心部分。

在实际应用中,三网融合打破了此前广电在内容输送、电信在宽带运营领域各自的垄断,明确了互相进入的准则。比如,广电企业可以在符合条件的情况下经营增值电信业务、基于有线电视网络的互联网接入业务等;而国有电信企业在有关部门的监管下,可从事除时政类节目之外的广播电视节目生产制作、互联网视听节目信号传输、转播时政类新闻视听节目服务、IPTV 传输服务、手机电视分发服务等。

此外,广义上的三网融合还包含了电信、媒体与信息技术等三种业务的融合。各类网络在技术上趋于一致,能够在网络层面上实现互联互通,在业务层面上相互渗透和交叉,在应用层面上使用统一的通信协议。这使得用户可以通过任一网络获取语音、数据、图像等综合多媒体的通信业务。这意味着,三网融合不仅仅是技术层面的整合,更是业务、内容、应用等多个层面的全面融合。这种全面的融合为社会的发展提供了更加丰富和高效的通信服务。

三网融合是一种发展模式,在我国政府的政策推动下,这一模式正在逐步实现和日趋成熟:广电和电信业务双向进入已扩大到全国范围,宽带通信网、下一代广播电视网和下一代互联网的建设也在快速推进。同时,自主创新技术研发和产业化取得了突破性进展,融合业务应用更加普及,网络信息资源和文化内容产品得到了充分开发利用。

如今,"三网融合"这个词在不同的上下文中可能有不同的含义。例如,在传媒领域,三网融合主要指电视、移动网络和电话的融合;在基础设施领域,三网融合则涉及能源网、交通网、信息网由条块分割的各自发展转变为集成共享的协同发展。

2. 三网融合面临的问题

三网融合在推进过程中,面临着一些挑战和问题。首先,技术问题是一个重要的阻碍,包括骨干网传输的宽带化和高指标的交换等。这些问题的解决需要大量的研发投入和技术突破。

其次,监管问题也是不容忽视的一个方面。在三网融合的进程中,电信运营商和广电运营商的竞争关系将发生重大变化,如何有效地调整监管政策以适应新的市场环境,防止市场的不公平竞争，是需要解决的重要问题。

此外，业务层面的问题也是三网融合面临的主要挑战之一。如何在保证服务质量的同时，提供个性化的服务以满足消费者的需求，是三网融合所要解决的重要课题。

最后，安全问题也不能忽视。随着业务的融合，网络安全问题的复杂性和重要性也将增加。因此，如何确保网络的安全运行，防止各种安全威胁，是三网融合必须面对的另一个重要问题。

总的来说，三网融合对人类社会进步和社会先进性将产生难以估量的重大影响，将进一步改变人类学习、工作和生活的方式，给信息产业的内容、技术和服务带来全新发展和创新思路。虽然三网融合带来了许多机遇，但是在推进的过程中也存在着诸多的挑战和问题。国内外三网融合的实践经验表明，三网融合是一个不断探索、发展和演进的过程，只有通过不断的技术创新和市场调整，才能克服这些问题，推动三网融合的健康发展。虽然融合之路艰辛曲折，但目标清晰明确，人们期盼的三网融合终将实现。

5.4　常见的物联网通信技术

无论是有线还是无线通信技术，都使物联网（物联网详细介绍见 6.2 节）能够将感知到的信息在不同的终端之间进行高效传输和交换，实现信息资源的互通和共享，这是物联网各种应用功能的关键支撑。在选择具体的通信技术时，需要考虑到实际应用场景、数据传输需求、设备成本等因素。

通信技术是物联网的基础，物联网中的通信技术分为有线通信技术和无线通信技术。在有线通信技术中，常见的类型包括以太网、USB、RS-232、RS-485、M-Bus 和 PLC 等。在无线通信技术方面，可分为近距离无线通信技术和远距离无线通信技术。近距离通信技术主要包括 Wi-Fi、蓝牙、ZigBee 等，远距离通信技术以 2G/3G/4G/5G、LPWAN（NB-IoT、eMTC、LoRA 等）为代表，如图 5-29 所示。

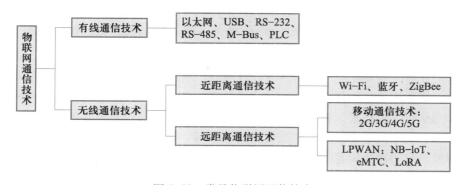

图 5-29　常见物联网通信技术

1. 物联网有线通信技术

以太网在前面小节中已介绍，这里不再赘述。

① USB（universal serial bus，通用串行总线），是一种串口总线的标准，也是一种输入输出接口的技术规范。USB 接口在计算机、手机、打印机、游戏机等 3C 数码产品中频繁应用，因其连接方便、插拔自由、扩展性强等特点，被誉为"万能接口"，已经成为计算机及各种智能设备的重要通信标准。

USB 接口不仅支持热插拔，可连接多种外设，如鼠标和键盘等，而且其形态多样，根据物理形态可以分为 USB-A、USB-B、USB-C 等多种类型。此外，自 1996 年 USB-IF（USB implementers forum）组织发布 USB 1.0 标准以来，USB 标准经历了 USB 1.1、USB 2.0、USB 3.0、USB 3.1、USB 3.2 等多个版本的发展，目前最新的版本是 USB 4，其传输速度更是高达 40 Gb/s。

② RS-232，全称 EIA-RS-232，是由美国电子工业协会（Electronic Industry Association，EIA）联合贝尔系统公司、调制解调器厂家及计算机终端生产厂家于 1970 年共同制定的一种串行通信接口标准。"RS"是"recommand standard"的缩写，表示"推荐标准"，而"232"则是标识号。这种标准最初是为了实现计算机、程控电话、调制解调器之间通信的需求而制定的。

作为常用的串行通信接口标准之一，RS-232 被广泛应用于计算机串行接口外设连接。例如，连接电缆和机械、电气特性、信号格式等都有明确的规定。此外，RS-232 通信也被称为串口通信方式，是指计算机通过 RS-232 国际标准协议用串口连接线和单台设备（控制器）进行通信的方式。在通信距离方面，例如，在 9 600 波特率下建议在 13 m 以内。

③ RS-485，全称 recommended standard 485，是由电子工业协会（EIA）等组织于 1983 年制订并发布的一种串行通信接口标准。和 RS-232 一样，它也是一种串行通信标准，常用在工业、自动化、汽车和建筑物管理等领域。

RS-485 的特点包括抗噪声干扰性好，能够有效支持多个分结点且通信距离远，对于信息的接收灵敏度较高。此外，RS-485 接口组成的网络一般是半双工的，并且多采用屏蔽双绞线传输，这种接线方式为总线式拓扑结构，在同一总线上最多可以挂接 32 个结点。

④ M-Bus，全称 meter-bus，也被称为仪表总线，是一种专门为自动抄表系统设计的总线标准，由欧洲引进并已被我国住房和城乡建设部纳入行业标准。M-Bus 的开发目的是满足网络系统和远程抄表的需要，例如，读取家庭所用的水、电、气的消耗，从而避免了上门抄表。在 OSI 的七层网络模型中，M-Bus 只对物理层、数据链路层、网络层、应用层进行了功能定义。

⑤ PLC（programmable logic controller，可编程逻辑控制器），是一种具有微处理器的数字电子设备，主要用于自动化控制。它是一种数字运算控制器，可以将控制指令随时载入内存进行存储与执行。PLC 是工控、自动化及智能制造控制系统中最主要的控制器，广泛应用于钢铁、石油、化工、电力、建筑、交通运输等领域。其优点在于高度的自动化程度和可编程性，使得控制过程更为灵活、准确。PLC 由 CPU、指令及数据内存、输入/输出接口、电源、数字模拟转换等功能单元组成，可以实现对工业生产过程中的各种设备进行自动控制和监测。因此，对于相关行业从业者来说，PLC 系统集成和应用技术是需要熟练掌握的关键技能。

USB、RS-232、RS-485、M-Bus 和 PLC 的比较如表 5-2 所示。

表 5-2　常见物联网有线通信技术比较

通信方式	特　　点	适 用 场 景
USB	大数据量近距离通信、标准统一、可以热插拔	办公
PLC	针对电力载波、覆盖范围广、安装简便	电表
M-BUS	针对抄表设计、使用普通双绞线、抗干扰性强	抄表
RS-485	总线方式、成本低、抗干扰性强	工业仪表、抄表等
RS-232	通信、成本低、传输距离较近	少量仪表等

2. 物联网无线通信技术

物联网近距离无线通信技术 Wi-Fi、蓝牙、ZigBee 以及远距离通信技术的 2G、3G、4G、5G 在前面小节均有介绍，这里主要介绍 LPWAN。

LPWAN（low-power wide-area network，低功率广域网），也被称为 LPWA（low-power wide-area），是一种专为物联网（如电池供电的传感器）设计的无线网络，特点是可以用低比特率进行长距离通信。其优势在于其低功耗和广阔的覆盖范围，这使得它非常适合需要长时间运行和连接大量结点的应用。为了实现这一点，LPWAN 设备通常采用休眠模式，只在需要发送或接收数据时唤醒，以此方式大大延长了电池寿命。

目前，LPWAN 的三种主流技术是 NB-IoT、eMTC 和 LoRa。

① NB-IoT（narrow band internet of things，窄带物联网），是一种新兴的物联网技术，特别适用于支持需要待机时间长、对网络连接要求较高的设备的高效连接。NB-IoT 的主要特点包括广覆盖、低功耗、模块成本低和大连接等。其传输速率在 250 kbps 左右。此外，NB-IoT 设备电池寿命可以提高至少 10 年，同时还能提供非常全面的室内蜂窝数据连接覆盖。NB-IoT 是基于蜂窝技术的网络标准，用于连接使用无线蜂窝网络的各种智能传感器和设备。可以理解为是 LTE 技术的"简化版"，具有低功耗、低成本、强连接、广覆盖等特点。

② eMTC（LTE enhanced MTO），也被称为 LTE-M（LTE-machine-to-machine），是 3GPP 推出的一种技术标准。eMTC 基于现有的 LTE 载波满足物联网设备需求，对 LTE 协议进行了裁剪和优化以更加适合物与物之间的通信，并降低成本。eMTC 基于蜂窝网络进行部署，其用户设备通过支持 1.4 MHz 的射频和基带带宽，可以直接接入现有的 LTE 网络。此外，eMTC 的用户设备覆盖范围更广，可以支持更大容量的数据传输，而且具有更低的功耗和更长的待机时间。

③ LoRa（long range，直译为"长距离"），是一种基于扩频技术的超远距离无线传输方案，特点是距离长、低功耗、低成本、大容量等，适用于物联网的各种场景。

三种远距离无线通信技术比较如表 5-3 所示。

表 5-3　NB-IoT、eMTC 和 LoRa 比较

技术	LoRa	eMTC	NB-IoT
频段	非授权频段	授权频段	授权频段
带宽	125 kHz/500 kHz	1.4 MHz	200 kHz

续表

技术	LoRa	eMTC	NB-IoT
覆盖范围	城区（3~5）km	GSM 覆盖半径的 3 倍	GSM 覆盖半径的 4 倍
速率	（0.3~50）Kbps	1 Mbps	250 kbps
优点	远距离，低功耗，多结点，低成本	速率高，支持 VoLTE 语音，移动性好，可定位	海量连接，深度覆盖，低功耗
应用场景	智慧城市和交通监控、计量和物流、农业定位监控等	电梯、智能穿戴、物流跟踪等	智能停车、智能消防、智能水务、智能路灯、共享单车和智能家电等

习题

一、思考题

1. 简述通信系统模型的工作原理。
2. 理解数字通信系统中"带宽"的概念。
3. 理解"数据传输速率"的概念。
4. 什么是基带传输？为什么基带传输会占用信道提供的全部带宽？
5. 在数据通信系统或计算机网络系统中，主要采用哪些多路复用技术？
6. 什么是信道容量？无噪声信道与有噪声信道计算公式适用于什么范围？
7. 简述 2G、3G、4G 通信网络架构，比较它们的特点。
8. 简述现代通信网络的分层结构。
9. 常用的有线传输介质与无线传输介质有哪些？
10. 网络协议的作用是什么？
11. 简述 TCP/IP 四层协议的主要功能。
12. 什么是 IP 地址？它由哪几部分组成？
13. 采用域名系统的作用是什么？IP 地址与域名之间有什么关系？
14. IPv4 与 IPv6 有什么区别？
15. 什么是"三网融合"？
16. 5G 通信有哪些特点？主要应用场景有哪些？
17. 请谈谈下一代通信网络的特点和发展趋势。

二、计算题

1. 实际通信系统由于受到噪声的干扰，使得达到理论上最大传输速率成为不可能。信噪比是对干扰程度的一种度量，如果已知某通信系统的信噪比值为 1 000，则对应的噪声强度为多少分贝？

2. 假定某信道带宽为 300 Hz，信噪比为 30 dB，试求该信道的容量。

3. 某用户采用调制解调器在模拟电话线上传输数据，电话线输出信噪比为 25 dB、传输带宽为 300~3 200 Hz 的音频信号。计算该电话线能无误传输的最大数据速率。

4. 在某个存在噪声的信道上，其频带为 1 MHz。

（1）若信道上的信噪比为 10，求该信道的信道容量。

（2）若信道上的信噪比降至 5。要达到相同的信道容量，信道频带应多大？

（3）若信道频带减小为 0.5 MHz，要保持相同的信道容量，信道上的信噪比应等于多少？

5. 已知某信道频带为 3 kHz，信噪比为 3，求可能的最大数据传输速率。若信噪比提高到 15，理论上达到同样传输速率所需的频带为多少？

6. 已知甲、乙两台主机的 IP 地址分别为 192.192.0.5、130.102.0.12，则它们分别属于哪类网（A 类、B 类、C 类）？

第 6 章
云计算与物联网

　　在新一代信息技术产业变革中，互联网与各领域的融合发展有着广阔前景和无限潜力，已成为不可阻挡的时代潮流，正对各国经济社会发展产生着战略性和全局性的影响。物联网和云计算是互联网发展中衍生出来的新时代产物，是新一代信息技术产业的两个核心组成，它们推动了新能源、新材料、高端装备制造、新能源汽车、现代生物、节能环保等战略性新兴产业的发展，它们的结合和发展在数字化转型中发挥越来越重要的作用，为推动经济发展和社会进步带来了新的机遇和挑战。

电子教案

6.1 云计算

"云"概念最早诞生于互联网。"云"是一个比喻的说法，一般是后端，难以看见，这让人产生虚无之感，因此被称为"云"。早在2006年谷歌推出"Google101计划"时，"云"的概念及理论就被正式提出，随后，云计算、云存储、云服务、云安全等相关的云概念相继诞生。

6.1.1 坐看云起时——云计算的兴起

在19世纪末期，如果你告诉那些自备发电设备的公司可以不用自己发电，只要接入大型集中供电的公司的无所不在的电网，就可以充分满足各种厂家的用电需求，人们一定会以为你在痴人说梦。然而，到了20世纪初，绝大多数公司就改用由公共电网发出的电来驱动自家的机器设备，与此同时，电力还开始走进那些置办不起发电设备的百姓家，为各类家用电器的普及提供了能源驱动。

1961年，当计算机科学家刚刚开始思考如何让计算机对话时，网络互联领域专家约翰·麦卡锡（John McCarthy）就预言："未来计算机运算有可能成为一项公共事业，就像电话系统已成为一项公共事业一样。"

其实早在互联网出现之前，人们就已意识到，从理论上讲，计算机运算的能力和电力一样，可以在大规模公用"电厂"中生产，并通过网络传输到各地。就运营而言，这种中央"发电机"会比分散的私人数据中心更有效率。云计算这个概念并不是凭空出现的，而是IT产业发展到一定阶段的必然产物。著名的美国计算机科学家、图灵奖（Turing Award）得主麦卡锡（John McCarthy）在半个世纪前就曾思考过这个问题。1961年，他在麻省理工学院（MIT）的百年纪念活动中做了一个演讲。在那次演讲中，他提出了把计算能力作为一种像水和电一样的公共事业提供给用户。这就是"云计算"（cloud computing）技术的最初想法。

在"云计算"概念诞生之前，很多公司就可以通过互联网发送诸多服务，比如地图、搜索以及其他硬件租赁业务，随着服务内容和用户规模的不断增加，对于服务的可靠性、可用性的要求急剧增加，这种需求变化通过集群等方式很难满足要求，于是通过在各地建设数据中心来达成。

光纤电缆和光纤互联网的出现，解决了数据传输的瓶颈问题，网络空间的重要性终于压倒了计算机内存的重要性。光纤互联网对计算机应用所起的作用，恰如交流电系统对电所起的作用，它使设备所处的位置对用户不再重要。大约从十年前开始，在电力领域发生过的故事又开始在IT领域上演。由单个公司生产和运营的私人计算机系统，被中央数据处理工厂通过互联网提供的云计算服务所代替，计算正在变成一项公共服务。

2006年，Google公司首次提出了"云计算"的概念，并实现了云计算的技术应用，云计算开始进入商业应用阶段。

2011年，美国国家标准和技术研究院提出了"云计算"的定义，这个定义成为了国际标准。云计算技术不断发展，应用范围不断扩大，成为 IT 领域的重要技术趋势之一。随着云计算服务趋向成熟，每个人都能便捷地使用网上丰富的软件服务，利用无限制的在线存储，通过手机、电视等多种不同装置上网和分享数据，再过若干年，个人计算机或许会成为古董，提醒人们曾有过一个奇特的时代：所有人都被迫担任业余的计算机技术人员。

6.1.2　云计算的定义和特征

从云计算的兴起到如今的云旅游、云聚会、云养猫、……，我们已经进入万物皆可云的时代。那么，什么是云计算呢？云计算的本质是什么？云计算有什么特征？

1. 云计算的定义

不同行业从不同角度给出了云计算的定义，列举几个如下。

Gartner 公司：云计算是一种计算方式，能够通过 Internet 技术，将可扩展的和弹性的 IT 能力作为服务，交付给外部用户。

ForresterResearch 公司：云计算是一种标准化的 IT 性能（服务、软件或者基础设施），以按使用付费和自助服务方式，通过 Internet 技术进行交付。

美国国家标准和技术研究院（NIST）：云计算是一种按使用量付费的模式，可以随时随地、便捷地、按需地从可配置计算资源共享池中获取所需的资源（包括网络、服务器、存储、应用软件、服务等），资源可以快速供给和释放，使管理的工作量和服务提供者的介入降低至最少。

显然，美国国家标准和技术研究院对云计算的定义相对完整一些，云计算的本质是通过"云"的方式提供"算力"。算力（computing power）是计算机设备或数据中心处理信息的能力，是计算机硬件和软件配合共同执行某种计算需求的能力，是一种新型的生产力。云计算就是获取这些算力资源的一种新型方式。

与公共电网的运营模式类似，"云计算"是一种新兴的商业计算模型。它将计算任务分布在大量计算机构成的资源池上，使各种应用系统能够根据需要获取计算能力、存储空间和各种软件服务，"云计算"最初的目标是对资源的管理，管理的主要是计算资源、网络资源、存储资源三个方面。之所以称为"云"，是因为它在某些方面具有现实中云的特征：云在空中飘忽不定，无法也无须确定它的具体位置，但它确实存在于某处。云一般都较大；云的规模可以动态伸缩，它的边界是模糊的。

总而言之，云计算是一种商品，为用户提供多种形式的算力产品；云计算是一种技术，实现算力资源的整合，支撑不同规模的使用需求；云计算是一种理念，通过资源汇聚和虚拟整合的形式，提供泛在的服务。

举例来说，Google 的云就是由网络连接起来的几十万甚至上百万台廉价计算机，这些大规模的计算机集群每天都处理着来自互联网的海量检索数据和搜索业务请求。从 Amazon 的角度看，云计算就是在一个大规模的系统环境中，不同的系统之间互相提供服务，软件就是以服务的方式运行，当所有这些系统相互协作并在互联网上提供服务时，这些系统的总体就成了云。

2. 云计算的特征

云计算是一种新的用户体验和业务模式，具备服务标准化、快速部署、灵活计费、容易访问等特点，它整合大规模可扩展的计算、存储、数据、应用、IT 资源等分布式计算资源进行协同工作，提供基础架构、平台、软件等服务。其特征如下。

① 超强的计算和存储能力：云计算的云端由成千上万台甚至更多服务器组成集群，具有无限空间和无限速度，能够提供强大的计算和存储能力，满足用户的需求。

② 虚拟化技术：云计算平台利用软件和一系列接口或协议来实现软硬件资源的虚拟化管理、调度及应用，将物理资源转化为虚拟的资源，使用户无须关心服务的底层实现，只需关注所需服务本身，更好地实现资源利用，提升硬件的使用效率。

③ 资源池化：将不同类型的资源（如计算、存储、网络等）集中管理，形成一个整体资源池。这些资源可以以服务的形式供多个使用者通过多租户模型加以使用，使用者可以动态地获取所需的计算资源和服务。资源池化技术使云计算平台更加可靠、灵活和高效，同时也能够提高资源利用率和降低成本。

④ 弹性扩展：云计算集成的各类资源和服务不仅满足用户的各类业务承载按需部署，提供高可靠、高性能服务和多层次控制，而且在业务运行过程中，按照业务突发需求，提供弹性的资源配置。整个资源集成管理是动态可扩展的，包括硬软件系统的增加、升级等；同时，根据用户的业务需求可动态调用和管理"云"中的资源，即"云"的规模可以动态伸缩，以满足应用和用户规模增长的需要。

⑤ 数据安全性和隐私保护：云计算服务提供商通常会采取一系列措施来确保数据的安全性和隐私保护，包括数据加密、访问控制、安全审计等。

⑥ 全球分布和协同工作：云计算采用全球范围的互联网等网络连接方式，云计算服务提供商通常会构建全球分布的数据中心和服务网络，以提供无处不在的服务。同时，云计算也能够支持跨组织、跨地区的协同工作。

综合云计算的定义和特点，可以归纳如下。

云计算是一种基于互联网的计算方式，它通过虚拟化技术将计算资源（包括服务器、存储设备、网络资源等）集中起来进行资源池化，并通过互联网进行弹性分配和调度。云计算可以为企业提供灵活、高效、安全的计算服务，帮助企业降低 IT 成本、提高生产效率和管理水平。随着技术的不断进步和应用场景的不断扩展，云计算将继续发挥重要的作用，推动企业和社会的数字化转型。

6.1.3 云计算的服务模式

公有云、私有云、政务云、金融云以及 IaaS、PaaS、SaaS 等，这些是在服务模式、部署方式和应用行业等不同维度下的云计算的相关术语。云计算作为一种新型的 IT 服务资源，可以分为基础设施即服务（IaaS）、平台即服务（PaaS）、软件即服务（SaaS）这三种服务类型，如图 6-1 所示。

可以通过一个形象的例子（见图 6-2）来初步了解 IaaS、PaaS、SaaS 三种服务类型的关系。假如我们想吃牛肉面，从超市买来面条、牛肉、调料，回家自己加工

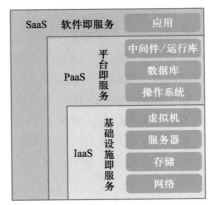

图 6-1　云计算的三种服务模式

烹饪，这里的超市相当于 IaaS 服务商；如果我们嫌自己加工牛肉面麻烦，直接从超市买了牛肉面快手菜（半成品），回家加热就可以吃了，这时超市就升级为 PaaS 服务商；如果我们只想吃现成的，那就点外卖，外卖平台相当于 SaaS 服务商。

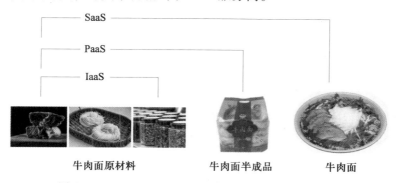

图 6-2　IaaS、PaaS、SaaS 三种服务类型关系释义示例

1. IaaS

如何让成千上万个性能一般的计算机具备高性能，甚至让一台显示器能像计算机一样工作，而且能按需要随时添加新的硬件资源来改变计算机的算力，这就是云计算 IaaS（infrastructure as a service，基础设施即服务）需要解决的基本问题。

IaaS 以服务的形式提供动态的易于扩展的且是虚拟化的硬件资源，如虚拟机、存储、网络等资源。用户只需租用这些硬件资源，即可在这些基础设施上部署和运行任何软件，包括操作系统和应用软件。用户没有权限管理和访问底层的基础设施，但是有权管理操作系统、存储内容，可以安装管理应用程序，甚至有权管理网络组件。简单地说用户使用 IaaS，有权管理操作系统之上的一切功能。常见的 IaaS 服务有虚拟机、虚拟网络以及存储。IaaS 的优点是用户无须自行搭建耗资巨大的硬件，并增加了用户使用硬件资源的灵活性，减少浪费。

随着集群的规模越来越大，动辄几十万台上百万台，服务器数目多得惊人，例如，Google 的基础设施包含超过 100 万台各类计算机。这么多机器如果要靠人工选择一个位置放这台虚拟化的服务器并做相应的配置几乎是不可能的，还是需要有一个软件定义的调度中心进行分配。

将数以万计的机器都放在一个池子里面，无论用户需要多少 CPU、内存、硬盘的虚拟计算机，调度中心会自动在大池子里面找一个能够满足用户需求的地方，把虚拟服务器启动起来做好配置，用户就直接能用了。这个阶段称为池化或者云化。到了这个阶段，才可以称为云计算，在这之前都只能叫虚拟化。

IaaS 在时间维度和空间维度所表现出的灵活性称为资源层面的弹性。在这个灵活性下，对于普通用户的感知来讲资源是虚拟的。以云盘存储空间为例，如果每个用户云盘都分配了 1 TB 的空间，并不是把全部的存储空间 1 TB 都预留给用户，而是随着用户文件的不断上传，动态分配越来越多的空间给用户，这种动态分配体现了云计算的弹性扩展特征。这个动态分配过程对用户是透明的、看不到的。

2. PaaS

有了 IaaS，实现了资源层面的弹性就够了吗？显然不是，云服务商在底层硬件资源的基础上搭建和运维软件开发平台，向客户提供丰富的应用开发工具、应用运行环境以及应用托管、运维等服务。这一层的服务统称为 PaaS（platform as a service，平台即服务）。

PaaS 主要面向开发者，开发者使用平台提供的编程语言、库、服务以及开发工具来创建、开发应用程序并部署在相关的基础设施上。开发者无须管理底层的基础设施，包括网络、服务器、操作系统或者存储。他们只能控制部署在基础设施中操作系统上的应用程序，配置应用程序所托管的环境的可配置参数。常见的 PaaS 服务有数据库服务、Web 应用以及容器服务。成熟的 PaaS 服务会提供完备的 PC 端和移动端软件开发套件（SDK）、应用程序编程接口（API），拥有丰富的开发环境（Intel、Eclipse、VS 等）、完全可托管的数据库服务、可配置式的应用程序构建，支持多语言的开发，使开发者可以便捷地获取各类成熟的软件开发、测试、运维的工具，简化开发流程，减少重复性工作。图 6-3 是 PaaS 提供的部分智能 API。

图 6-3　PaaS 提供的智能 API

IaaS 和 PaaS 的主要服务商如图 6-4 所示。

图 6-4　IaaS 和 PaaS 的主要服务商

3. SaaS

SaaS（software as a service，软件即服务）有什么特别之处呢？其实在云计算还没有盛行的时代，我们已经接触到了一些 SaaS 的应用，通过浏览器我们可以使用 Google、百度等搜索系统，可以使用 E-mail，我们不需要在自己的计算机中安装搜索系统或者邮箱系统。

另外一个典型的例子可以让我们比较容易理解 SaaS：在计算机上使用的 Word、Excel、PowerPoint 等办公软件，都是需要在本地安装才能使用的；而在 MicrosoftOfficeOnline（WordOnline、ExcelOnline、PowerPointOnline 和 OneNoteOnline）网站上，无须在本机安装，只需打开浏览器，注册账号，即可以随时随地通过网络来使用这些软件编辑、保存、阅读自己的文档。对于用户来说，只管自由自在地使用，不需要自己进行升级软件、维护软件等操作。

SaaS 就是这样一种软件服务模式，云端集中式托管软件及其相关的数据，用户需要的软件仅需通过网页浏览器来访问互联网，而不须安装即可使用。

SaaS 有时被作为"即需即用软件"（即"一经要求，即可使用"）。用户不必购买软件，只需按需租用软件。有时也会有采用订阅制的服务。用户能够访问服务软件及数据。服务提供者则维护基础设施及平台以维持服务正常运作。

对于许多商业应用来说，软件即服务已经成为一种常见的交付模式。这些商业应用包括智慧城市、金融理财、电子商务、人工智能、生活服务、交通地理等。

例如，基于阿里云构建 SaaS 提供的服务包括工业制造、城市交通、医疗健康、环保、金融、航空、社会安全、物流调度、人工智能等数十个垂直领域，如图 6-5 所示。

图 6-5 阿里云提供的云服务

6.1.4 云计算的部署方式

从部署方式上，云计算主要分为公有云、私有云和混合云三大类，它们多维度的比较如表 6-1 所示。

表 6-1 公有云、私有云、混合云的比较

比较维度	公有云	私有云	混合云
物理设备	不需自购	需要自购	需要自购
弹性与扩展	支持	不支持	支持
管理灵活度	不灵活	灵活	灵活
存储空间	无限量	限量	无限量
用户	多用户	单一用户	多用户/单一用户
维护人员	无需	需要	需要
成本	低	高	中
安全性	低	高	中
主要用户类型	中小企业、个人	大中型企业、政府	政府、医院、学校等大型机构

1. 公有云

公有云（public cloud）是最常见的一种方式，通常由非最终用户所有的 IT 基础架构构建而成，基础设施的所有权属于云服务商，由云服务商负责运营，云端计算资源面向社会大众开放。来自不同组织的企业或个人共享资源池中的资源。优势是成本较低、无须维护、使用便捷且易于扩展，适应个人用户、互联网企业等大部分客户的需求。大规模的公有云提供商有阿里云、Amazon Web Services（AWS）、Google 云、IBM Cloud 及 Microsoft Azure 等。

早期的公有云基本都在组织外部运行，如今的公有云提供商已逐渐开始在客户的内部数据中心提供云服务。所以，用位置和所有权来区分已经不再适用，只要环境进行了分区，并重新分配给多个租户，就属于公有云。计费结构不再是公有云的必要特征，因为有些云提供商（比如 Massachusettes Open Cloud）允许租户免费使用其云服务。

2. 私有云

私有云（private cloud）是部署在企业内部网络，支持动态灵活部署的基础设施，降低IT 架构的复杂度，降低企业 IT 运营成本。所有的计算资源只面向一个组织开放，基础设施与外部分离，资源独占，安全性、隐私性更强，满足了政府机关、金融机构以及其他对数据安全性要求较高的客户的需求。

前面提到用位置和所有权来区分公有云或私有云已经不再适用。现在的私有云不再必须从内部 IT 基础架构来搭建，许多企业已开始在租赁的、供应商所有的外部数据中心内构建私有云。这也让私有云形成了许多子分类，包括托管私有云和专用云。托管私有云指将云端托管在第三方机房或者其他云端，通常由第三方托管公司运营，企业可以选择购买或租赁计算设备，然后由托管公司负责日常管理和维护。专用云是由单个客户或组织机构所拥有，并按照需求提供基础设施，就像是云中的云。例如，会计部门可以在企业的私有云中部署自己的专用云。

3. 混合云

混合云（hybrid cloud），顾名思义，是同时使用公有云和私有云的模式，这种模式近年来在云计算领域越来越受欢迎，因为它结合了公有云和私有云的优势，同时避免了两者的不足。例如，平时业务不多时，使用私有云资源，当业务高峰期时，临时租用公有云资源。这是一种兼顾成本和安全的折中方案，适合规模庞大、需求复杂的大型企业。

表 6-1 从多维度对三种云进行了比较，那么，如何选择合适的云呢？如果工作负载使用模式可预测，则更适合采用私有云。需求量大或存在波动的工作负载可能更适合用公共云。混合云可以算是多面玲珑，因为任何工作负载都可以托管到任何地方。

从安全角度考虑，由于存在多租户和众多接入点，公有云往往面临更广泛的安全威胁。公有云通常要划分安全防护的责任。例如，基础架构安全可由提供商负责，而工作负载安全则由租户负责。人们认为私有云更安全，是因为工作负载通常是在用户的防火墙后面运行，但这一切都要取决于安全防护措施的强弱程度。混合云的安全防护集结了每种环境的最优功能，用户和管理员可以根据合规性、审计、策略或安全性需求跨环境移动工作负载和数据，从而最大限度地减少数据泄漏。

从成本角度考虑，尽管有些公有云（如美国麻省开放云）不向租户收费，但客户通常需要为大部分公有云服务付费。如果部署了私有云，未来则要负责购买或租借新的硬件和资源来扩展容量。混合云中可以包含任何内部、外部或提供商的云，可以根据成本预算创建自定义的环境。

6.1.5　云计算的应用

云计算已经渗透到各行各业，应用十分广泛，下面列举一些常见的应用。

金融云：主要应用于金融行业，提供如风险管理和金融交易等服务。

制造云：应用于制造行业，实现工厂自动化、智能制造和生产监控等应用。

教育云：为教育机构提供在线教育、数字化校园和资源共享等服务。

医疗云：应用于医疗行业，提供医疗影像存储与传输、电子病历和远程医疗等服务。

政务云：应用于政务行业，提供公共服务、数字化城市管理和电子政务等服务。

科技云：支撑科技行业的大数据存储与处理、人工智能和机器学习等服务。

电商平台云：为电商平台提供数据存储、交易处理和安全防护等服务。

云存储：提供海量数据的存储和管理服务。

如今，云计算已迈入 2.0 时代，从上云到用好云，全面拥抱云原生。云原生应用是一种在设计之初就考虑云环境的应用程序。随着云原生技术的不断发展，越来越多的应用程序将迁移到云平台上，实现更高效、更灵活的开发与部署。云原生已成为数字基础设施，用云深度持续攀升，在新业态、新模式下，催生全新应用诉求。

我们正处于人工智能与机器学习的广泛应用时代，云计算为人工智能和机器学习提供了强大的计算资源和数据存储能力，推动了 AI 应用的快速发展。未来，AI 将在各个行业得到广泛应用，如自动驾驶、医疗诊断、智慧地铁、智慧图书馆等。

随着 5G、物联网等技术的普及，数据处理和存储将更多地转移到网络边缘，以实现更快的响应速度和更低的网络负载。边缘计算将与云计算形成互补，共同满足日益增长的数据处理需求。

云计算的未来应用场景将主要体现在以下三个方面。

① 数字化转型：越来越多的企业开始借助云计算技术，实现业务数字化转型。通过将应用程序、数据存储和数据处理迁移到云端，企业能够降低运营成本，提高业务灵活性和效率。

② 区块链技术：区块链技术结合云计算，可以实现分布式数据存储和智能合约部署，提高数据安全性和透明性。

③ 物联网：在物联网领域，云计算可以提供大规模、高可靠性的数据存储和数据处理能力，支持各种智能设备的远程管理和实时数据交互。

云计算综合应用案例将在 6.2.5 节智慧农业案例中进一步介绍。

6.2　物物相息的物联网

6.2.1　物联网的起源与发展

"连接一切"的互联网能给我们的生活带来多大的改变呢？

早在 1991 年的剑桥大学特洛伊计算机实验室中，科学家们工作的场所和咖啡室隔着两层楼的距离，他们面临着喝咖啡时需要不断查看咖啡是否煮好的烦恼。为了解决这个问题，他们编写了一套程序，并在咖啡壶旁边安装了一个摄像头，通过计算机图像捕捉技术以 3 帧/秒的速率将图像传递到实验室的计算机上。这样，科学家们只需坐在计算机前即可查看咖啡煮制进度，省去了不必要的跑腿之苦。

这个简单的系统在 1993 年得到了更新，以 1 帧/秒的速率通过实验室网站连接到了因特网上，全世界的因特网用户都纷纷点击这个网站，近 240 万人浏览过"咖啡壶"。这个事件成为物联网技术发展的一个重要里程碑，它启发人们对物联网技术的探索和应用。这就是著名的"特洛伊咖啡壶"事件（见图 6-6），一个简单的创意不仅解决了科学家们的烦恼，也为物联网技术的发展开启了新的篇章。

图 6-6 "特洛伊"咖啡壶

1995 年，微软公司创始人比尔·盖茨撰写的《未来之路》（见图 6-7）中，详细描述了他对未来的预测和展望，其中提到了"物联网"的构想，即通过互联网实现万事万物的智能连接。他指出，物联网技术可以实现各种物品、设备和传感器的智能化、互联互通以及自动化控制，从而提高生产效率、改善生活质量、节约能源和减少成本。例如，比尔·盖茨在书中提到了一个智能房屋的例子，这个房屋是全球第一个智能家居豪宅，也是比尔·盖茨的住所"未来屋"。这个房屋可以通过传感器和网络来控制房屋内的各种设备，包括照明、空调、音乐、电视等，当主人进入房间时，房屋会自动调整到主人的舒适模式，为主人提供最佳的生活体验；房屋的安全系统是根据主人的要求特制的，并且还有系统富余，当一套安全系统出现故障时，能自动启动另外一套备用的安全系统；房屋还能通过自动化系统实

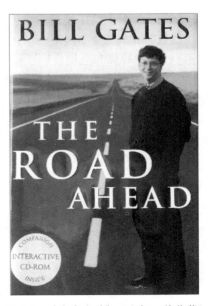

图 6-7 《未来之路》（比尔·盖茨著）

现"人到灯亮、人走灯熄"等智能功能。此外，比尔·盖茨还预测了物联网在其他领域的应用，例如智能交通、智能医疗、智能城市等。他指出，物联网技术可以实现各种信息感知、数据传输和处理分析，从而为这些领域带来更高效、更安全、更智能的服务。迫于当时网络终端技术的局限，比尔·盖茨的构想无法真正落地，但随着技术的进步，当初比尔·盖茨那些脑洞大开的想法、对未来的各种预测，许多都已经照进现实。

1999 年，美国麻省理工学院的几位教授和研究生提出了物联网（Internet of things，IoT）的概念，他们通过射频识别（RFID）技术实现了物物之间的通信，标志着物联网概念的真正诞生。

随着物联网概念的逐渐普及，2003 年国际标准化组织（ISO）正式成立了物联网研究组，开始着手制定物联网的标准。2005 年 11 月，在突尼斯举行的信息社会世界峰会上，国际电信联盟（ITU）发布了《ITU 互联网报告 2005：物联网》，正式提出了"物联网"的概念，这一概念引起了全球范围内的关注和热议，同时也标志着物联网技术的研究和发展进入了新的阶段。报告指出，无所不在的"物联网"通信时代即将来临，世界上所有的物体，从轮胎到牙刷、从房屋到纸巾，都可以通过物联网主动进行信息交换，射频识别技术、传感器技术、纳米技术、智能嵌入技术将得到更加广泛的应用。

进入 21 世纪后，各国政府纷纷出台政策推动物联网技术的发展。例如，2008 年我国政府发布了《中国物联网发展规划》，标志着中国开始大力发展物联网技术。2010 年，物联网的基础技术——RFID 技术得到了广泛应用，物联网开始进入快速发展期。欧盟也在 2011 年发布了《物联网战略规划》，明确了欧洲物联网的发展方向和目标。

2013 年，中国联通、中国移动、中国电信相继推出了物联网业务，标志着中国进入了物联网商用时代。2015 年，中国政府提出了"中国制造 2025"战略，将智能制造作为未来发展的重要方向，这也推动了物联网技术在制造业的应用。2019 年，欧盟推出物联网产业计划，将物联网列为欧洲未来发展的重点之一。同年，5G 技术的商用推广为物联网的发展带来了新的机遇和挑战，物联网的应用场景将更加广泛。2021 年 9 月，我国工业和信息化部等八部门印发《物联网新型基础设施建设三年行动计划（2021~2023 年)》，明确到 2023 年底，在国内主要城市初步建成物联网新型基础设施，社会现代化治理、产业数字化转型和民生消费升级的基础更加稳固。

总的来说，物联网的发展经历了多个阶段，从最初的 RFID 技术和实物互联网的概念，到现在的广泛应用和多样化应用，物联网技术已经成为新一代信息技术的重要组成部分，并将继续推动着各个领域的发展和创新。

物联网的未来将取决于技术的发展、市场需求、政策法规等多个因素，从当前趋势来看，物联网未来的发展有几个可能的方向。

① 数据的大规模融合和处理：随着物联网设备的普及，将产生海量的数据，这些数据的处理、融合和分析将成为关键。例如，物联网设备的数据可以用于预测维护、提高效率、优化运营等，这需要强大的数据处理和分析能力。

② 边缘计算的进一步发展：物联网设备数量众多，如果所有的数据都传送到云端处理，会带来巨大的延迟和带宽问题，因此，靠近设备侧的数据处理，即边缘计算，将成为未来的趋势。

③ 更广泛的消费者接纳和使用：物联网设备已经进入了各个领域，尤其是智能家居和智能出行等领域，未来随着技术的进步和消费者对智能生活的期待提高，物联网设备将在更多领域得到应用。

④ 更多的跨行业合作：物联网的应用需要各个行业的合作，比如，智能家居需要家电制造商、网络运营商、IT 公司等多方合作。未来，随着物联网的广泛应用，将需要更多的跨行业合作。

⑤ 更完善的安全保护：随着物联网设备的普及，安全问题也将越来越严重。未来的趋势将是设备的安全性将越来越受到重视，会有更多的安全措施来保护设备和数据的安全。

6.2.2 物联网的定义

物联网概念的问世打破了之前的传统思维。过去的思路一直是将物理基础设施和 IT 基础设施分开，一方面是机场、公路、建筑物，另一方面是数据中心、个人计算机、宽带等。而在物联网时代，物理设施将与电缆、传感器、宽带整合为统一的基础设施，在此意义上，基础设施更像是一块新的地球，物联网与互联网成为智慧地球的重要构成部分。

那么，什么是物联网（IoT）呢？

我国工业和信息化部网站无线电管理局下的"科普知识"栏目给出了物联网的最简洁表达："物联网"，顾名思义，就是"万物相连的互联网"。它有两层含义，第一，物联网的核心和基础仍然是互联网，是在互联网基础上延伸和扩展的网络；第二，其用户端延伸和扩展到了物品与物品之间，进行信息交换和通信，也就是万物相连（见图 6-8）。物联网是互联网的应用拓展，与其说物联网是网络，不如说它是业务和应用。物联网通过智能感知、智能识别与信息通信，广泛应用于网络的融合中。

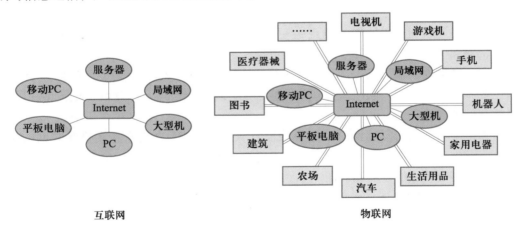

图 6-8　物联网是互联网的延伸和扩展

物联网运行的原理就是通过信息传感设备（如无线传感器、射频识别装置、全球定位系统、红外感应器、移动手机、激光扫描器等），按照约定的协议，把任何事物（包括人）与互联网相连接，进行信息交换和通信，以实现对事物的智能化识别、定位、跟踪、监控和管理。

6.2.3　物联网的技术特征与层次架构

物联网的实现应该具备 3 个基本技术特征。

① 全面感知。即利用 RFID、传感器、二维码等设备随时随地获取物体的信息。

② 可靠传递。通过各种传感网络与互联网的融合，将物体当前的信息实时准确地传递出去。

③ 智能处理。利用云计算、模糊识别等各种智能计算技术，对海量数据和信息进行分析和处理，对物体实施智能化的控制。

对应这三个基本技术特征，物联网平台架构分为 3 个层次，底层是用来感知数据的感知层，中间层是数据传输处理的网络层，顶层则是智能处理与行业需求结合的应用层，如图 6-9 所示。

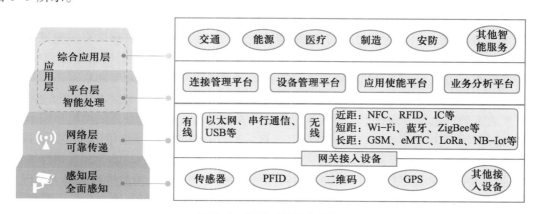

图 6-9　物联网的层次架构

1. 感知层（全面感知）

在物联网中，首先要解决的问题就是如何准确地获取和识别信息，感知层便是用来解决人类世界和物理世界的信息获取和识别问题的。感知层处于物联网三层架构的最底层，具有物联网全面感知的核心能力，是物联网发展和应用的基础，也是物联网不同于互联网最重要的区别。

感知层起到连接现实物理世界和网络信息世界的桥梁作用。感知层的主要功能是感知和识别物体，采集和捕获信息，通过准确而广泛的环境感知，为网络层和应用层提供关键基础信息，感知层的性能直接影响物联网系统的可感知范围和精确度。感知层的主要作用如下。

① 数据采集：通过各种类型的传感器和数据采集设备，采集现实世界中的各种物理量、身份标识、位置信息、音频、视频数据等，将这些信息转化为标准的电子数据格式并共享到物联网系统的其他层面。此外，可以基于采集的数据，检测和识别现实世界中的各类事件，如车辆通行、声音异常、温度超标等，并及时上报到上层。事件检测是实现物联网系统智能监控与感知的手段之一。

② 设备控制：感知层不仅负责采集数据，还能够根据上层的控制指令控制各种设备，实现物联网系统与物理世界的交互。

③ 数据预处理：对采集到的数据进行必要的预处理和过滤，如格式转换、去噪、数据校验等，以产生更清晰和标准化的数据。

④ 信息融合：将不同类型、不同来源的信息进行汇聚融合，如声、光、电信息的融合，为上层应用提供更丰富和综合的信息，实现交互式智能应用。

感知层的主要实现技术如下。

① 识别技术：通过识别装置或扫描装置，自动获取人或物的身份信息及属性、特征等有关信息。常用的技术包括条码技术、RFID 技术、生物特征识别技术等。

② 感知技术：通过在物体上或物体周围嵌入各类传感器，感知物体或环境的各种物理或化学变化等。

③ 定位技术：主要用于获取人或物的位置信息，主要的技术包括 GPS、基站定位技术及室内定位技术等。

物联网感知层的突破方向主要体现在以下几个方面。

① 提升感知能力：包括更敏感的传感器和更全面的感知范围，以获取更多更准确的信息。例如，多传感器融合可以将多种传感器的数据相互融合，提高数据的准确性和可靠性，智能传感器则可以利用人工智能和机器学习等技术，提高数据处理的效率和精度。

② 解决功耗和成本问题：目前的物联网设备普遍存在功耗较高、成本较贵的问题，因此需要开发更高效的电源管理技术、节能算法和低成本传感器，以降低设备的功耗和成本。

③ 提高网络连接能力：物联网感知层需要将采集的数据传输到网络中，因此需要提高设备的网络连接能力，包括提高数据传输速度、降低延迟、提高设备的移动性和普适性等。

④ 强化安全性和隐私保护：物联网设备需要面临的安全和隐私挑战也越来越大，因此需要加强设备的安全性和隐私保护，例如，采用更强的加密算法，开发更高效的防护措施等。

2. 网络层（可靠传输）

在物联网中，要求网络层能够把感知层感知到的数据无障碍、高可靠性、高安全性地进行传送，它解决的是感知层所获得的数据在一定范围内，尤其是远距离传输的问题。网络层的主要作用就是随时随地连接感知层和应用层，在整个物联网架构中起到承上启下的作用，它负责向上层传输感知信息和向下层传输各种设备控制指令。

网络层通过构建信息网络来实现系统结点资源的互联共享和信息的高效交换，使得庞大复杂的物联网系统得以广泛覆盖和顺畅运作，网络层的性能直接影响物联网系统的互联互通能力和信息交换效率。

网络层的主要作用如下。

① 信息传输：是网络层的核心功能，将感知层采集的数据和信息传输到应用层和其他网络结点，同时也传输应用层的控制指令到感知层和执行层，实现物联网系统各层级和网络结点之间的信息交换和共享。

② 网络互联：通过网状网络将大量结点连接起来，实现结点之间的互联互通，构成广泛的物联网系统网络平台。网络互联的范围非常广泛，包括各种不同类型和规模的物联网设备和传感器，如智能家居中的智能灯泡、智能门锁，智能工厂中的各种传感器和机器设备等。在物联网中，网络互联是一个非常关键的环节，它不仅关系到各种设备和传感器之间的信息传输和连接，还关系到整个物联网系统的性能和稳定性。

③ 协议转换：物联网中的信息传输、网络互联等都是通过各种网络协议和技术实现的，需要实现不同协议之间的转换，保证各系统可以实现互联互通和信息交换，增强物联网系统的兼容与扩展能力。例如，有一个使用 ZigBee 协议的智能家居系统，这个系统需要与使用 Wi-Fi 协议的智能音箱进行通信，此时就需要使用协议转换技术，将智能家居系统中 ZigBee 协议的信号转换成 Wi-Fi 协议的信号，然后通过智能音箱进行控制。

④ 信息路由：负责正确路由信息至目标结点或层级，相当于物流网中的"交通警察"。路由算法和协议是实现信息交换的关键手段，直接影响信息传输的效率和物联网系统的性能。

⑤ QoS（quality of service，服务质量）保障：提供服务质量保障机制，用于为不同的流量提供不同的优先级，以控制延迟和抖动，并降低丢包率。例如，在医疗保健或制造业中，任务的可靠性和及时性至关重要。在这些行业，即使是小到一秒的延迟都可能对业务产生重大的负面影响。因此，QoS 通过确保关键数据始终具有优先级以及有效管理带宽使用，有助于保持物联网网络的平稳高效运行。

⑥ 信息安全：网络层需负责物联网系统的信息安全工作，如身份认证、加密传输、防火墙等，保证结点和信息的安全可靠访问与交换。

网络层是当前物联网三个层次中技术最成熟的部分。它相当于人的神经中枢系统，包含多个层次，每个层次都有各自不同的功能和作用，共同完成物联网数据传输和处理的任务。从技术架构上，网络层主要分为以下三个层次。

① 接入层：主要负责将感知层获取的数据传输到网络层，并将数据从网络层传输到应用层。常见的网络层接入方式分为有线网络接入和无线网络接入两大类，有线接入主要包括以太网、串行通信（RS-232、RS-485 等）和 USB 等。以太网是一种快速、可靠的网络接入方式，主要应用于工业和楼宇自动化等领域。以太网通过集线器、交换机和路由器等设备构成网络，利用双绞线或光纤等传输介质将设备与主机连接起来。串行通信主要使用 RS-485 等串行接口进行数据传输，RS-485 是一种半双工的工作方式，支持总线型结构，适用于需要布线简单、距离较远的设备连接，如门禁对讲、楼宇报警等应用场景。

无线接入又分为近距离无线、短距离无线和长距离无线通信。近距离无线通信主要包括 NFC、RFID、IC 等，短距离无线通信主要包括 Wi-Fi、ZigBee、蓝牙等，长距离无线通信主要包括 GSM（2G、3G、4G、5G 等）、eMTS、LoRa、NB-IoT 等。这些接入技术见 5.4 节。

② 传输层：负责将感知层获取的海量数据，通过各种网络协议和技术，例如 TCP/IP、HTTP、HTTPS、MQTT 等，从接入层传输到应用层。通过管理各种网络协议和技术的连接，以确保数据传输的可靠性和安全性。同时，传输层还提供了一些管理和维护的功能，例如，数据缓存、数据同步、数据复制等。

③ 网络管理中心：负责对整个网络进行管理和监控，包括设备的配置、维护、监控和故障排除等。

物联网网络层的突破方向是实现更广泛、更高效、更稳定、更安全、更智能的通信和数据传输，以适应日益复杂和多样化的物联网应用场景和需求。

3. 应用层（智能处理）

应用是物联网发展的驱动力和目的。应用层的主要功能是把感知和传输来的信息进行分析和处理，做出正确的控制和决策，实现智能化的管理、应用和服务。这一层解决的是信息处理和人机界面的问题。应用层是物联网和用户（包括人、组织和其他系统）的接口，它与行业需求结合，实现物联网的智能应用。

应用层划分为平台层和综合应用层，平台层负责把感知层收集到的信息通过大数据、云计算等技术进行有效地整合和利用，这一层主要是对收集到的数据进行处理和分析，以提供对特定服务的洞察力。综合应用层将物联网技术与专业技术相互融合，利用分析处理的感知数据为用户提供丰富的特定服务。例如，智能家居、智能医疗、智能城市等应用都是物联网综合应用层的体现。物联网的应用场景将在 6.2.5 小节详细介绍。

平台层在物联网架构中扮演着核心的角色，是实现物联网应用智能化的重要支撑。平台层按照功能可划分为连接管理平台、设备管理平台、应用使能平台和业务分析平台四类，如图 6-10 所示。

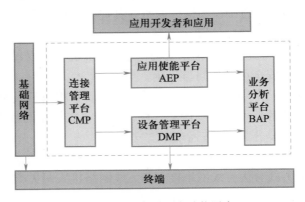

图 6-10 平台层四大功能平台

① 连接管理平台（connectivity management platform，CMP）：通常包括号码/IP 地址/MAC 资源管理、SIM 卡管控、连接资费管理、套餐管理、网络资源用量管理、账单管理、故障管理等。该平台支持各种不同的通信协议和技术标准，并提供相应的接口，方便用户进行设备的连接和管理。

典型的连接管理平台包括思科的 Jasper 平台、爱立信的 DCP 平台、沃达丰的 GDSP 平台、Telit 的 M2M 平台、PTC 的 Thingworx 和 Axeda。目前全球化的 CMP 主要有三家：Jasper 平台、爱立信 DCP 平台和沃达丰 GDSP 平台。在国内三大运营商中，中国移动选择自研 OneNET 连接管理平台；中国联通与 Jasper 战略合作，选择其 Control 平台提供物联网连接服务；中国电信也先后自研及与爱立信合作建立两套连接管理平台。

② 设备管理平台（device management platform，DMP）：主要用于对物联网设备进行集中管理和监控，以确保设备的正常运行和数据的可靠传输。DMP 往往集成在端到端的全套设备管理解决方案中，包括用户管理以及物联网设备管理（例如配置、重启、关闭、恢复出厂设置、升级/回退等）、设备现场产生的数据的查询、基于现场数据的警报和通知、设备生命周期管理、集成和开发等功能，提供智能化的设备管理和监控功能，帮助企业更好地管理和维护其物联网设备。

设备管理的核心不在基础的连接和管理职能，而在增值性的经营和维护业务上。通过大量设备的接入数据，识别出业务流程的优化乃至新的商业模式，对设备进行生命周期管理和运维，能够对客户起到降本增效的作用。

典型的 DMP 平台包括 BOSCHIoTSuite、IBMWatson、DiGi、百度云物接入 IoTHub、三一重工根云、GEPredix 等。以百度云为例，百度云物接入 IoT Hub 是建立在 IaaS 上的 PaaS 平台，提供全托管的云服务，帮助建立设备与云端之间的双向连接，支撑海量设备的数据收集、监控、故障预测等各种物联网场景。

③ 应用使能平台（application enablement plateform，AEP）：能够快速开发、部署和运行物联网应用的云平台，常以 PaaS 的形式出现。AEP 的核心是技术为中心的产品，以与行业无关的可扩展的中间件为基础，方便用户在平台上开发全新的 IoT 应用程序或将原有行业应用迁移或升级成 IoT 方案。这个平台可以促进物联网应用的开发，减少开发难度和成本，同时提高应用的质量和可靠性。除了提供基础的开发工具和框架，AEP 还提供了一系列的应用程序接口（application program interface，API），以便开发者能够方便地调用平台提供的各种服务和功能。

典型的 AEP 平台提供商包括 PTCThing worx、艾拉物联、机智云、Comulo city、AWS IoT、Watson IoT Platform 等。

④ 业务分析平台（business analytics platform，BAP）：通过大数据分析和机器学习等方法，对数据进行深度解析，以图表、数据报告等方式进行可视化展示，并应用于垂直行业。物联网应用可以通过对 BAP 模块的调用来建立模型，进行业务发展预测分析及设备的预防性维护等。由于人工智能技术及数据感知层搭建的进度限制，目前 BAP 平台发展仍未成熟。

6.2.4 物联网的关键技术

物联网关键技术包括传感器技术、射频识别技术、网络与通信技术、中间件技术、云计算技术、数据挖掘与机器学习、信息安全等。这些技术相互协作，共同支持物联网的正常运行和发展。

1. 传感器技术

信息采集是物联网的基础，目前的信息采集主要通过传感器、传感结点和电子标签等完成。传感器作为一种检测装置及摄取信息的关键器件，负责收集环境信息，如温度、湿度、光照、气压等以及物体的相关信息，如位置、速度、姿态等。由于传感器所在的环境通常比较恶劣，因此物联网对传感器技术提出了更高的要求。

传感器就是把自然界中的各种物理量、化学量、生物量转化为可测量的电信号的装置与元件。传感器一般由敏感元件、转换元件、变换电路和辅助电源四部分组成，如图 6-11 所示。敏感元件直接感受被测量的各种事物，并输出与被测量有确定关系的物理量信号；转换元件将敏感元件输出的物理量信号转换为电信号，是传感器的核心元件；变换电路负责对转换元件输出的电信号进行放大调制，使其成为便于处理、控制、记录和显示的有用电信号；辅助电源则负责为转换元件和变换电路进行供电。

传感器能感知的对象多且复杂，决定了传感器的种类很多。按照用途，可以分为压力敏和力敏传感器、位置传感器、液面传感器、能耗传感器、速度传感器、加速度传感器等。按照工作原理，可以分为振动传感器、湿敏传感器、磁敏传感器、气敏传感器等。按照制造工艺,可以分为 MEMS 传感器、NMEMS 传感器、石墨烯传感器、柔性传感器、量子传感器等。此外,还可以按照输出信号、测量目的等进行分类。

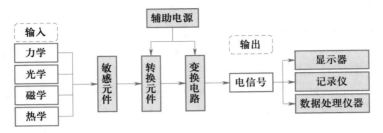

图 6-11 传感器系统示意图

传感器的发展经历了结构型、固体型和智能型三个阶段,采用的材料由单一材料发展到复合材料,并在结构上由简单结构发展成复合型微机电系统(micro-electro-mechanical system,MEMS)。

MEMS 是指尺寸为几毫米乃至更小的高科技装置。这些装置的内部结构一般在毫米或微米量级,是一个独立的智能系统。MEMS 是在微电子技术(半导体制造技术)基础上发展起来的,融合了光刻、腐蚀、薄膜、LIGA、硅微加工、非硅微加工和精密机械加工等技术制作的高科技电子机械器件。它集微传感器、微执行器、微机械结构、微电源微能源、信号处理和控制电路、高性能电子集成器件、接口、通信等于一体。

在 MEMS 的制造过程中,超精密机械加工是一个重要的环节。而在日常生活中,我们常接触到的 MEMS 产品包括 MEMS 加速度计、MEMS 麦克风、微马达、微泵、微振子、MEMS 光学传感器、MEMS 压力传感器、MEMS 陀螺仪、MEMS 湿度传感器、MEMS 气体传感器等以及它们的集成产品。

MEMS 技术在传感器的大规模应用,让传感器的小型化、低功耗、智能化成为可能,从而推动了传感器在物联网等领域的广泛应用,促进了数字经济的发展和智能时代的到来。可以说,在过去 20 多年里,MEMS 颠覆和扩展了传感器。如今,科学研究已将其目标和挑战指向下一个小型化水平——NEMS(纳米机电系统)传感器。

量子传感器是利用量子力学规律和量子效应设计的,用于执行对系统被测量进行变换的物理装置。它利用量子纠缠、量子干扰和量子态挤压等量子特性来测量物理量,如磁场、温度、压力、生物分子等。

由于具有高灵敏度和高精度,量子传感器在医疗诊断、环境监测、能源、农业、军事等许多领域都可能有广泛的应用前景。例如,在医疗领域,利用量子纠缠的特性,可以设计出一种能够对疾病进行早期诊断的量子传感器。在环境监测领域,利用量子相干性原理,可以设计出一种能够精确测量空气中有害物质的量子传感器。在能源领域,利用量子干涉原理,可以设计出一种能够精确测量太阳能电池板效率的量子传感器。在农业领域,利用量子纠缠和量子测量的原理,可以设计出一种能够精确测量土壤湿度和植物生长情况的量子传感器。此外,量子传感器还可以应用于量子密钥分发、量子密码学中的相位测量、原子钟的频率测量等,例如,在量子密钥分发中,利用量子纠缠的性质,可以实现更安全和高效的密钥分发。

目前，量子传感器还处于研究和实验室阶段，还需要更多的研究和开发才能实现商业化应用。未来随着技术的进步和应用需求的增长，量子传感器将会得到更广泛的应用和推广。全球主要国家已将量子传感器列为国家科技发展战略，中国持续跟踪量子技术的前沿研究，在量子计算、量子通信方面已处于全球领先水平，量子传感器技术同样不落后。2022 年，国务院发布《计量发展规划（2021—2035 年)》，提出"重点开展量子精密测量和传感器件制备集成技术、量子传感测量技术研究"，多次提到量子传感技术的研究重要性。

2. 射频识别技术

射频识别（radio frequency identification，RFID）技术起源于二战时期，最初被盟军用于识别敌我双方的飞机和军舰。当时，英军为了区别盟军和德军的飞机，在盟军的飞机上装备了一个无线电收发器。战斗中控制塔上的探询器向空中的飞机发射一个询问信号，当飞机上的收发器接收到这个信号后，回传一个信号给探询器，探询器根据接收到的回传信号来识别是否己方飞机。这一技术至今还在商业和私人航空控制系统中使用。雷达的改进和应用催生了 RFID 技术。1945 年，Leon Theremin 发明了第一个基于 REID 技术的间谍用装置。1948 年Harrv Stockman 发表的论文《利用反射功率的通信》奠定了射频识别的理论基础。

20 世纪 60 年代，科研人员开始开发新应用，商品电子监视器是 RFID 技术的第一个商业应用系统。20 世纪 90 年代，RFID 技术在美国的公路自动收费系统中得到广泛应用。随着芯片和电子技术的提高和普及，欧洲开始率先将 RFID 技术应用到公路收费等民用领域。到 21世纪初，RFID 迎来了一个崭新的发展时期，其在民用领域的价值开始得到世界各国的广泛关注，特别是在西方发达国家，RFID 技术大量应用于生产自动化、门禁、公路收费、停车场管理、身份识别、货物跟踪等民用领域中，并且新的应用范围还在不断扩展。

RFID 和条形码（一维码）、二维码都属于识别技术家族。RFID 有识别和追踪两大作用。RFID标签，又称为电子标签（见图 6-12），是一种无接触的自动识别技术，利用射频信号及其空间耦合传输特性，实现对静态或移动待识别物体的自动识别，用于对采集点的信息进行"标准化"标识。将这一技术应用到物联网领域，与互联网、通信技术相结合，可实现全球范围内物品的跟踪与信息的共享。

图 6-12　电子标签

RFID 系统主要由标签（tag）、天线和读写器三部分组成，如图 6-13 所示。

标签（即射频卡）：由芯片和内置天线组成。芯片中存储着一定格式的电子数据，作为待识别物品的识别信息，是射频识别系统的数据载体。内置天线用于与射频天线通信。

读写器：读取或读写电子标签信息的设备。其主要任务是控制射频模块向标签发射读取信号，接收标签的响应，解码标签的物体识别信息，并将物体识别信息连同标签上的其他相关信息一起发送给主机进行处理。

天线：用于在标签和阅读器之间传输数据的发射和接收的设备。

RFID 系统的基本工作流程是，① 读写器通过发射天线发送一定频率的射频信号，当射频卡进入发射天线工作区域时产生感应电流，射频卡获得能量被激活。② 射频卡将自身编码等信息通过射频卡内置发送天线发送出去。③ 系统接收天线接收到从射频卡发送来的载波信号，经天线调节器传送到读写器，读写器对接收的信号进行解调和解码后，将其发送到中央信息系统进行相关数据处理。RFID 工作原理如图 6-13 所示。

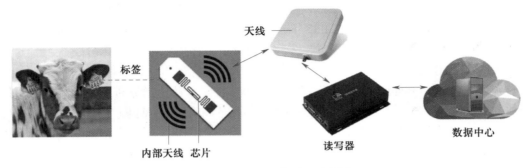

图 6-13　RFID 工作原理示意图

万物互联的时代，RFID 无线射频识别技术能让每一个物品都拥有自己的"身份证 ID"，可以被普遍应用在物品识别和追踪场景中。随着技术发展，RFID 标签产品价格将越来越低廉。相信在不久的将来，RFID 技术会应用在更多的行业场景中。

3. 网络与通信技术

早期的物联网都是基于 WLAN（wireless local area network，无线局域网）技术的，终端设备（如摄像头、门窗传感器、智能灯等）接入的是无线路由器或专门的网关设备，都只能通过 Wi-Fi 进行控制。因此，传感器收集到的信息也是通过 WLAN 来进行传输的。

WLAN 虽然传递信息方便，但是设备耗电大，于是便有了 Bluetooth（蓝牙）、ZigBee（紫蜂）等新的短距离无线通信技术。然而，无论是 Wi-Fi、Bluetooth 还是 ZigBee，信息可传送的距离过短，无法应用到工业物联网上，这很大程度限制了 WLAN 在物联网中大批量推广使用。

随着 LPWAN（low-power wide-area network，低功率广域网）技术的崛起，逐步解决了物联网所遇到的网络应用问题。LPWAN 也称为 LPWA（low-power wide-area）或 LPN（low-power network，低功率网络），是一种无线网络技术，主要用于低功耗和长距离通信的物联网（IoT）应用。LPWAN 的主要技术标准包括 LoRa 和 NB-IoT。LoRa 是一种基于扩频技术的低功耗广域网通信协议，而 NB-IoT 是一种窄带物联网技术，旨在提供低功耗、低成本、长距离的无线通信支持。

LPWAN 可以在较低的功耗下实现较长的传输距离。与传统的无线局域网（WLAN）或无线个人区域网（WPAN）相比，LPWAN 更适合于需要长时间运行且不需要高速传输的物联网应用。

LPWAN 的主要特点是其低功耗和长距离传输能力，这使得它适用于需要长时间运行并覆盖较大地理区域的设备，例如智能抄表、智能停车位、智能农业等应用场景。然而，LPWAN 网络的传输速率通常较低，对于自动驾驶、医疗等有高速率要求的场景来说，LPWAN 就显得不适用了。于是，第五代移动通信技术 5G "闪亮登场"。

ITU（国际电信联盟）定义了 5G 的三大应用场景：eMBB、uRLLC 和 mMTC，这三大应用场景各有侧重，共同构成了 5G 丰富多彩的应用生态。

从 WLAN、LPWAN 到 5G 的演进和发展可以看出，随着物联网场景需求的不断发展，通信技术也在不断进步，以满足更高速度、更远距离、更大带宽和更多连接的需求。

以上通信技术在第 5 章均有较详细的介绍，这里不再复述。

4. 中间件技术

中间件是一种处于操作系统和应用程序之间的软件，它在一个或多个应用程序和其他应用程序之间，或者在一个或多个应用程序和基础设施之间起着"黏合剂、中介、代理、中间人、解释器、抽象提供者、合并者、集成者、促进者或连接器"的作用。它可以屏蔽底层设备的多样性和复杂性，提供统一的接口和协议，使得不同的设备和应用可以相互通信和协作。在物联网中，中间件技术可以帮助不同设备之间进行通信和数据交换，同时也可以对数据进行处理和整合，以提高物联网的效率和可靠性。

5. 数据挖掘与机器学习

数据挖掘与机器学习技术可以帮助物联网更好地处理和利用其采集到的数据，从中提取有价值的信息，并通过智能分析来提高决策的准确性和效率。例如，机器学习技术可以通过对大量数据的分析来预测设备的故障和维护需求，从而降低运营成本和提高效率。

物联网产生大量的数据，如何有效挖掘和分析这些数据是物联网的关键问题之一。数据挖掘和分析技术可以帮助我们发现数据中的规律和趋势，提供决策支持和预测能力。

6. 云计算技术

云计算是物联网发展的基石，并且从两个方面促进物联网的实现。

首先，云计算是实现物联网的核心，运用云计算模式使物联网中以兆计算的各类物品的实时动态管理和智能分析变得可能。物联网通过将射频识别技术、传感技术、纳米技术等新技术充分运用在各行业之中，将各种物体充分连接，并通过无线网络将采集到的各种实时动态信息送达计算机处理中心进行汇总、分析和处理。

其次，云计算促进物联网和互联网的智能融合，从而构建智慧地球。物联网和互联网的融合需要更高层次的整合，需要"更透彻的感知，更安全的互联互通，更深入的智能化"。这同样也需要依靠高效的、动态的、可以大规模扩展的技术资源处理能力，而这正是云计算模式所擅长的。同时，云计算的创新型服务交付模式，简化服务的交付，加强物联网和互联网之间及其内部的互联互通，可以实现新商业模式的快速创新，促进物联网和互联网的智能融合。

把物联网和云计算放在一起，实在是因为物联网和云计算的关系非常密切。物联网的四大组成部分：感应识别、网络传输、管理服务和综合应用，其中中间两个部分就会利用到云计算，特别是"管理服务"这一项。因为这里有海量的数据存储和计算的要求，使用云计算可能是最省钱的一种方式。

对于物联网来说，本身需要进行大量而快速的运算，云计算带来的高效率的运算模式正好可以为其提供良好的应用基础。没有云计算的发展，物联网也就不能顺利实现，而物联网的发展又推动了云计算技术的进步，两者又缺一不可。

6. 2. 5　物联网的应用——智慧农业

物联网是近年来的热点，人人都在提物联网，物联网将现实世界数字化，应用范围十分广泛。物联网的应用领域主要包括以下几个方面：运输和物流领域、健康医疗领域、智慧环境（家庭、办公、工厂）领域、个人和社会领域等，具有十分广阔的市场和应用前景（见图 6-14）。

图 6-14 物联网的应用

目前物联网的发展正处于应用阶段，涵盖交通运输、智能家居、影音娱乐、医疗健康等领域。通过物联网可以用智能设备对机器、设备、人员进行集中管理、控制，也可以对家庭设备、汽车进行遥控以及搜寻位置、防止物品被盗等。例如，共享单车是非常典型的物联网应用，所以叫作"Person to Things"，即实现了人与物的联接。

可以预期，在不远的将来，无人驾驶、智慧城市、智能家居、VR、智能医疗等应用，像水和空气一样成为日常生活的有机组成部分，融入人们的生活、工作、社交、娱乐、消费、休闲等各种场景。随着大数据云计算、传感器、智能芯片、智能系统模块等物联网元素的不断进化，物联网缔造的智慧世界美好可期。

下面通过智慧农业的例子，进一步了解物联网的特征与层次架构及其在农业中的应用。

智慧农业是指将物联网技术运用到传统农业中，通过传感器和软件对农业生产进行控制，使传统农业更具有"智慧"。它包括农业生产过程管理、食品溯源防伪、农业电子商务、农业休闲旅游、农业信息服务等内容，如图 6-15 所示。目前，我国智慧农业主要集中在农业种植和畜牧养殖两个方面，发展潜力巨大。

智慧农业是农业生产的高级阶段，集互联网、移动互联网、云计算、人工智能和物联网等新一代信息技术为一体，依托部署在农业生产现场的各种传感结点（环境温湿度、土壤水分、二氧化碳、图像等）和无线通信网络实现农业生产环境的智能感知、智能预警、智能决策、智能分析、专家在线指导，为农业生

图 6-15 智慧农业应用场景

产提供精准化种植、可视化管理、智能化决策。它能够显著提高农业生产经营效率，同时有效改善农业生态环境。

　　智慧农业是集互联网、移动互联网、云计算、人工智能和物联网等新一代信息技术为一体，与农业决策、生产、流通交易等深度融合的新型农业生产模式与综合解决方案，如图 6-16 所示。依托部署在农业生产现场的各种传感结点和无线通信网络，通过对人、机、物等的全面连接，一方面对农业生产进行全流程跟踪式监测、管理，以数据驱动技术流、资金流、人才流、物资流，实现农业生产环境的智能感知、智能预警、智能决策、智能分析、专家在线指导，为农业生产提供精准化种植、可视化管理、智能化决策，实现更为高端化、智能化、绿色化的农业产品的种、管、采收、储存、加工等；另一方面打通供需连接渠道，打造快速、高效、精准的农业产销生态系统，重塑农业与消费者之间双向互动关系，构建起覆盖农业全产业链、全价值链的全新生产和服务体系。

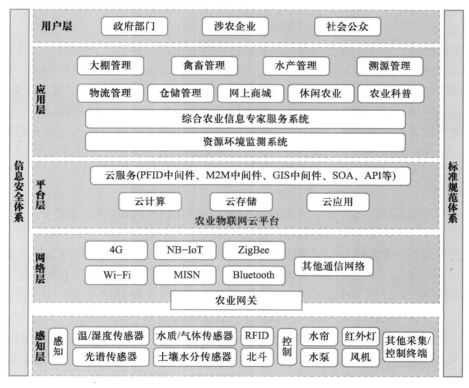

图 6-16　智慧农业总体框架示意图

　　智慧农业的技术架构是一个灵活的系统，可以根据不同的应用场景和需求进行定制和优化。随着技术的不断发展和应用场景的不断扩大，智慧农业的技术架构也将不断演进和完善。图 6-16 是以物联网四层架构（感知层、网络层、平台层、应用层）为核心的一个总体框架示意图，以帮助读者简单了解智慧农业的技术架构。

1. 感知层

感知层是指利用卫星遥感技术、射频识别、二维码、传感器件、北斗等技术对农业生产监测对象实施感知和监控的环节，包括传感设备和实时控制设备。遥感技术可以用来对土地资源的营养状况、墒情、作物长势等信息进行实时感知监测。北斗技术可以对地面各类农作物进行地面位置调查。射频识别和二维码技术可以将标识物的信息通过读卡器传入无线传输网络。传感器件（如温、湿、光、pH、光谱等传感监测仪器）通过对农业生产监测对象所处环境或其自身进行实时信息监测，以便于进行预警或施加影响，以适应其生长需要。

在智慧农业中，智能控制系统扮演着与传感设备同样重要的角色。它通过收集和分析各种传感结点发来的数据，对农业生产环境进行精确控制，实现自动化管理。例如，在水稻果蔬种植方面，实现用户对土壤水分、CO_2 浓度、温度、湿度、光照、土壤 pH 值等必要环境信息的实时动态监测与显示，根据农作物生长需求，自动控制灌溉系统、水肥机、通风系统、降温系统等。在畜禽养殖方面，针对实时化养殖场、动物行为特征、健康状况进行实时监控，自动传送动物生长环境和动物本身状况的信息。

此外，智慧农业还可以通过云计算、大数据等技术实现更广泛的互联互通和更深入的智能控制，例如，将多个大棚的数据集中到一个平台上，实现对多个大棚的统一管理。

2. 网络层

网络层使用通信技术，将传感器的数据通过网络传输到云平台。网络层包含无线网络和有线网络两大类。无线网络包括无线传感网络（如 ZigBee、Wi-Fi、LWPAN、Bluetooth、4G、GPRS 等无线网络传输技术）和卫星通信网络（如遥感技术、北斗短报文技术）。有线网络包括有线广域网（WAN）、局域网（LAN）等网络传输技术。具体传输过程主要是由传感器件、遥感设备和电子标签等获取感知监测对象的各种数据信息，传入无线传输网络，并通过网关，以多种通信协议，同步到局域网、广域网的管理云平台上。由多个无线结点组成多个任务结点，不需要用到基础设施的网络。

3. 平台层

平台层利用大数据、云计算、人工智能等技术对网络层传输过来的数据进行分析处理，并产生决策指令，从而在应用层控制设备进行自动化操作，还可以实现更完备的信息化基础支撑、更透彻的农业信息感知、更集中的数据资源、更广泛的互联互通、更深入的智能控制和更贴心的公众服务。平台层是智慧农业的核心，以农业物联网云平台为指挥中心，云计算和云存储提供强大的计算和存储能力，满足大数据分析和人工智能的需求，为用户提供大规模农业信息服务，满足千万级农业用户数以十万计的并发请求，同时满足大规模农业信息服务对计算、存储的可靠性、扩展性的要求。云服务提供诸如 PFID 中间件、M2M（machine to machine，机器对机器）中间件、GIS（geographic information systems，地理信息系统）中间件、SOA（service-oriented architecture，面向服务架构）、API（application programming interface，应用程序接口）等 PaaS 服务，用户可以按需部署或定制所需的农业信息服务，实现多途径、广覆盖、低成本、个性化的农业知识普惠服务。同时，平台层还可以整合多渠道农业数据，引入数据挖掘展现技术，以专业分析为导向，面向农业相关人员提供数据查询、在线分析、共享交流等应用服务。

4. 应用层

应用层包括资源环境监测系统、综合农业信息专家服务系统、大棚管理、禽畜管理、水产管理、溯源管理、物流管理、仓储管理、网上商城、休闲农业等。

以上智慧农业的应用可以归纳为智慧生产、智慧经营、智慧监管、智慧服务四大业务应用板块。

智慧生产：全面汇集农业生产数据，通过专业的测土配方施肥系统以及配套的土壤墒情监测仪、土壤检测分析仪、植物病害检测仪等农业传感设备来读取生产监测数据，通过对接获取专业的卫星遥感数据来获取农田面积、农作物分布、土地旱情、土地资源等数据和农作物长势监测数据，农户、农企的生产用田、生产计划、作物种类和数量、农产品生产规模、农资和农药等生产资源、生产物资、生产经营组织等都进入农业数据中心。以数据为基石，集感知、传输、控制、作业为一体，推动自动化、智能化和集约化的精细农业生产发展。

智慧经营：打造品牌农产品电商平台，通过农产品销售地图、市场分析、价格预测、物流跟踪等市场经营数据分析以及仓储、物流、金融、保险等金融服务，实现农业经营向订单化、流程化、网络化转变。用户可以通过电商平台进行农产品在线展销、供需信息发布和查询、服务资源对接、产品（农产品、农资、农机租赁等）在线交易、休闲农业等。

智慧监管：建立数字化的农作物生长档案，对农作物进行溯源和管理。溯源管理贯穿于整个农产品全产业链，对每个环节进行详细的数据记录和可追溯管理，以确保农产品的质量、安全和可追溯性。溯源管理的具体内容可以包括以下方面。

① 种植信息管理：记录种植单位的种子/肥料购入、各田区的播种、灌溉、施肥等详细信息以及育苗、疏/拔苗、杂草防除、疏果、套袋等操作。

② 加工信息管理：根据农产品批次号，建立从进厂、检测、加工、包装等全过程的信息追踪和采集系统，并为每个加工完的产品赋予相应的追溯标签。

③ 物流信息管理：使用手机、计算机、平板电脑等终端设备，采集物流开始时间及达到时间等详细信息，并与车辆监控设备进行数据对接，实现农产品配送信息的可追溯信息化管理。

④ 销售信息管理：消费者可以通过扫描贴在农产品包装上的二维码标签，了解该农产品的详细追溯信息，包括生长环境数据、检测农药残留信息等。

智慧服务：打造新一代全媒体农业信息服务平台，为政府决策、行业指导、企业经营等方面提供数据支持和参考。为政府部门提供农业政策、法规、标准等综合服务，提高政府部门的管理效率和服务水平。农业信息服务平台作为智慧农业信息服务的入口，将复杂的公共服务以简洁的人机互动方式，为广大农民提供农业科技咨询、农业技术推广、农业机械维修等服务，为农民提供全方位的科技支持以及政策、医疗、法律等方面的服务，并作为分享经济的服务引擎，提供包括经验分享、产品分享、土地分享、金融保险等信息服务，同时，还是农民反馈信息的工具和渠道。

5. 用户层

智慧农业平台用户不仅包括农业生产者，也包括系统管理员、远程专家、物流运输者、农产品加工者、经销零售商、终端消费者等各个环节使用者，各环节用户使用的技术类别和实现的技术功能有所差异。

总之，智慧农业是现代科学技术与农业种植相结合的一种新型农业模式，它能够显著提高农业生产经营效率，同时有效改善农业生态环境，为农业生产提供更加精准化、可视化的管理。智慧农业不是新一代信息技术在农业的简单应用，它具有更为丰富的内涵和外延，既是农业数字化、网络化、智能化转型的具象化、系统化呈现，同时也是一种新业态、新产业，它将重塑生产形态、供应链和产业链，在推动农业提质、增效、降本、绿色、安全发展等方面蕴含着巨大潜力。

习题

思考题

1. 什么是云计算？云计算有什么特征？
2. 云计算作为一种新型的信息技术服务资源，包括哪几种服务类型？
3. 云计算与普通的计算概念有什么不同？
4. 云计算的部署方式有哪些？各自有什么特点？
5. 结合生活中的例子，谈谈云计算的应用。
6. 什么是物联网？它与互联网有什么联系和区别？
7. 物联网包括哪几个层次结构？
8. 物联网的技术特征有哪些？
9. 什么是传感器技术？简述其工作原理。
10. 什么是 RFID？简述其工作流程。
11. 物联网常用的通信技术有哪些？各有哪些应用场景？
12. 简述智慧农业的技术架构。

第7章
人工智能

人类对人工智能的思考和探索在远古时代就已经开始了。例如，在古代的戏曲中，人们经常使用机械人偶来展示剧情，通过复杂的机械装置模拟人类的动作和表情，有时还能说话。据唐朝《乐府杂录》中记载，刘邦北击匈奴时，陈平利用美女人偶在城楼上歌舞献艺以迷惑敌人。

电子教案

如今，人工智能（artificial intelligence，AI）已经在图像、语音等多个领域取得技术上的全面突破。几年前对大多数人而言遥不可及的人工智能开发应用技能，随着 Python 的兴起而变得触手可及。人们只要具备 Python 编程的基本技能，就可以从事高级的深度学习研究。引起这个变化的主要驱动因素之一是各种人工智能平台的开放和普及，以及 Theano TensorFlow 和 Keras 等开放机器学习框架的支持。这极大地简化了人工智能应用的实现过程，使得深度学习变得像搭建积木一样简单。

本章介绍人工智能、机器学习和深度学习的基本概念、基本原理以及发展历程，通过采用机器学习框架 Keras，快速简洁地实现手写数字识别案例，让读者直观地体验人工智能借助深度学习解决实际问题的过程。

7.1 人工智能发展简史

自从人工智能诞生到今天，人工智能技术已经走了 60 多年的发展历程。回顾 AI 发展的历史，就是在起起伏伏、寒冬与高潮、失望与希望之间的无穷律动中，寻找着理论与实践的最佳结合点。这个过程自然会有许多传奇的故事发生。

我们将人工智能的发展分为三个阶段，图 7-1 形象直观地描述了每个阶段的大事件。

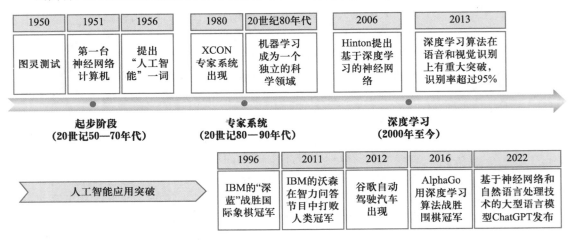

图 7-1　人工智能的发展历史

7.1.1 起步阶段

1950 年，被称为"计算机之父"的阿兰·图灵提出了一个举世瞩目的想法——图灵测试。1951 年，马文·明斯基建造了世界上第一台神经网络计算机。1956 年，在美国由达特茅斯学院（Dartmouth）举办的一次具有历史意义的会议上，信息论的创始人香农、明斯基、麦卡锡提出了"人工智能"一词。达特茅斯会议被广泛认为是人工智能诞生的标志，从此人工智能走上了快速发展的道路。在 1956 年的这次会议之后，人工智能迎来了属于它的第一个发展高潮。在这段长达十余年的时间里，计算机被广泛应用于数学和自然语言领域，用来解决代数、几何和英语问题。这让很多研究学者看到了机器向人工智能发展的前景。

然而，科学的道路从来都不是一帆风顺的。20 世纪 70 年代，人工智能进入了一段痛苦而艰难的岁月。早期人工智能程序主要是解决特定的问题，因为特定的问题对象少，复杂性低，科研人员在人工智能的研究中对项目难度预估不足，导致一些项目的失败，另外，在语音识别、机器翻译等领域迟迟不能突破，人工智能研究陷入低谷，让人工智能的前景蒙上了一层阴影。

7.1.2　第二阶段：专家系统

在相当长的时间内，许多专家相信，只要程序员精心编写足够多的明确规则来处理知识，就可以实现与人类水平相当的人工智能。这一方法被称为符号主义人工智能（symbolic AI），是 20 世纪 50 年代到 80 年代末人工智能的主流范式。在 20 世纪 80 年代的专家系统（expert system）热潮中，这一方法的热度达到了顶峰。

专家系统是一个智能计算机程序系统，其内部含有大量的某个领域专家水平的知识与经验，能够利用人类专家的知识进行推理和判断，模拟人类专家的决策过程，来解决某个领域的复杂问题。这成为 20 世纪 70 年代以来 AI 研究的主要方向，而"知识处理"成了主流 AI 研究的焦点。

20 世纪 80 年代，机器学习成为一个独立的科学领域，各种机器学习技术百花初绽。20 世纪 80 年代以来研究最多的就是归纳学习，包括监督学习、无监督学习、半监督学习、强化学习等。

第一次让全世界感到计算机智能水平有了质的飞跃是在 1996 年，IBM 的超级计算机"深蓝"（Deep Blue）大战人类国际象棋冠军卡斯帕罗夫（Garry Kasparov），与围棋相比，国际象棋显然是一个比较简单的领域，因为它仅含有 64 个位置并只能以严格限制的方式移动 32 个棋子，起决定作用的是国际象棋的博弈算法，并不需要大量人类经验的学习积累和大数据的支持。

7.1.3　第三阶段：AI 迎来深度学习与大数据的时代

人类进入 21 世纪以来，人工智能迎来飞速发展阶段，在这个时期出现了一些标志性的大事件。

2006 年是深度学习元年。在这一年，Hinton 发表了一篇影响深远的论文——A fast learning algorithm for deep belief nets，其主要思想是先通过自学习的方法学习到训练数据的结构，然后在该结构上进行有监督训练微调，使得在神经网络的深度学习领域取得突破，人类又一次看到机器赶超人类的希望，这也是标志性的技术进步。

2011 年，沃森（Watson）作为 IBM 公司开发的使用自然语言回答问题的人工智能程序参加美国智力问答节目，打败了两位人类冠军。沃森存储了 2 亿页数据，能够将与问题相关的关键词从看似相关的答案中抽取出来。这一人工智能程序已被 IBM 广泛应用于医疗诊断领域。

2012 年，Hinton 课题组首次参加 ImageNet 图像识别比赛，采用 AlexNet 深度学习模型夺得冠军，使得深度学习算法有了重大突破。从那以后，更多的更深的神经网络模型被提出。

2016 年 3 月，AlphaGo 与围棋世界冠军、职业九段棋手李世石进行围棋人机大战，以 4 比 1 的总比分获胜。2017 年 5 月，在中国乌镇围棋峰会上，它与排名世界第一的世界围棋冠军柯洁对战，以 3 比 0 的总比分获胜。

2022 年，OpenAI 公司发布一款基于人工神经网络和自然语言处理技术的大型语言模型 ChatGPT（chat generative pre-trained transformer），它能够通过理解和学习人类的语言来进行对话，还能根据聊天的上下文进行互动，真正像人类一样聊天交流，甚至能完成撰写邮件、视频脚本、文案、翻译、代码、论文等任务。同年，科大讯飞启动了"1+N"大模型技术攻关，并于 2023 年 5 月正式发布了"讯飞星火认知大模型"，其包括文本生成、语言理解、知识问答、逻辑推理、数学能力、编程能力、多模态等多项能力。

2000 年至今是人工智能的数据挖掘时代。随着各种机器学习算法的提出和应用，特别是深度学习技术的发展，人们希望机器能够通过大量数据分析，自动学习出知识并实现智能化。这一时期，随着计算机硬件水平的提升、大数据分析技术的发展，机器采集、存储、处理数据的水平有了大幅提高。特别是深度学习技术对知识的理解比之前浅层学习有了很大的进步。

7.1.4 荣誉属于熬过"AI 寒冬"的人

2019 年 3 月，国际计算机学会（ACM）公布了 2018 年图灵奖获得者，他们是在深度学习领域做出杰出贡献的三位科学家：Yoshua Bengio、Geoffrey Hinton 和 Yann LeCun（见图 7-2）。获奖标志着"深度学习"获得计算机科学的最高荣誉。然而，三位科学家获奖的背后，是一段经历了寒冬般的艰辛之路。

图 7-2　2018 年图灵奖获得者

在边缘地带煎熬了数十年后，以深度学习的形式再次回到公众视野中的神经网络法不仅成功地让人工智能回暖，也第一次把人工智能真正地应用在现实世界中。三位获奖者是深度神经网络的开创者，为深度学习算法的发展和应用奠定了重要基础，被尊为"深度学习教父"。正是三位科学家的不懈努力，使得深度神经网络从不被看好的偏门领域，变成如今几乎所有深度学习人工智能技术进步的核心技术。

近年来计算机视觉、语音识别、自然语言处理和机器人技术以及其他应用取得惊人突破，皆是因为三位科学家推动的这一场长达三十多年的深度学习革命。深度学习从当年的不被看好，到近年来成为驱动人工智能领域发展的最主要力量，离不开三位科学家的坚持，是他们在计算量和数据量严重不足的情况下，发明了许多革命性的、基础性的技术，如反向传播、卷积神经网络和生成对抗式神经网络等。

不仅如此，Geoffrey Hinton 还提出了新的神经网络模型 Capsule Network（胶囊网络），试图找到解决深度学习缺陷的新方法，这位 71 岁的老人熬过最冷的 AI 冬天，并且认定下一个"冬天"不会到来。

7.1.5　人工智能的研究领域和应用场景

人工智能的研究与应用领域主要有 5 层，如图 7-3 所示。

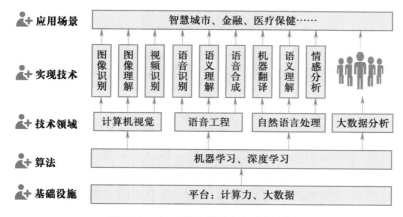

图 7-3　人工智能的研究与应用领域

底层是基础设施建设，包括数据和计算能力两部分，人工智能的真正驱动力来自计算能力的提升、深度学习训练算法的改进；大数据是深度学习的原材料，如果没有大数据的积累，再复杂的神经网络也无法得到很好的训练。

第二层是人工智能技术的算法，比如机器学习、深度学习等算法。

第三层是主要的技术方向，如计算机视觉、语音工程、自然语言处理和大数据等。

第四层是技术实现，如图像识别、语音识别、机器翻译等。

最上层为人工智能的应用领域，几乎覆盖了所有的领域。

在不久的将来，深度学习将会取得更多的成功，目前正在为深度神经网络开发的新的学习算法和架构将会加速这一进程。

7.2　机器学习

7.2.1　人工智能、机器学习与深度学习

在谈到人工智能时，就需要厘清人工智能、机器学习、深度学习相互之间的关系，图 7-4 表示了这三者之间的关系。

对于什么是人工智能，人们一直有不同的表述，在这里，我们采用一种被广泛接受的说法：人工智能是通过机器模拟、延伸和扩展人类的认知能力的技术。

因此，人工智能是一个综合性的领域，人类今天仍

图 7-4　人工智能概念图

然在朝着这个目标努力探索。

机器学习（machine learning）是人工智能领域的一部分，是一种让计算机从数据中自动分析获得模型，并利用模型对未知数据进行预测的研究和算法的门类。任何通过数据训练的学习算法的相关研究都属于机器学习。

深度学习（deep learning）是机器学习的一个子集，主要利用卷积神经网络，专注于模仿人类大脑的生物学过程，构造多层的神经网络，通过多个层级的组合，最终在顶层做出判断和分类。深度学习主要是从数据中进行学习表示的新方法，从而使模型对数据的理解更加深入。

7.2.2 机器学习"学什么"？

与传统的为解决特定任务、硬编码的软件程序不同，机器学习是用大量的数据来"训练"，通过各种算法从数据中学习如何完成任务。机器学习是一种新的编程模式，它强调"学习"而不是程序本身。

机器学习通过分析大量数据来进行学习，研究的主要内容是如何通过数据集产生模型，因此机器学习本质上研究的是算法。而这种算法的作用是从数据集中产生模型，当面对新的数据时，模型会给人们提供一定的判断，即数据预测（不需要特定的代码）。

机器学习算法不断在演变发展，在大部分情况下，这些算法的设计和应用都倾向于适应特定的学习模型或框架。模型的存在只是为了以某种方式进行自动调节，以便改进算法的操作或行为。

机器学习中使用的算法大体分为四类：有监督学习、无监督学习、半监督学习和强化学习，如图 7-5 所示。

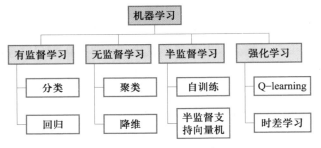

图 7-5　机器学习分类

1. 有监督学习

有监督学习（supervised learning）的数据具备特征（features）与预测目标（label），label 是指给对象一个标签（见图 7-6），通过算法建立一个模型，当有新数据或实例时，就可以使用模型进行标记或映射（见图 7-7）。标签相当于一个"监督者"，比如，通过图片识别牛或羊，"监督者"已完成牛羊图片数据集的划分，并标注上"牛"或"羊"，机器通过划分好的图片集来进行训练，从而归纳和识别出牛或羊。

最典型的监督学习算法包括回归和分类。分类是基于事先知道的一种属性来对物体划分类别，分类算法的输出是有限个离散值，比如前面讲的牛羊分类，输出值为"牛"或"羊"。回归是构建一个算法模型来建立特征与标签之间的映射关系，输出的是连续值。例如，应用回归算法预测房价、股票走势等。

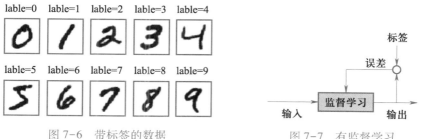

图 7-6　带标签的数据　　　　　　　　　图 7-7　有监督学习

有监督学习的分类标签精确度越高,样本越具有代表性,学习模型的准确度就越高。监督学习在自然语言处理、信息检索、文本挖掘、手写体辨识、垃圾邮件侦测等领域获得了广泛应用。

2. 无监督学习

在无监督学习(unsupervised learning)中,从现有的数据不知道要预测的答案,所以没有 label(预测目标),由于数据是无标签的,一般是从数据集中自动寻找规律,并将其特征分成各种类别(见图 7-8)。最典型的无监督学习算法包括聚类、降维等。聚类,顾名思义就是"物以类聚",从海量数据中识别数据的相似性与差异性,并按照最大共同点聚合为多个类别。降维是尽可能保存相关的结构的同时,降低数据的复杂度。

无监督学习主要用于市场分析、异常检测、数据挖掘、图像处理、模式识别等领域,例如组织大型计算机集群、社交网络分析、市场分割、天文数据分析等。

3. 半监督学习

半监督学习(semi-supervised learning)介于有监督学习和无监督学习之间(见图 7-9),使用大量的未标记数据和少量的标记数据进行训练。这种方法试图利用未标记数据的信息来提高模型的性能。在半监督学习中,模型首先使用标记数据进行训练,然后使用未标记数据进行进一步的训练。这种方法的优点是可以利用大量的未标记数据,这些数据通常比标记数据更容易获取,可以改善无监督学习过程的盲目性和有监督学习的训练样本不足导致的学习效果不佳的问题。此外,由于未标记数据的数量通常远大于标记数据,因此半监督学习可以提供更全面的模型训练。

图 7-8　无监督学习　　　　　　　　　图 7-9　半监督学习

半监督学习的主要挑战是如何有效地利用未标记数据。一种常见的方法是使用聚类算法将未标记数据分组,然后假设同一组的数据具有相似的标签。另一种方法是使用生成模型,如生成对抗网络(GANs),来生成新的、可能的标签。常见的半监督学习算法包括自训练(self-training)、半监督支持向量机(semi-supervised support vector machines)等。半监督学习在计算机视觉、自然语言处理和语音识别等许多领域都有应用。

4. 强化学习

强化学习(reinforcement learning)是指可以用来支持人们去做决策和规划的一种学习方

式，它是对智能体（agent）的一些动作、状态、奖励的方式不断训练机器循序渐进，学会执行某项任务的算法（见图 7-10）。强化学习是一种强大的机器学习范式，它通过智能体与环境的交互来学习最优策略，一旦训练成功，智能体就可以在各种复杂环境中展现出强大的适应性和学习能力。

图 7-10　强化学习

强化学习受到行为心理学的启发，关注智能体如何在环境中采取行动以最大化累积奖励。与监督学习和非监督学习不同，强化学习强调智能体与环境的交互，通过试错的方式来获得最佳策略，这带来了一个独有的挑战——"试错"（exploration）与"开发"（exploitation）之间的折中权衡。在强化学习中，智能体在环境中采取行动，环境会给出反馈，即奖励或惩罚。智能体的目标是通过学习策略来最大化累积奖励。由于外部环境提供的信息很少，强化学习系统必须靠自身的经历进行学习。强化学习在机器人控制、自动驾驶、博弈、工业控制等领域获得成功应用。

总而言之，机器学习受益于满足不同需求的各种各样的算法。监督学习算法学习一个已经分类的数据集的映射函数，无监督学习算法可基于数据中的一些隐藏特征对未标记的数据集进行分类，而半监督学习则是介于两者之间改善两种学习存在的问题。最后，强化学习可以通过反复探索某个不确定的环境，学习该环境中的决策制定策略。

7.2.3　机器学习的流程

机器学习的流程如图 7-11 所示，主要分成数据处理、模型训练和模型评估三个部分。可以看出，在整个机器学习流程中，最关键的部分就是数据。

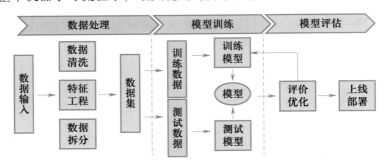

图 7-11　机器学习的流程

1. 数据处理

机器学习离不开大量的数据。如果使用的是开放数据集，数据都是经过预处理的，数据质量较好。然而，如果要开发一个机器学习的实际项目，收集的数据往往是混乱的，不符合数据处理的要求。为了不降低机器学习模型的性能，要对数据进行预处理。

数据处理包括数据清洗、特征工程和数据拆分三个部分。

（1）数据清洗

数据清洗指对数据进行各种检查和校正的过程，主要就是处理缺失值、异常值等的过程。缺失值的处理方式可以是删除含有缺失值的样本，或者使用某种方法（如平均值、中位数或众数）来填充缺失值。对于异常值，可以选择删除，或者用合适的值来替换。通过数据清洗可以纠正缺失值、拼写错误，使数值正常化/标准化，使其具有可比性。例如，对图像重置成统一的大小或者分辨率。

（2）特征工程

特征是数据中抽取出来的对结果预测有用的信息，可以是文本或者数据。

特征工程是将原始数据属性通过处理转换为模型的训练数据的过程，它利用数据领域的相关知识来创建能够使机器学习算法达到最佳性能的特征数据集。特征工程的目的是筛选出更好的特征，获取更好的训练数据。因为好的特征具有更强的灵活性，可以用于模型做训练。

特征工程是一个复杂且重要的过程，这个过程通常包括特征选择、特征提取、特征转换、特征构造等子问题。

特征选择：是从所有特征中挑选出对预测目标有影响的特征的过程，目的是提升模型的预测性能和泛化能力。特征选择的方法有很多，比如，通过相关性分析来选择与预测目标最相关的特征，或者使用基于树的特征选择算法，如随机森林。另外，根据使用数据标签信息的程度，特征选择方法可以大致分为有监督、半监督和无监督三种。

特征提取：通过对原始数据进行某种数学变换，得到一组新的、更具代表性的特征，其目标是将经过选择的原始特征数据转化为可以输入模型的格式。例如，在计算机视觉中，特征提取可以帮助我们找到图像中梯度变化剧烈的特征点，这些特征点可以用于物体识别等上层任务。常用的特征提取方法有主成分分析（PCA）、线性判别分析（LDA）等。

特征转换：是指对原有特征进行缩放、转换或修改的过程，其目标是使特征更适合特定的算法模型，或者使模型的性能得到提升。例如，某些机器学习算法可能对输入数据的规模或分布有一定的假设，这时候就需要通过特征转换来满足这些假设。常见的特征转换方法有标准化、正则化、归一化等。标准化可以让特征的均值为 0，方差为 1；正则化则是将特征缩放到一个固定的范围，如[0,1]或[-1,1]。

特征构造：也被称为特征交叉或特征组合，它从原始数据中创建新的特征。这个过程通常需要根据业务分析来生成能够更好地体现业务特性的新特征，这些新特征应与目标关系紧密，以提升模型的表现或更好地解释模型。例如，可以使用离散化的方法（如等宽离散化、等频离散化、利用聚类进行离散化）将连续变量转换为离散变量，或者通过独热编码将离散变量转换为二进制向量。尽管特征构造可以提供更丰富的信息，增强模型的预测能力，但它也有其缺点。例如，构造的新特征可能对模型没有影响，甚至是负面影响，从而降低模型的性能。因此，构造的新特征需要反复参与模型进行训练验证或者进行特征选择之后，才能确认特征是否是有意义的。

一般来说，特征工程是一个较漫长的人工过程，依赖于领域知识、直觉及数据操作。最终的特征结果可能会受人的主观性和时间所限制。

（3）数据拆分

数据拆分是一种重要的数据处理策略，是将数据集划分为两个或多个子集的过程。这些子集可能有不同的特征、格式或目标。例如，在处理分类问题时，通常会把数据集拆分为训练集（train set）、验证集（validation set）和测试集（test set）。训练集用于训练模型，这是模型学习数据内在规律的过程；验证集不参与模型的训练，但在训练过程中也扮演着重要的角色，可以用来检验模型的状态和收敛情况，通常用于调整超参数以及判断是否发生过拟合，这是一个反复迭代的过程，通过调整超参数使模型在验证集上的表现最佳；最后，用测试集评估模型的泛化能力，即模型对未知数据的处理能力。这三个数据集需要保持相互独立，以避免过拟合现象的发生，同时，为了提高模型预测效果，训练集、验证集和测试集的数据分布应当近似。在实践中，通常按照一定比例（如70%的训练集、15%的验证集和15%的测试集）来划分这三个数据集。

在实际应用中，一般只将数据集分成两类，即训练集和测试集，大多数情况下并不涉及验证集。具体来说，训练集是被大量频繁使用的数据（如占原始数据的80%），模型通过学习这些数据来理解数据的内在规律；相反，测试集（剩余的20%）仅作为最终模型的评价出现，它的目的是检验模型对未知数据的处理能力。

质量高或者相关性高的样本数据集对模型的训练是非常有帮助的，使用相同机器学习算法，不同质量的数据能训练出不同效果的模型。对于初学者来说，一般使用机器学习的开放数据集，这样就不需要自己建立样本数据了。如本章案例中的 MNIST 就是一个经典的手写数字识别数据集。

2. 模型训练

模型训练是机器学习的核心环节，它通过让模型学习大量数据样本进行参数调优，使得模型能够更好地拟合数据并做出准确的预测。在模型训练过程中，通常会先获取一批数据来训练模型，然后让模型做出预测，接着将该预测与"真实"值进行对比，最后确定每个参数的更改。这个过程通常需要反复迭代多次，直到模型的性能达到预期为止。

在模型训练中容易出现过拟合或欠拟合的问题。过拟合是指模型在训练阶段过分拟合训练数据的特征，以至于模型在训练数据上具有较小的误差，但可能在未知数据上泛化性能较差。例如，设计了一个模型来识别牛，如果数据集中含有几张红安格斯牛的图片，而模型的设计者希望模型能满足每一个训练数据，那么模型就可能将红色也纳入了参数中，从而导致无法识别其他颜色的牛的结果。过拟合通常是由于目标函数中没有相应的正则化项作为惩罚项，或者模型过于复杂导致的。

与过拟合相反，欠拟合则是模型在训练阶段没有充分学习到数据的特征，导致模型在训练数据和测试数据上都表现不佳。这通常是由于模型过于简单，无法捕捉到数据中的复杂关系所导致的。同样是识别牛的例子，如果机器只学习到了"四条腿""四条腿都触地"两个特征，那么就会将椅子也识别成牛。

解决过拟合的方法包括增加数据集的大小、使用正则化技术等。而解决欠拟合的方法则通常需要选择更复杂的模型，或者添加更多的特征来提高模型的表达能力。

进行模型训练之前，要确定合适的算法，常用的机器学习模型有线性回归、逻辑回归、XGBoost、LGBM、CatBoost、GBDT、ANN、SVM、TabNet、KNN、K-means 等。下面简要介绍几个简单模型。

（1）线性回归（linear regression）

$$f(x_i) = \sum_{m=1}^{p} w_m x_{im} + w_0 = w^{\mathrm{T}} x_i$$

线性回归是最简单的回归模型，它利用线性回归方程的最小平方函数对一个或多个自变量和因变量之间的关系进行建模。这种算法的用法简单，应用广泛，而且易于理解，通常被作为机器学习的入门算法。一元线性回归可以理解为在二维平面上找到一条直线，使得平面上的点尽可能地在这条直线上。例如，利用一元线性回归研究体重对高血压的影响，体重是自变量，高血压受体重的影响，是因变量。多元线性回归就是找到一个最佳曲线、最佳平面或最佳超平面。

（2）逻辑回归（logistic regression）

$$\ln \frac{y}{1-y} = w^{\mathrm{T}}x + b$$

逻辑回归是一种广义线性模型，通常用于解决二分类（0 或 1）问题，例如，预测客户是否会购买某个商品，借款人是否会违约，等等。虽然被称为回归，但其实际上是分类模型，并常用于二分类。逻辑回归的本质是，假设数据服从这个分布，然后使用极大似然估计做参数的估计。

逻辑回归的结果并非数学定义中的概率值，不可以直接当作概率值来用。该结果往往用于和其他特征值加权求和，而非直接相乘。此外，逻辑回归也可以用于研究危险因素与疾病之间的关系，并根据危险因素预测疾病的发生概率。

（3）决策树（decision tree）

决策树是一种预测模型，代表的是对象属性与对象值之间的一种映射关系。决策树采用树形结构，以便于理解和实现，每个结点都表示某个对象，而每个分叉路径则代表某个可能的属性值。从根结点开始，算法沿着划分属性进行分支决策，直到叶结点，每个叶结点对应从根结点到该叶结点所经历的路径所表示的对象的值。例如，智能租车公司根据收集的历史用户租车记录数据，利用决策树（见图 7-12），分析出用户在什么情况（天气、衣着等）下会租车，在出现相应情况时通过手机 App 推送促销信息。

图 7-12 以"天气"为树根的决策树

决策树也可以用于解决分类问题，通过层层推理来实现最终的分类。值得注意的是，虽然决策树在处理某些问题时具有很好的效果，但其也容易出现过拟合的问题。因此，在使用决策树时，通常需要进行剪枝等操作来避免过拟合现象的发生。

总的来说，模型训练是一个复杂的过程，需要对数据、算法以及相关工具有深入的理解和应用。只有这样，才能训练出性能优良的模型。

3. 模型评估

一旦模型训练完毕，就要对得到的模型进行评估。在评估中，要使用之前从未使用过的测试集数据来测试模型，目的是验证模型的有效性，评估算法的性能。这种方法能够让我们知道模型在遇到未知数据时的表现情况。

模型评估通常发生在模型训练之后、正式部署模型之前。模型评估并不针对模型本身，而是关注问题和数据，因此可以用来评价来自不同方法的模型的泛化能力，从而进行用于部署的最终模型的选择。

泛化能力是评估一个模型性能的关键指标，在实际应用中，通过测试集的指标来评估模型的泛化性能，预测误差情况是评估的一个重要方面，常用的评估指标包括平均绝对误差（MAE）、均方误差（MSE）等。

模型的优化（optimization）和泛化（generalization）是机器学习的两个目标。模型优化主要关注如何改进模型的性能，成功地拟合已有的数据，使其更好地适应训练数据。而泛化能力则是指机器学习算法对新鲜样本的适应能力，也就是由该方法学习到的模型对未知数据的预测能力。模型优化和泛化能力的提升是相辅相成的。一个优秀的模型既需要有良好的优化性能，又需要有强大的泛化能力，才能在实际应用中发挥出最大的价值。例如，经过训练之后几百张牛的图片都能被识别，这也许是模型训练中死记硬背下来的，如果无法识别新的牛图片，有可能是模型训练中出现了"过拟合"的问题，导致模型泛化能力弱。

因此，获得泛化能力是机器学习的最终目标，为了达到这个目标，人们提出了许多方法，如正则化、交叉验证等。

7.3 深度学习

深度学习（deep learning）是机器学习领域中的一个新的研究方向，它利用神经网络技术自动提取数据的特征，而不需要人为进行特征工程，这是深度学习最具变革性的地方。

深度学习是通过组合低层特征形成更加抽象的高层特征（或属性类别），让机器能够具有类似于人类的分析学习能力。例如，在计算机视觉领域，深度学习算法从原始图像去学习得到一个低层次表达，例如边缘检测器、小波滤波器等，然后在这些低层次表达的基础上，通过线性或者非线性组合，来获得一个高层次的表达。深度学习让计算机通过较简单的概念构建复杂的概念。

7.3.1 向人脑学习的"深度学习"

要了解深度学习的起源，首先来了解一下人类的大脑是如何工作的。

人类智能最重要的部分是大脑，大脑虽然复杂，它的组成单元却是相对简单的，大脑皮层以及整个神经系统是由神经元细胞组成的。1981 年的诺贝尔生理学或医学奖分发给了David、Torsten，他们的主要贡献是，发现了人的视觉系统的信息处理是分级的。

大脑的视觉系统信息分级处理过程如图 7-13 所示，来自外部的信息经眼睛接收后，从视网膜（retina）出发，经过低级的 V1 区提取边缘特征，到 V2 区的基本形状或目标的局部，再到高层 V4 的整个目标（如判定为一张人脸）以及到更高层的 PFC（前额叶皮层）进行分类判断（如识别出是同学小莉）等。也就是说高层的特征是低层特征的组合，从低层到高层的特征表达越来越抽象和概念化。

可以看到，在最底层特征基本上是类似的，就是各种边缘，越往上，越能提取出物体对象的一些特征（如眼睛、躯干等），到最上层，不同的高级特征最终组合成相应的图像，从而能够让人类准确地区分不同的物体。

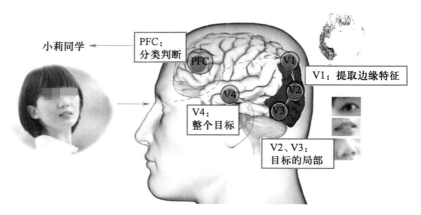

图 7-13　人脑视觉系统的信息分类处理

研究者们会很自然地想到：是否可以模仿人类大脑的这个特点，构造多层的神经网络，较低层地识别初级的图像特征，若干低层特征组成更上一层特征，最终通过多个层级的组合，在顶层做出分类呢？答案是肯定的，这也是许多深度学习算法（包括 CNN）的灵感来源。这种渐进式抽象的学习模型模仿了历经几百万年演化的人类大脑的视觉模型。

层次化的概念让计算机构建较简单的概念来学习复杂概念。如果绘制出表示这些概念如何建立在彼此之上的图，将得到一张"深"（层次很多）的图。基于这个原因，称这种方法为深度学习。

深度神经学习网络是指多层的人工神经网络和训练它的方法。一层神经网络会把大量矩阵数字作为输入，通过非线性激活方法取权重，再产生另一个数据集合作为输出。这就像生物神经大脑的工作机理一样，通过合适的矩阵数量，多层组织链接一起，形成神经网络"大脑"进行精准复杂的处理。

7.3.2　感知机

感知机（perceptron）算法模型是由美国学者在 1957 年提出来的，是作为神经网络（深度学习）的起源的算法，学习感知机的构造也就是学习通向神经网络和深度学习的一种重要思想。感知机这个名词可能并不能很好代表这个模型的意思，如果把感知机称为"人工神经元"更为确切直观一些。

图 7-14 是一个接收两个输入信号的感知机（神经元）模型，X_1、X_2 是输入信号，Y 是输出信号。

在输入与输出之间的连接中，W_1、W_2 是两个输入信号对应的权重（weight），权重越大，对应该权重的信号的重要性就越高；偏置 b（bias）是用于调整或修正其他数值的辅助值；f 是激活函数（activation function），决定神经元的激活状态，当神经元的输入达到某个阈值时，激活函数

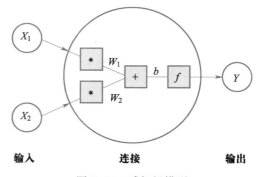

图 7-14　感知机模型

将其映射到某个特定范围，从而决定该神经元是否被激活。

输入信号被送往隐藏层神经元时，会被分别乘以固定的权重（W_1X_1、W_2X_2），然后计算传送过来的信号的总和，并加上偏置 b 进行调整或修正，最后通过激活函数 f 激活神经元。

根据如上描述，可以形式化地定义感知机函数如下。

给定 n 维向量 $X(X,X_2,\cdots,X_n)$ 作为输入（通常称作输入特征或者简单特征），其对应的权重为 $W(W_1,W_2,\cdots,W_n)$，偏置为 b，则该神经元的输出为

$$y=f\left(\sum_{i=1}^{n}W_iX_i+b\right)$$

下面通过图 7-14 的神经元实现逻辑"与"运算的例子，帮助大家进一步理解神经元的计算。

"与"运算中，两个输入 X_1、X_2 分别是 0 和 1 的 4 种组合（如表 7-1 所示），X_1、X_2 一样重要，因此权重 W_1 和 W_2 均为 1。设置偏置 b 为 -1.2。"与"运算可以理解为是一个有监督的分类问题，使用以下激活函数对这类线性的分类器进行建模：

$$f(x)=\begin{cases}0, & x<0 \\ 1, & x\geqslant0\end{cases}$$

该神经元的输出为

$$Y=f(W_1X_1+W_2X_2+b)=f(X_1+X_2-1.2)$$

得到表 7-1 所示结果。

表 7-1 "与"运算真值与预测值对照表

X_1	X_2	Y	$X_1+X_2-1.2$	T
0	0	0	-1.2	0
0	1	0	-0.2	0
1	0	0	-0.2	0
1	1	1	0.2	1

预测结果 Y 与真值 T 完全一致，说明该神经元已成功实现"与"运算功能。将偏置 b 设置为 -1.2，但这不是一个固定值，$(-1,-2)$ 之间的任何值都将起作用。

7.3.3 "深度学习"有多深

叠加了多层感知机的模型称为多层感知机（multi-layered perceptron，MLP），是一种深度学习模型，其主要特点是有多个神经元（感知机）层，因此也叫深度神经网络（deep neural networks，DNN）。

"深度学习"中的"深度"并不是指利用这种方法所获取更深层次的理解，而是指一系列连续的表示层。数据模型中包含的表示层数量就是模型的深度（depth）。现代深度学习通常包含数十个甚至上百个连续的表示层，这些表示层全都是从训练数据中自动学习的。与此不同的是，其他机器学习方法的重点往往是仅仅学习一两层的数据表示，因此有时也被称为浅层学习（shallow learning）。

深度学习网络由输入层、隐藏层和输出层组成（见图 7-15），隐藏层可以有很多层，为什么要这样设计呢？例如，在图像识别中，第一个隐藏层学习到的是边缘的特征，第二个隐藏层学习到的是由边缘组成的形状的特征，第三个隐藏层学习到的是由形状组成的图案的特征，最后的隐藏层学习到的是由图案形成的对象的特征等。

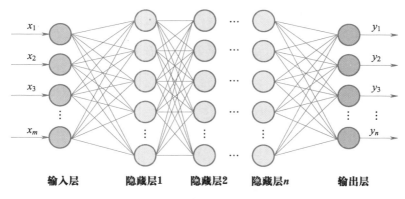

图 7-15　深度学习网络的结构

与传统的浅层学习相比，深度学习不同之处在于：① 强调模型结构的深度，现在的深度神经网络可达十几层，甚至更多；② 突出特征学习的重要性，通过逐层的特征变换，将不同抽象级别的特征识别出来，最后使得分类和预测更加准确和容易。

深度学习有时也称为端到端机器学习（end-to-end machine learning）。这里所说的端到端是指从一端到另一端，也就是从原始数据（输入）中获得目标结果（输出）。神经网络的优点是：对所有的问题都可以用同样的流程来解决。比如，不管要求解的问题是手写识别的数字，还是识别狗或猫，或是识别人脸，神经网络都是通过不断学习所提供的数据，尝试发现待求解的问题的模式。

从某种意义上来说，深度学习与待处理的问题无关，神经网络可以将数据直接作为原始数据，进行"端对端"的学习。

7.4　深度学习基础知识

本节介绍一些深度学习的入门知识，有些概念刚接触时可能比较难以理解，其实复杂的问题都可以分解成若干简单问题，通过有限个步骤完成的，有些复杂概念结合 Python 程序的演示，可以直观地了解算法实现的细节。

7.4.1　神经网络的数据表示：张量

一般来说，当前所有机器学习系统都使用张量（tensor）作为基本数据结构。张量对这个领域非常重要，重要到 Google 的 TensorFlow 都以它来命名。那么，什么是张量？

张量是矩阵向任意维度的推广，神经网络无论处理什么数据（声音、图像还是文本），都必须首先将其转换为张量，这一步叫作数据向量化（data vectorization）。

张量由以下三个关键属性来定义。

1. 轴的个数（阶）

张量的维度（dimension）通常叫作轴（axis），轴的个数也叫作阶（rank）。例如，三维张量有 3 个轴，矩阵张量有 2 个轴。在 Python 中，通常叫作张量的 ndim。

2. 形状

形状表示张量沿每个轴的维度大小（元素个数）。在 Python 中，通常叫作张量的 shape。

3. 数据类型

张量作为基本数据结构，是一个数据容器。例如，张量的类型可以是 float32、unit8、float64 等。在 Python 中，通常叫作 dtype。

为了具体说明，下面以 Keras 框架自带的手写识别数字数据集 MNIST 为例进行解释。首先加载 MNIST 数据集。

```
from keras.datasets import mnist
(train_images, train_labels), (test_images, test_labels) = mnist.load_data()
```

输出张量 train_images 轴的个数，即 ndim 属性。

In[1]:	print(train_images.ndim)
Out[1]:	3

输出张量的形状，即 shape 属性。

In[1]:	print(train_images.shape)
Out[1]:	(60000, 28, 28)

输出张量的数据类型，即 dtype 属性。

In[1]:	print(train_images.dtype)
Out[1]:	uint8

以上输出信息表明，数据集 train_images 是一个由 8 位整数（uint8）组成的三维张量。更确切地说，它是 60 000 个矩阵组成的数组，每个矩阵由 28×28 个整数组成。每个这样的矩阵都是一张灰度图像，元素取值范围为 0~255。

7.4.2 损失函数

在机器学习中，同一个数据集可能训练出多个模型即多个函数，那么在众多函数中该选择哪个函数呢？首选肯定是选择预测能力较好的模型。那么评价标准是什么？这个评价标准就是使预测值和实际值之间的误差较小。

对于任一函数，给定一个变量 x，函数都会输出一个 y，这个输出的 y 与真实值可能相同，也可能不同。用一个函数来度量这两者之间的相同度，这个函数称为损失函数（loss function）。损失函数是一个表示神经网络性能的"优劣程度"的指标，用来反映一个神经网络的输出与预期值之间的误差，即当前的神经网络对监督数据在多大程度上不拟合，在多大程度上不一致。然后，以这个指标为基准，寻找最优权重参数。深度学习就是利用这个误差值作为反馈信号来对权重值进行微调，以降低当前模型对应的损失值。

损失函数是一个非负实值函数，一般来说，函数值越小，就代表模型拟合得越好，常见的损失函数包括均方误差（mean squared error）、平均绝对误差（mean absolute error）、交叉熵（cross-entropy）等。下面介绍比较简单的均方误差。

均方误差如下式所示：

$$E = \frac{1}{2} \sum_k (y_k - t_k)^2$$

这里，E 是函数的误差，y_k 表示神经网络的输出，t_k 表示监督数据，k 表示数据的维数。

例如，在本章要介绍的手写数字识别的案例中，y_k、t_k 分别是由 10 个参数构成的列表：

```
y = [0.1, 0.05, 0.6, 0.0, 0.05, 0.1, 0.0, 0.1, 0.0, 0.0]
t = [0, 0, 1, 0, 0, 0, 0, 0, 0, 0]
```

这里，神经网络的输出 y 是 softmax 函数的输出，softmax 函数的输出可以理解为概率；t 是有监督学习的标签数据，将正确解（或称为正解，可以理解成期望得到的结果）标签设为 1，其他均设为 0。这种表示方法称为 one-hot 表示。因此上例中，y 的第 2 个输出值（从 0 算起）的概率为 0.6，它所对应的 t 列表中的相应参数是 1，1 表示正确解标签，其他为 0。

【例 7-1】用 Python 计算均方误差表示的损失函数。

按照上面给出的均方误差公式，本示例用来计算神经网络的输出和正确解监督数据的各个元素之差的平方，再求总和。首先定义均方误差函数如下所示：

```
def mean_squared_error(y, t):
return 0.5 * np.sum((y-t) ** 2)
```

然后调用这个函数，计算均方误差：

```
In[1]:    import numpy as np
          #例 1：元素"2"的概率最高的情况 (0.6)
          #参数 y 和 t 是 NumPy 数组
          y = [0.1, 0.05, 0.6, 0.0, 0.05, 0.1, 0.0, 0.1, 0.0, 0.0]
          t = [0, 0, 1, 0, 0, 0, 0, 0, 0, 0] mean_squared_error(np.array(y), np.array(t))
          #例 2：元素"7"的概率最高的情况 (0.85)
          y = [0.1, 0.05, 0.1, 0.0, 0.05, 0.1, 0.0, 0.85, 0.0, 0.0]
          mean_squared_error(np.array(y), np.array(t))
```

Out[1]:	0.0975
	0.7787

在第一个例子中，正确解是 t 数组中的序列 2，神经网络的输出的最大值是"2"；第二个例子中，正确解是"2"，神经网络的输出的最大值是"7"。

如实验结果所示，可以发现第一个例子的损失函数的值更小，和监督数据之间的误差较小。也就是说，均方误差显示第一个例子的输出结果与监督数据更加吻合。

7.4.3 梯度下降法

梯度下降算法是神经网络模型训练最常用的优化算法。对于深度学习模型，基本都是采用梯度下降算法来进行优化训练的。梯度下降法的计算过程就是沿梯度下降的方向求解极小值（也可以沿梯度上升方向求解极大值）。

如果从数学的角度描述，梯度就是表示某一函数在该点处的方向导数沿着该方向取得较大值，即函数在当前位置的导数。梯度下降法的计算过程就是沿梯度下降的方向求解极小值（也可以沿梯度上升方向求解极大值）。梯度下降法需要给定一个初始点，并求出该点的梯度向量，然后以负梯度方向为搜索方向，以一定的步长进行搜索，从而确定下一个迭代点，再计算新的梯度方向，如此重复直到函数收敛。

例如，用梯度下降法在函数 $f(x,y)=x^2+y^2$ 曲面上寻找最小值。首先用 Python 绘制它的三维图形，看看这个函数是什么样子的（如图 7-16 所示），绘图代码参见本章课程资源。

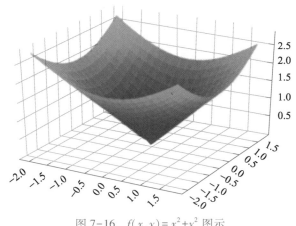

图 7-16　$f(x,y)=x^2+y^2$ 图示

如果把图 7-16 比喻成一个山谷的形状，可以设想有一个人站在山上的某一个位置，梯度下降的基本过程和一个人下山的场景很类似。

首先，可微分的函数 $f(x,y)=x^2+y^2$ 就代表着一座山。我们的目标就是找到这个函数的最小值，也就是山底。这个人当前位置就是起始坐标，他想走到山谷的最低处（曲面最小值）。于是从初始点开始，沿着函数的梯度方向往下走（即梯度下降）。这时，出发点和方向（朝哪里走）就成为是否能够找到山底的关键。

要求极值，首先求导，也就是对 x、y 分别求导，在求导过程中，把其他的未知量当成常数即可，这就是偏导数。求偏导的数学表达如下：

$$\nabla = \left(\frac{\partial f(x,y)}{\partial x}, \frac{\partial f(x,y)}{\partial y} \right)$$

其中，∇表示梯度。

每走一步，坐标就会更新：

$$x_{i+1} = x_i - \alpha \frac{\partial f(x,y)}{\partial x}$$

$$y_{i+1} = y_i - \alpha \frac{\partial f(x,y)}{\partial y}$$

其中，α 表示下山的速度，在深度学习中称为学习率。

在梯度下降法中，虽然梯度的方向并不一定指向最小值，但沿着它的方向能够最大限度地减小函数的值。因此，在寻找函数的最小值（或者尽可能小的值）的位置的任务中，要以梯度的信息为线索，决定前进的方向。

按照这种策略，函数的取值从当前位置沿着梯度方向前进一定距离，然后在新的地方重新求梯度，再沿着新梯度方向前进，如此反复，不断地沿梯度方向前进，逐渐减小函数值的过程就是梯度法。梯度法是解决机器学习中最优化问题的常用方法，特别是在神经网络的学习中经常被使用。

【例 7-2】梯度下降法的 Python 实现。

梯度下降法的 Python 实现程序如下所示，其中只列出了几个主要函数名称与参数，详细实现代码参见课程资源：

```
In[1]:    import numpy as np
          #梯度下降法,此为本程序核心算法
          def gradient_descent(f, init_x, lr=0.01, step_num=100):
              return x


          #定义 f(x,y)=x²+y²函数的表示形式,这里有两个变量
          def function(x):
              return x[0] ** 2 + x[1] ** 2


          #参数 f 为函数,x 为 NumPy 数组,该函数对 x 的各个元素求数值微分,即梯度
          def numerical_gradient(f, x):
              return grad
          init_x = np.array([-3.0, 4.0])   #初始位置
          gradient_descent(function, init_x=init_x, lr=0.1, step_num=100)   #计算
          #梯度

Out[1]:   array([-6.11110793e-10, 8.14814391e-10])
```

这里需要注意的是，自定义函数 def function 有两个变量，所以有必要区分对哪个变量求导数，即对 x_0 和 x_1 两个变量中的哪一个求偏导数。

从程序输出的数据可以看出，最终的结果是(-6.1e-10,8.1e-10)，非常接近(0,0)。实际上，函数$f(x,y)=x^2+y^2$最小值就是(0,0)，所以说通过梯度法基本得到了正确结果。

7.4.4 深度学习基本训练过程

深度学习主要通过使用深度神经网络（DNN）来构建和处理复杂的模型，以便更深入地理解数据。直观地说，深度学习是利用深度神经网络来进行机器学习的。

深度学习的基本训练过程如图7-17所示。下面以一个简单的神经网络例子来理解深度学习的训练过程。

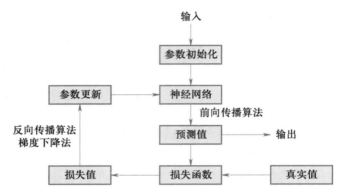

图 7-17 深度学习基本训练过程

假设数据集包含4个人的身高、体重和性别数据，如表7-2所示。

表 7-2 原始数据集

姓　　名	身高/cm	体重/kg	性　　别
王丽	163	51	女
李俊	176	69	男
章宇	181	72	男
陈芳	160	50	女

为了使特征更适合算法模型，对原始特征数据进行转换，身高减去170，体重减去55，性别男定义为0，性别女定义为1。特征转换后的数据集如表7-3所示。

表 7-3 特征转换后的数据集

姓　　名	身高/cm	体重/kg	性　　别
王丽	-7	-4	1
李俊	6	14	0
章宇	11	17	0
陈芳	-10	-5	1

图 7-18 是搭建的神经网络，目标是训练它能够根据某人的身高和体重来预测性别。该神经网络包含输入层、输出层及 1 个隐藏层。输入层有两个输入 X_1 和 X_2，分别对应身高和体重；隐藏层包含两个神经元 h_1 和 h_2；输出层包含一个神经元 Y。

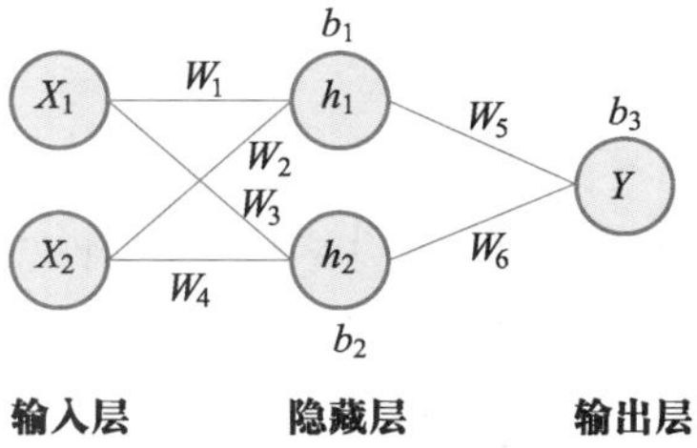

图 7-18　根据身高和体重预测性别的神经网络

神经网络的工作原理是，根据权重 W 和偏置 b，得到预测结果（性别），如果预测不够准确，就要改变权重和偏置值，不断优化，直到预测准确。具体流程归纳如下。

1. 初始化

随机初始化神经网络中权重 W 和偏置 b 的值。

2. 前向传播

把神经元的输入向前传递获得输出的过程称为前向传播。根据图 7-18 所示，将训练数据 X_1 和 X_2 输入到神经网络中，通过以下前向传播操作，计算预测结果 Y：

$$h_1 = f(W_1 \cdot X_1 + W_2 \cdot X_2 + b_1) \tag{7-1}$$

$$h_2 = f(W_3 \cdot X_1 + W_4 \cdot X_2 + b_2) \tag{7-2}$$

$$Y = f(W_5 \cdot h_1 + W_6 \cdot h_2 + b_3) \tag{7-3}$$

值得一提的是，前面实现"与"运算神经元例子中使用的是线性激活函数，而实际应用中，非线性激活函数更为常见，这是因为激活函数的主要作用是为神经元引入非线性因素，从而使得神经网络可以拟合各种曲线，增加神经网络模型的非线性，从而能给神经网络带来更大的表达能力，使其能应用到更多的非线性模型中。常用的非线性激活函数有 Sigmoid、Tanh、ReLU、LReLU、PReLU、Swish 等。

3. 损失计算

损失计算是神经网络训练过程中的一个重要步骤，其目的是衡量模型预测结果与真实结果之间的差异。通常使用 7.4.2 节介绍的损失函数来衡量这种差异，本例采用均方误差作为损失函数，表示为

$$E = \frac{1}{n} \sum_{i=1}^{n} (Y_i - T_i)^2 \tag{7-4}$$

其中，n 是训练样本数量，Y_i 表示第 i 个样本的预测值，T_i 表示第 i 个样本的真实值。

假设 4 个样本的预测值均为 0（如表 7-4 所示），也就是预测所有人都是女性，那么根据均方误差公式计算出损失是

$$E = \frac{1}{4} \times (0+1+1+0) = 0.5$$

表 7-4　预测值与真实值的误差

姓　　名	Y_i	T_i	$(Y_i - T_i)^2$
王丽	0	1	0
李俊	0	0	1
章宇	0	0	1
陈芳	0	1	0

损失值为 0.5 说明这个神经网络不够好，还要不断优化，尽量减少损失。从式（7-1）、式（7-2）、式（7-3）可知，改变网络的权重和偏置可以影响预测值，所以接下来需要调整权重和偏置值。

4. 反向传播

反向传播（back propagation）算法又称"BP 算法"，是深度学习的核心算法。采用反向传播算法是由于前向传递输入信号通过神经网络，在输出时产生误差，这时神经网络就让最后一层神经元进行参数调整。最后一层神经元不仅自己调整参数，还会要求连接它的倒数第二层神经元调整连接权重，并且逐层回退，调整各神经网络间连接的权重，如图 7-19 所示。

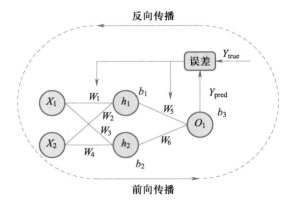

图 7-19 前向传播和反向传播示意图

反向传播算法的目标是最小化损失值 E，可以通过计算损失函数关于模型参数的梯度，并根据梯度来更新模型参数。反复迭代这个过程，就可以找到损失值 E 的极值，逐渐优化模型的性能，使其能够更好地拟合数据。

梯度下降法的数学表达如下：

$$W = W - \alpha \frac{\partial E}{\partial W}$$

$$b = b - \alpha \frac{\partial E}{\partial b}$$

其中，α 是学习率，用于控制权重更新的速度。

根据式（7-1）、式（7-2）、式（7-3）和式（7-4）可知，损失函数实际上是包含多个权重、偏置的多元函数：

$$E(W_1, W_2, \cdots, W_n, b_1, b_2, \cdots b_n)$$

因此，式（7-5）就是对各个权重求偏导，然后更新权重：

$$\nabla = \left(\frac{\partial E(W,b)}{\partial W_1}, \frac{\partial E(W,b)}{\partial W_2}, \frac{\partial E(W,b)}{\partial W_3}, \cdots, \frac{\partial E(W,b)}{\partial W_n} \right)$$

$$W_{i+1} = W_i - \alpha \frac{\partial E(W,b)}{\partial W_n} \tag{7-5}$$

其中，W_i 代表该权重的当前值，W_{i+1} 代表更新值。

同理，式（7-6）是对各个偏置值求偏导，然后更新偏置值：

$$\nabla = \left(\frac{\partial E(W,b)}{\partial b_1}, \frac{\partial E(W,b)}{\partial b_2}, \frac{\partial E(W,b)}{\partial b_3}, \cdots, \frac{\partial E(W,b)}{\partial b_n} \right)$$

$$b_{i+1} = b_i - \alpha \frac{\partial E(W,b)}{\partial b_n} \tag{7-6}$$

其中，b_i 代表该偏置的当前值，b_{i+1} 代表更新值。

下面以王丽一个人的样本数据来计算权重 W_1 的更新值。

假设初始化 W_1、W_3、W_5、W_6 为 1，W_2、W_4 为 0，偏置值全部初始化为 0，根据表 7-3，$X_1 = -7$，$X_2 = -4$，则

$$h_1 = f(W_1 \times X_1 + W_2 \times X_2 + b_1) = f(-7)$$

这里激活函数使用 sigmoid 函数：$f(x) = \frac{1}{1 + e^{-x}}$，解得：

$$h_1 = 0.0009$$

同理求得：

$$h_2 = f(W_3 \times X_1 + W_4 \times X_2 + b_2) = f(-4) = 0.018$$

$$Y = f(W_5 \times h_1 + W_6 \times h_2 + b_3) = f(0.0009 + 0.018 + 0) = 0.5047$$

神经网络的输出为 0.5047，无法判断是男是女。接下来观察调整权重 W_1 对损失函数的影响，即计算偏导数 $\partial E / \partial W_1$。

根据链式求导：

$$\frac{\partial E}{\partial W_1} = \frac{\partial E}{\partial Y} \times \frac{\partial Y}{\partial h_1} \times \frac{\partial h_1}{\partial W_1}$$

由 $E = \frac{1}{1} \sum_{i=1}^{1} (Y - T)^2 = (Y - 1)^2$，得：

$$\frac{\partial E}{\partial Y} = 2(Y - 1) = -0.9906$$

激活函数 sigmoid 的导数：$f'(x) = \frac{e^x}{(1 + e^{-x})^2} = f(x) \times (1 - f(x))$，因此：

$$\frac{\partial Y}{\partial h_1} = W_5 \times f'(W_5 h_1 + W_6 h_2 + b_3) = 1 \times f'(0.0189) = f(0.0189) \times (1 - f(0.0189)) = 0.24998$$

$$\frac{\partial h_1}{\partial W_1} = X_1 \times f'(W_1 X_1 + W_2 X_2 + b_1) = -7 \times f(-7) \times (1 - f(-7)) = 0.00629$$

最终解得：

$$\frac{\partial E}{\partial W_1} = (-0.9906) \times 0.24998 \times (-0.00629) = 0.001558$$

于是更新 W_1 为：$W_1 - \alpha \times \frac{\partial E}{\partial W_1}$，若 $\alpha = 0.1$，新的权重值为 $1 - \alpha \times 0.001558 = 0.99984424$。

5. 迭代

重复执行"2. 前向传播→3. 损失计算→4. 反向传播"这三个步骤，直到损失函数 E 收敛到一个较小的值，或达到预设的迭代次数。

通过以上过程，可以找到一组合适的权重 W 和偏置 b，使得神经网络能够根据身高和体重来预测性别。最后，可以用一组新的身高和体重输入到神经网络中，计算出对应的性别预测值，以此来评估该神经网络的泛化能力。

7.5 全连接神经网络到卷积神经网络

7.5.1 全连接神经网络

图 7-18 所示的神经网络中，每个神经元与前一层和后一层的所有神经元相连接，这种神经网络称为全连接神经网络（fully connected netural network，FCN），也称为密集连接网络（densely connected network）。全连接神经网络模型实际上是一种特殊的深度学习结构，即多层感知机（MLP），其基本思想是寻找类别间最合理、最具有鲁棒性的超平面。全连接神经网络是许多其他复杂神经网络的基础，如卷积神经网络（CNN）、循环神经网络（RNN）等。

图 7-18 的全连接神经网络是一个只有两个输入、一个包含两个神经元的隐藏层和一个输出的简化网络。针对这个网络，为了求出隐藏层和输出层最佳的权重 w 和偏置 b，要求多个偏导以及链式求导的 3 次连乘。实际的全连接网络如图 7-15 所示，网络层次越深，偏导连乘也就越多，付出的计算代价也就越大。一个网络层可能会有多个神经元，多个神经元的输出作为下一级神经元的输入时，就会形成多个复杂的嵌套关系。由于全连接神经网络层级之间都是全连接的，所以网络结构越复杂，要求的权重 W 和偏置 b 就会非常多，整个网络就会收敛得非常慢，这就是全连接神经网络的局限性，特别是针对图像这些冗余信息特别多的输入，如果用全连接神经网络去训练，简直就是一场计算灾难。于是，卷积神经网络（convolutional neural networks，CNN）应运而生。

7.5.2 卷积神经网络

当一个深度神经网络以卷积层为主体时，就称之为卷积神经网络。卷积计算层是卷积神经网络最重要的一个层次，也是"卷积神经网络"的名字来源。

卷积神经网络（CNN）在本质上是一种输入到输出的映射，它能够学习大量的输入与输出之间的映射关系，而不需要任何输入和输出之间的精确的数学表达式，只要用已知的模式对卷积网络加以训练，网络就具有输入输出对之间的映射能力。

卷积神经网络是一种多层神经网络，每层由多个二维平面（特征映射）组成，而每个平面由多个独立神经元组成。卷积神经网络擅长处理图像特别是大图像的相关机器学习问题。卷积网络通过一系列方法，成功将数据量庞大的图像识别问题不断降维，最终使其能够被训练。如今的卷积神经网络架构有数十层或更多、上百万个权值以及几十亿个连接。然而训练如此大的网络以前需要几周的时间，现在硬件、软件以及算法并行的进步，可以把训练时间压缩到几小时。

21世纪开始，卷积神经网络就被成功地大量用于检测、分割、物体识别以及图像的各个领域。这些应用都是使用了大量的有标签的数据，比如交通信号识别，生物信息分割，面部探测，文本、行人以及自然图形中的人的身体部分的探测。

卷积神经网络很容易在芯片或者现场可编程门阵列（FPGA）中高效实现，开发成卷积神经网络芯片，以使智能机、相机、机器人以及自动驾驶汽车中的实时视觉系统成为可能。例如，卷积神经网络的一个成功应用是人脸识别。

7.5.3 卷积神经网络的层结构

最典型的卷积神经网络层主要由卷积层、池化层、全连接层组成。其中，卷积层与池化层配合，组成多个卷积组，逐层提取特征，最终通过若干全连接层完成分类。例如，一个深度神经网络的第一个卷积层以原始图像作为输入，而之后的卷积层会以前面的层输出的特征图为输入，而池化层主要是为了降低数据维度。

例如，LeNet-5是第一个被提出的卷积网络架构（见图7-20），用于手写数字识别。LeNet-5深度较浅，主要是方便读者学习理解。在本章7.6节CNN案例中也会介绍这个卷积网络架构。

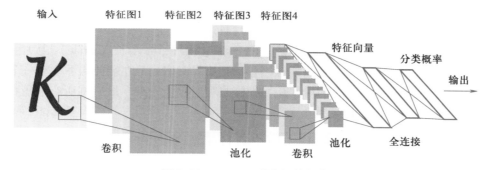

图7-20 LeNet-5卷积网络架构

综合起来，CNN通过卷积来模拟特征区分，并且通过卷积的权值共享及池化，来降低网络参数的数量级，最后通过传统神经网络全连接层完成分类任务。

卷积神经网络与全连接神经网络的区别主要体现在以下两点。

① 卷积神经网络至少有1个卷积层，用以提取特征。

② 卷积层级之间的神经元是局部连接和权值共享，这就大大减少了权重 W 和偏置 b 的数量，加快了训练速度。

下面针对卷积神经网络以上两个特性，对其特有的网络层做进一步介绍。

7.5.4 卷积层

卷积层（convolution layer）是从数据集图像中提取特征的第一层。卷积的目的是得到物体的边缘形状特征。卷积层进行的处理就是卷积运算。卷积运算相当于图像处理中的"滤波器运算"。

在CNN中，有时将卷积层的输入输出数据称为特征图（feature map）。其中，卷积层的输入数据称为输入特征图（input feature map），输出数据称为输出特征图（output feature map）。

我们知道，图像拥有大量冗余的信息，作为输入信息，它的矩阵非常大，如果利用全连接神经网络去训练，计算量非常大，CNN 的亮点之一就是拥有卷积层。因此，通俗易懂来说卷积层就是压缩提纯。

那么，卷积层是如何工作的呢？

1. 卷积与卷积运算

卷积（convolutional）一词听起来相当生僻，在数学上，卷积是一种积分变换的数学方法，在许多方面得到了广泛应用，例如，卷积在数字图像处理中最常见的应用为滤波和边缘提取。

卷积运算一个重要的特点就是，通过卷积运算来过滤图像的各个小区域，从而得到这些小区域的特征值，可以使原信号特征增强，并且降低噪声。

图 7-21 是一个 3×3 的矩阵，一般称之为卷积核（或滤波器），矩阵的值可以称为权重。在实际训练过程中，卷积核的值是在学习过程中学到的。卷积核的大小（3×3 矩阵）叫作接受域（也叫"感知野"）。为简单起见，这里输入数据和卷积核的元素都用 0 或 1 表示，在实际应用中可以是其他值。

1	0	1
0	1	0
1	0	1

图 7-21　卷积核

需要注意的是，卷积核需要是奇数行、奇数列，这样才能有一个中心点。

图 7-22 中网格表示 5×5 的一幅图片，用 3×3 卷积核，做步长（stride）为 1 的卷积操作，表示卷积核每次向右移动一个像素（当移动到边界时回到最左端并向下移动一个单位）。在卷积核移动的过程中将图片上的像素和卷积核的对应权重相乘，最后将所有乘积相加得到一个输出，得到了 3×3 的卷积结果。

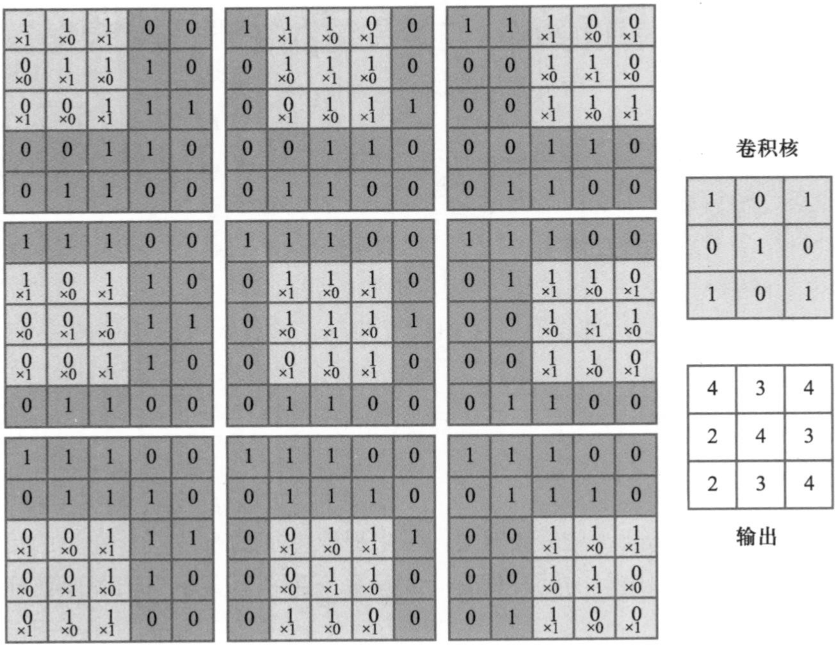

卷积核

1	0	1
0	1	0
1	0	1

4	3	4
2	4	3
2	3	4

输出

图 7-22　用 3×3 卷积核卷积 5×5 像素图像（步长 = 1×1 像素）

步长就是卷积核工作时每次滑动的格子数，默认是 1，也可以自行设置，步长越大，扫描次数越少，得到的特征也就越"粗糙"。

卷积计算的数学表示如下：

$$f(x) = wx+b$$

其中，$b=0$，$w = \begin{bmatrix} 1 & 0 & 1 \\ 0 & 1 & 0 \\ 1 & 0 & 1 \end{bmatrix}$

公式中的 w 和 b 与之前介绍的全连接神经网络并没有区别，也是代表权重 w 和偏置 b，它们在初始化之后，随着整个训练过程一轮又一轮地迭代逐渐趋向于最优。

在卷积核之后一般会加一个 ReLU 的激活函数，而前面全连接神经网络例子中用的是 sigmoid 激活函数。这么做的目的都是让训练结果更优。

【例 7-3】用 Python 程序自定义卷积核，完成卷积运算。

通过以上的介绍，可以理解所谓的卷积运算，就是用卷积核来对图像进行卷积（滤波）操作，每次滤波器都是针对某一局部的数据窗口进行卷积，这就是所谓的卷积神经网络的局部感知机制。

本例用 Python 程序实现图 7-22 的卷积运算，有助于我们更加深入理解卷积操作。

下列代码定义卷积核（滤波器）矩阵和图像数据矩阵，并与图 7-22 中的数据保持一致。

```
#自定义滤波矩阵,也就是卷积核
filter = np.array([
        [1,0,1],
        [0,1,0],
        [1,0,1]
        ])
#自定义图像矩阵
img=np.array([
    [1,1,1,0,0],
    [0,1,1,1,0],
    [0,0,1,1,1],
    [0,0,1,1,0],
    [0,1,1,0,0],
])
```

自定义卷积函数 convolve(img,filter)，将卷积核和图像矩阵数据传入，完成卷积运算：

```
In[1]:    def convolve(img,filter):                    #自定义函数 convolve,传入参数
            filter_heigh = filter.shape[0]             #获取卷积核(滤波)的高度
            filter_width = filter.shape[1]             #获取卷积核(滤波)的宽度
            conv_heigh = img.shape[0] - filter.shape[0] + 1    #确定卷积结果的大小
            conv_width = img.shape[1] - filter.shape[1] + 1
            conv = np.zeros((conv_heigh,conv_width),dtype = 'uint8')
```

In[1]:	```for i in range(conv_heigh): for j in range(conv_width): #逐点相乘并求和得到每一个点 conv[i][j] = wise_element_sum(img[i:i + filter_heigh,j:j +filter_width],filter) return conv```
Out[1]:	[[4 3 4] [2 4 3] [2 3 4]]

输出结果与图 7-22 示例完全一致。

2. 卷积核的权重对图像的影响

在图像处理中经常能看到的平滑、模糊、锐化、边缘提取等操作，其实都可以通过卷积操作来完成，只要改变卷积核的权重，就可以得到不同的卷积（滤波）效果。

图 7-23 有 4 个 3×3 的卷积核矩阵，其中，第 1 个卷积核矩阵中心点为 1 其余全 0，对图像卷积操作后不产生任何影响，其余 3 个卷积核矩阵分别是图像锐化、边缘提取和浮雕滤波，对应的图像输出效果如图 7-23 所示。

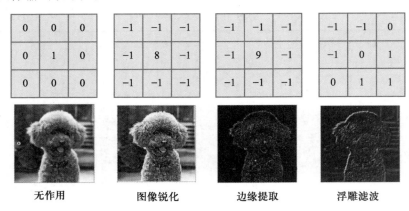

图 7-23 卷积核的权重对图像的影响

特别有意思的是，比较一下图像锐化和边缘提取两个卷积核，只是矩阵中心点的参数由8 变成 9，但卷积后的图像输出却发生了根本性的变化。

7.5.5 池化层

在构建卷积神经网络时，通常在每个卷积层之后插入一个池化层（pooling layer），以减小表示的空间大小，减少参数计数，从而降低计算复杂度。此外，池化层也有助于解决过度拟合问题。

池化最早在 LeNet 中被提出并被称为子采样（subsample），而在 AlexNet 之后则普遍被称为 pooling。池化是卷积神经网络中的一种重要操作方式，其本质是对输入的特征图（feature map）进行某种形式的降维压缩，以加快后续计算过程。这一操作模仿了人的视觉系统对数据的处理方式，利用更高层次的特征表示图像。

卷积层输出的每个特征图（feature map）在池化层被进一步划分为多个不重叠的区域，并对每个区域内的值进行聚合运算，得出一个新的代表值。例如，最大池化就是取每个划分区域内的最大值作为该区域的代表值；平均池化则是取所有区域的平均值，如图 7-24 所示。

最大池化的主要操作是将输入的图像划分成多个矩形区域，然后从每个子区域中找出最大值作为输出。这样的操作方式有助于提取图像的边缘和纹理结构，因为边缘信息往往代表了图像的最显著特征。然而，值得注意的是，虽然最大池化在提取极端功能上有优势，但在一些情况下，如特征图的尺寸比较小或深层网络中，使用平均池化可能会更合适，即平均池化能更多地保留图像的背景信息。在设计模型时，可以根据实际需求选择适合的池化方式。

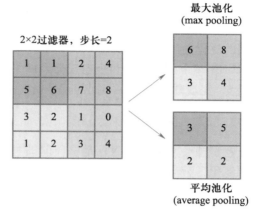

图 7-24　最大池化和平均池化

在经过若干卷积层、池化层后，在不考虑通道的情况下，特征图的分辨率就会远小于输入图像的分辨率，大大减小了对计算量和参数数量的需求。

7.5.6　全连接层

在 CNN 结构中，经多个卷积层和池化层后，连接着 1 个或 1 个以上的全连接层（fully connected layers），全连接层在卷积神经网络尾部。全连接层中的每个神经元与其前一层的所有神经元进行全连接，两层之间所有神经元都有权重连接。全连接层在整个卷积神经网络中起到"分类器"的作用，可以整合卷积层或者池化层中具有类别区分性的局部信息。

如果说卷积取的是局部特征，全连接就是把以前的局部特征重新通过权值矩阵组装成完整的图。因为用到了所有的局部特征，所以叫全连接。

由于卷积层和池化层大大降低了复杂度，因此可以构建一个全连接层来对图像进行分类。其中每个参数相互连接，所以全连接层的参数也是最多的。

CNN 网络中前几层的卷积层参数量占比小，计算量占比大；而后面的全连接层正好相反，大部分 CNN 网络都具有这个特点。因此在进行计算加速优化时，重点放在卷积层；进行参数优化、权值裁剪时，重点放在全连接层。

全连接层的"分类器"作用通常通过 Softmax 函数实现，这个函数的主要作用是将多个神经元的输出映射到 [0,1] 内，可以被视为概率，从而进行多分类。

Softmax 函数的定义如下（以第 i 个结点输出为例）：

$$\text{Softmax}(z_i) = \frac{e^{z_i}}{\sum_{j=1}^{c} e^{z_j}}$$

其中，z_i 为第 i 个结点的输出值，c 为输出结点的个数，即分类的类别个数。

通过 Softmax 函数，可以将多分类的输出值转换为范围在 [0,1] 且总和为 1 的概率值。这样做的优点在于它能有效地解决多分类问题中的"类别不平衡"问题，使得每个类别都被考虑到，而不会被某个占主导地位的类别所主导。

由以上各层介绍可知，整个 CNN 架构就是一个不断压缩提纯的过程，目的不单只是为了加快训练速度，同时也是为了放弃冗余信息，避免将没必要的特征都学习进来，保证训练模型的泛化性。

CNN 整个训练过程和全连接神经网络差不多，经过不断的训练，找出最优的权重 W 和偏置 b，完成建模。唯一不同的就是损失函数 Loss 的定义。

7.5.7 卷积神经网络可视化

卷积神经网络（CNN）是一种前馈神经网络，对于大型图像处理有出色表现。通过卷积、池化、激活等操作的配合，卷积神经网络能够较好地学习到空间上关联的特征。

CNN 一直被人们称为"黑盒子"，因为对于大多数人来说，CNN 仿佛戴上了神秘的面纱，即内部算法不可见，即使学习了前面介绍的概念和原理，对于什么是卷积层，什么是池化层，可能有些读者还是一头雾水。

数据可视化是一个利器，如果能将 CNN 的过程分解，并通过可视化方法把步骤呈现出来，利用 Python 的深度学习框架 Keras 观察 CNN 到底如何理解送入的训练图片。下面示例能使我们形象直观地看到输入图像（见图 7-25）经过 CNN 卷积层和池化层处理之后的结果，有助于理解卷积核的作用。

图 7-25 输入图片

【例 7-4】卷积层特征可视化。

宠物头像各层卷积操作的可视化输出如图 7-26 所示。

本程序参考 GitHub 资源实现，详细内容请访问 github. com 资源。

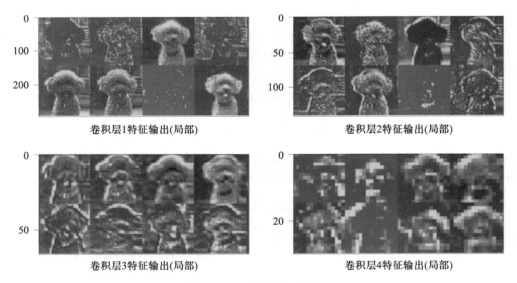

卷积层1特征输出(局部)

卷积层2特征输出(局部)

卷积层3特征输出(局部)

卷积层4特征输出(局部)

图 7-26 卷积层特征输出

从不同卷积层可视化输出的特征图大概可以总结出以下规律。

① 浅层网络（例如第一层）具有图像边缘检测功能，提取轮廓、形状等特征，特征数据与原始的图像数据比较接近。

② 相对而言，层数越深，卷积核输出的内容也越来越抽象，保留的信息也越来越少，图像的分辨率越来越小。

*7.6　深度学习神经网络案例：MNIST 手写数字识别

MNIST 是手写数字识别数据集，它是机器学习领域的一个经典数据集，也是学习神经网络最常用的数据集。在图像识别或机器学习的论文中，MNIST 数据集经常作为实验用的数据出现。

MNIST 数据集包括手写数字的扫描和相关标签（描述每个图像中包含 0~9 中哪个数字）。这个简单的分类问题是深度学习研究中最简单和最广泛使用的测试之一。

7.6.1　构建一个结构简单的神经网络

在机器学习中，如果使用的是带有正确答案的数据集，这就是在进行监督学习。在这种情况下，可以使用训练样例调整网络。测试样例也带有与每个数字关联的正确答案。还有一种情况，可以使用测试样例（假设标签未知），而让网络进行预测，然后再借助标签来评估神经网络对于识别数字的学习程度。

通过本例，用很少的 Python 代码对手写数字进行分类，可以学习到如何构建和训练一个非常简单的神经网络框架，然后逐步改进。

完整的代码可访问课程资源。

1. 加载 MNIST 数据集

下面命令加载 MNIST 数据集：

```
In[7]:    from keras.datasets import mnist
          (train_images, train_labels), (test_images, test_labels) = mnist.load_
          data()
```

MNIST 数据集的一般使用方法是，先用训练图像进行学习，再用学习到的模型度量能在多大程度上对测试图像进行正确的分类。可以看出，train_images 和 train_labels 组成了训练集（training set），主要是用来训练模型的。通过匹配一些参数来建立一个分类器，模型将从这些数据中进行学习，建立一种分类的方式，经过训练后，在测试集（test set，即 test_images 和 test_labels）上对模型进行测试，主要是测试训练好的模型的分辨能力（识别率等）。

训练集和测试集应是严格分开的，前者用于构建模型，后者用于评估模型对前所未见的新数据的泛化能力。

2. 训练集的张量和属性

张量 train_images 的轴的个数，即 ndim 属性，train_images. shape 是属性。

In[7]:	`print(train_images.ndim)`
	`print(train_images.shape)`
Out[7]:	3
	(60000, 28, 28)

可以看出，train_images 是 60 000 个矩阵组成的数组，每个矩阵由 28×28 个整数组成。每个这样的矩阵都是一张灰度图像，元素取值范围为 0~255。

同样，可以查看测试集的有关信息：

In[7]:	`print(test_images.ndim)`
	`print(test_images.shape)`
Out[7]:	3
	(60000, 28, 28)

3. 构建神经网络的层结构

用 Keras 构建一个神经网络很容易，有点像制作一个多层蛋糕。首先，建立一个蛋糕架，然后需要自己动手制作每一层不同风味的蛋糕层，如水果层、烤肉层蛋糕等。还要指定每一层蛋糕的材料标准，如水果的种类与数量；最后把蛋糕层放入蛋糕架烘焙就可以得到一个美味的蛋糕。

如上所说的蛋糕架就是 Keras 的 Sequential 模型，它是多个神经网络层的线性堆叠，蛋糕层就是 Keras 自带的各种功能模块。

本例中的网络包含 2 个 Dense 层，它们是密集连接（也叫全连接）的神经层。在输入层中，每个像素都有一个神经元与其关联，因而共有 28×28＝784 个神经元，每个神经元对应 MNIST 图像中的一个像素。所以，作为第一层的 Dense 层必须指定 input_shape＝784。

在深度学习中，模型中可学习参数的个数通常被称为模型的容量（capacity）。直观上来看，参数更多的模型拥有更大的记忆容量（memorization capacity），因此能够在训练样本和目标之间获得期待的映射。

在定义网络层时，使用什么激活函数是很重要的选择。Keras 提供了大量预定义好的激活函数，方便定制各种不同的网络结构，activation 的参数用于指定激活函数。

第二层（也是最后一层）是一个 10 路 softmax 层，使用激活函数 softmax 的单个神经元，softmax 将任意 k 维实向量压缩到区间$(0,1)$上的 k 维实向量，返回一个由 10 个概率值（总和为 1）组成的数组。每个概率值表示当前数字图像属于 10 个数字类别中某一个的概率。

In[7]:	`from keras import models from keras`
	`import layers`
	`network = models.Sequential()`
	`network.add(layers.Dense(512, activation='relu', input_shape=(28 * 28,)))`
	`network.add(layers.Dense(10, activation='softmax'))`

4. 数据预处理

输入层中，每个像素都有一个神经元与其关联，因而共有 28×28 = 784 个神经元，每个神经元对应 MNIST 图像中的一个像素。

训练集图像数据需要将其变换为一个 float32 数组，对数据进行转换的目的是为支持 GPU 计算的 float32 类型，其形状为 (60000,28,28)，除以 255 是进行归一化操作，因为像素值的最大值是 255，这样所有的值都在 [0,1] 区间。

对测试集也进行类似操作，并归一化为 [0,1]。

```
In[7]:    train_images = train_images.reshape((60000, 28 * 28))
          train_images = train_images.astype('float32') / 255
          test_images = test_images.reshape((10000, 28 * 28))
          test_images = test_images.astype('float32') / 255
```

5. 编译网络

一旦定义好模型，就要对它进行编译（compile），这样才能由 Keras 后端（TensorFlow）执行。

编译步骤需要指定三个参数。

优化器（optimizer）：这是训练模型时用于更新权重的特定算法。

损失函数（loss function）：选择优化器使用的目标函数，以确定权重空间（目标函数往往被称为损失函数，优化过程也被定义为损失最小化的过程）。手写数字识别是一个多类分类问题，所以使用分类交叉熵（categorical crossentropy）。

在训练和测试过程中需要监控的指标（metric）：参数 accuracy 表示正确分类的图像所占的比例。

```
In[7]:    network.compile(optimizer='rmsprop',
                          loss='categorical_crossentropy',
                          metrics=['accuracy'])
```

6. 模型训练

一旦模型编译好，就可以用 fit() 函数进行训练了，该函数指定了以下参数。

epochs：训练轮数，是模型基于训练集重复训练的次数。本质上，一个 epochs 是整个数据集通过神经网络前后传递一次。在每次迭代中，优化器尝试调整权重，以使目标函数最小化。

batch_size：由于无法将整个数据集同时传递到神经网络，所以将 dataset 划分为多个批次或者子集传入网络。

```
In[7]:    model.fit(train_images, train_labels, epochs=5, batch_size=128)
Out[7]:   Epoch 5/5 60000/60000 [====] - loss: 0.0731 - acc: 0.9784
```

经过 5 次训练轮数（epochs），从最后一次训练输出结果可以看到网络在训练集上达到了 0.978 4 的准确率，已经是一个较好的结果了。

如果增加训练轮数，确实会使网络的准确率有所改善，但会增加训练的时间，实验证明，当训练轮数接近到达某一数值后，即使花更多的时间学习，也不一定会使网络准确率有所提高。

7. 模型评估

测试集是一个没有参与模型训练过程的数据集，只是在模型训练完成后，用来测试模型的准确率。

一旦模型训练好，就可以在包含全新样本的测试集上进行评估。这样，就可以通过目标函数获得最小值，并通过性能评估获得最佳值。

In[7]:	```test_loss, test_acc = model.evaluate(test_images, test_labels)```
	```print("test_loss:",test_loss)```
	```print("test_accuracy:", test_acc)```

Out[7]:	```test_loss: 0.09145``` ```test_acc: 0.9741```

将测试集精度（0.9741）和训练集精度进行比较，可以看到测试集精度比训练集精度低一些。这种差距是过拟合（overfit）造成的。过拟合是指机器学习模型在新数据上的性能往往比在训练数据上要差。

7.6.2 多层卷积神经网络

在前面实现了一个简单的神经网络，训练集和测试集的精度分别达到 0.9784 和 0.9741，当然还可以进一步提高其识别精度，通常的改进方法是为神经网络添加更多的层。

本例的代码主要来自 Keras 自带的 example 中的 mnist_cnn 模块。

1. 神经网络的各层结构

在本示例中，将构建一个两个卷积层、两个激活层、一个池化层和两个全连接层的卷积神经网络，用到 keras.layers 中的 Dense、Dropout、Activation 和 Flatten 模块以及 keras.layers 中的 Convolution2D、MaxPooling2D 模块。

如上各层的结构用代码描述如下：

```
model.add(Convolution2D(nb_filters, (kernel_size[0], kernel_size[1]),
                        padding='same',
                        input_shape=input_shape))       #卷积层 1
model.add(Activation('relu'))                           #激活函数
model.add(Convolution2D(nb_filters, (kernel_size[0], kernel_size[1])))  #卷积层 2
model.add(Activation('relu'))                           #激活函数
model.add(MaxPooling2D(pool_size=pool_size))            #池化层
model.add(Dropout(0.25))                                #神经元随机失活
model.add(Flatten())                                    #降维:将 64×12×12 降为 1 维(相乘起来)
model.add(Dense(128))                                   #全连接层 1
model.add(Activation('relu'))                           #激活函数
```

```
model.add(Dropout(0.5))                          #随机失活
              model.add(Dense(nb_classes))        #全连接层 2
model.add(Activation('softmax'))                  #激活函数 softmax
```

2. 二维卷积层：Convolution2D

二维卷积层对二维输入进行滑动窗卷积，当使用该层作为第一层时，应提供 input_shape 参数。

filters：卷积核的数目。

kernel_size：卷积核的尺寸。

strides：卷积核移动的步长，分为行方向和列方向。

padding：边界模式，有 valid、same 和 full，full 需要以 theano 为后端。

3. 二维池化层：MaxPooling2D

$MaxPooling2D(pool\_size=(2,2), strides=None)$

pool_size：池化核尺寸。

strides：池化核移动步长。

4. 激活层：Activation

对一个层的输出施加激活函数。预定义的激活函数有 softmax、softplus、softsign、relu、tanh、sigmoid、hard_sigmoid、linear 等。

5. Dropout 层

为输入数据施加 Dropout。Dropout 将在训练过程中每次更新参数时，随机断开一定百分比（p）的输入神经元连接，用于防止过拟合。

6. Flatten 层

Flatten 层用来将输入"压平"，即把多维的输入一维化，常用于从卷积层到全连接层的过渡。

7. 全连接层：Dense

Dense（units），units 表示输出单元的数量，即全连接层神经元的数量，作为第一层的 Dense 层必须指定 input_shape。

8. 模型评估

程序输出显示，训练过程中显示了两个数字：一个是网络在训练数据上的损失（loss），在每一轮训练周期后，loss 值是递减的；另一个是网络在训练数据上的精度（acc）。对于这个模型来说，测试集的精度约为 0.99，也就是说，对于测试集中的手写图片，该模型预测有 99% 是正确的。根据一些数学假设，对于新的手写数字，可以认为模型预测结果有 99% 都是正确的。高精度意味着模型足够可信，可以使用。

在源代码中，加入 np.random.seed(1337)。

这里利用 random_seed 参数指定了随机数生成器的种子，是为了确保多次运行同一函数能够得到相同的输出，这样函数输出就是固定不变的。

本例的完整代码可访问课程资源。

习题

一、思考题

1. 人工智能发展的三个阶段各有什么特点?

2. 感知机模型中各参数的含义是什么? 如何计算?

3. 人工智能、机器学习、深度学习相互之间的关系是什么?

4. 监督学习、无监督学习和强化学习之间的区别是什么?

5. 机器学习的主要步骤有哪些?

6. 深度学习的输入层、隐藏层、输出层的作用有哪些?

7. 深度学习的基本训练过程有哪些步骤?

8. 什么是卷积神经网络?

9. 卷积运算的作用是什么?

10. 损失函数的作用是什么?

11. 正向传播算法与反向传播算法的作用是什么?

12. 梯度下降法的计算过程是怎样的?

13. 典型卷积神经网络由哪些层组成?

二、练习题

1. 指出下列感知机函数各变量的含义:

$$f(x) = \begin{cases} 0, & \omega_1 x_1 + \omega_2 x_2 \leq \theta \\ 1, & \omega_1 x_1 + \omega_2 x_2 > \theta \end{cases}$$

设 $\theta = 9$,当 $\omega_1 = 3$,$\omega_2 = 1$,$x_1 = 2$,$x_2 = 3$ 时,求 $f(x)$ 的值。

2. 假设某卷积层输入数据是 4×4 矩阵,滤波器为 3×3 矩阵,步长为 1,输出为 2×2 矩阵,试在以下输出矩阵中的空白处填入卷积运算的值(符号 ⊛ 表示卷积运算)。

1	2	3	0
0	1	2	3
3	0	1	2
2	3	0	1

⊛

2	0	1
0	1	2
1	0	2

→

15	

输入数据　　　　　　卷积核　　　　　　输出

3. 假设某卷积层输入数据是 7×7 矩阵,滤波器是 3×3 矩阵,设步长为 2,输出是 3×3 矩阵。试在以下输出矩阵中的空白处填入卷积运算的值(符号 ⊛ 表示卷积运算)。

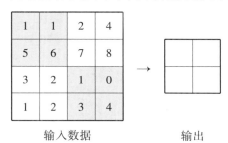

输入数据　　　　　　　　　　卷积核　　　　　　　　输出

4. 试用最大池化算法求下列矩阵的结果，其中池化核的大小为 2×2，步长也为 2×2。

1	1	2	4
5	6	7	8
3	2	1	0
1	2	3	4

→

输入数据　　　　　　　　输出

第 8 章
信息安全与数据加密

党的二十大报告从党和国家事业发展战略全局出发，首次以专篇形式将"推进国家安全体系和能力现代化，坚决维护国家安全和社会稳定"写入，将"国家安全"作为全面建设社会主义现代化国家的重要目标，并对国家安全体系和能力现代化做出

电子教案

了战略部署。基于互联网、大数据、人工智能等新一代信息技术的数字化转型正在加速推进，数据成为继土地、劳动力、资本与技术等之后的第五大生产要素。数据安全和信息安全构成了国家安全的重要组成部分，全民数据安全意识和信息素养也被认为是推进数字中国高质量建设的基础条件。

信息安全是一个复杂而重要的领域，需要全社会共同努力来应对各种挑战和威胁，网络攻击、数据泄露等安全事件给个人、企业和国家带来了巨大损失。因此，加强信息安全防护，提高信息安全意识，已经成为全社会的共识。同时，还需要加强跨界合作，与网络运营商、云服务提供商、政府机构等共同应对信息安全挑战。此外，随着量子计算的发展，传统的加密算法可能面临破解的风险，因此需要加强量子安全的研究和应用。

本章介绍信息安全、数据加密及量子通信的基本概念和原理，通过本章的学习来提高数据安全意识和信息安全素养。

8.1 信息安全

8.1.1 信息安全的基本内涵

由于信息安全概念涉及的范围很广，目前，国际上还没有一个权威的公认的关于"信息安全"内涵的标准定义。信息安全从研究和实践而言，可以从诸多维度来观察。以信息安全威胁而言，包括信息主权的博弈、各类信息犯罪、各类信息攻防的技术等。一般认为，信息安全可以理解为保障国家、机构、个人的信息空间、信息载体和信息资源不受来自内外各种形式的危险、威胁、侵害和误导的外在状态和方式及内在主体感受。

在实际应用方面，中国政府高度重视信息安全，出台了包括《中华人民共和国网络安全法》《中华人民共和国数据安全法》和《中华人民共和国个人信息保护法》在内的多项重要法律，同时还制定了《国家信息化发展战略》等战略规划。这些法律法规旨在应对信息技术广泛应用和网络空间兴起发展带来的新的安全风险和挑战。此外，随着数字化时代的到来，数据安全和关键信息基础设施安全的防护问题日益凸显，网络安全问题已经成为影响国家安全、社会稳定和人民群众切身利益的重大战略问题。

8.1.2 信息安全的基本属性

信息安全，通俗来讲，是指保护信息系统或信息网络中的信息资源免受各种类型的威胁、干扰和破坏，即保证信息的安全性。具体来说，包括信息的保密性、完整性、可用性、可控性和不可否认性。根据国际标准化组织的定义，这是为数据处理系统建立和采用的技术、管理上的安全保护，以防止计算机硬件、软件、数据因偶然和恶意的原因而遭到破坏、更改和泄露。

1. 保密性

保密性（confidentiality）是指网络信息不被泄露给非授权的用户、实体或过程，或供其利用的特性，即防止信息泄露给非授权个人或实体，信息只为授权使用的特性。保密性是在可靠性和可用性基础之上，保障网络信息安全的重要手段。

2. 完整性

完整性（integrality）是指网络信息未经授权不能进行改变的特性，即网络信息在存储或传输过程中保持不被偶然或蓄意地删除、修改、伪造、乱序、重放、插入等破坏的特性。完整性是一种面向信息的安全性，它要求保持信息的原样，即信息的正确生成、正确存储和传输。

完整性与保密性不同，保密性要求信息不被泄露给未授权的人，而完整性则要求信息不致受到各种原因的破坏。

3. 可用性

可用性（availability）是指信息可被授权实体访问并按需求使用的特性。在授权用户或实体需要信息服务时，信息服务应该可以使用，或者是信息系统部分受损或需要降级使用时，仍能为授权用户提供有效服务。可用性一般用系统正常使用时间和整个工作时间之比来度量。

4. 可控性

可控性（controllability）是指能够控制使用信息资源的人或实体的使用方式。对于信息系统中的敏感信息资源，如果任何人都能访问、篡改、窃取以及恶意散播，那么安全系统显然失去了效用。对访问信息资源的人或实体的使用方式进行有效的控制，是信息安全的必然要求。

5. 不可否认性

不可否认性（non-repudiation）指的是信息交换的双方不能否认其在交换过程中发送信息或接收信息的行为。这种性质确保了信息的真实性和完整性，有助于解决网络上的纠纷和电子商务中的争议。

人类社会中的各种商务行为均建立在信任的基础之上。没有信任，也就不存在人与人之间的交互，更不可能有社会的存在。传统的公章、印戳、签名等手段便是实现不可否认性的主要机制。

8.1.3　信息安全评估标准与安全等级划分

在过去的几十年里，世界上许多国家都开始启动开发建立自己的信息安全评估准则。信息安全等级保护是对信息和信息载体按照重要性等级分级别进行保护的一项工作，是中国、美国等很多国家都开展的一项信息安全领域的工作。在中国，信息安全等级保护广义上为涉及该工作的标准、产品、系统、信息等依据等级保护思想而开展安全工作；狭义上一般指信息系统安全等级保护。

我国信息安全等级保护坚持自主定级、自主保护的原则。信息系统的安全保护等级应当根据信息系统在国家安全、经济建设、社会生活中的重要程度，信息系统遭到破坏后对国家安全、社会秩序、公共利益以及公民、法人和其他组织的合法权益的危害程度等因素确定。

我国信息安全等级保护工作得到了广泛的推广和实施。根据《信息安全等级保护管理办法》，信息系统的安全保护等级分为以下五级。

第一级为自主保护级，适用于一般的信息系统，其受到破坏后，会对公民、法人和其他组织的合法权益产生损害，但不损害国家安全、社会秩序和公共利益。

第二级为指导保护级，同样适用于一般的信息系统，其受到破坏后，会对社会秩序和公共利益造成轻微损害，但不损害国家安全。

第三级为监督保护级，适用于涉及国家安全、社会秩序和公共利益的重要信息系统，其受到破坏后，会对国家安全、社会秩序和公共利益造成损害。

第四级为强制保护级，同样适用于涉及国家安全、社会秩序和公共利益的重要信息系统，其受到破坏后，会对国家安全、社会秩序和公共利益造成严重损害。

第五级为专控保护级，适用于国家重要领域、重要部门中的极端重要系统，其受到破坏后，会对国家安全造成特别严重损害。

对信息安全进行等级划分有助于对不同级别的信息系统进行不同级别的保护，每一级都对应着不同的安全要求和技术措施，旨在防止信息系统遭受攻击、破坏和威胁，保护信息的完整性、可用性、可控性和保密性。

8.1.4　信息道德与信息社会责任

道德是社会意识形态之一，是一定社会条件下，调整人与人之间以及个人和社会之间的关系的行为规范的总和。道德属于意识形态范畴，它是人们的信念或信仰，也是规范行为的准则。全社会良好的道德规范是文明社会的标志之一。

任何个人和组织使用网络应当遵守宪法法律，遵守公共秩序，尊重社会公德，不得危害网络安全。在讨论到信息道德时，只要站在受害者的角度来看问题，就会有切身感受。假设有人未经授权私自查看了我们的电子邮件或复制了电子文档，或者有人在电子商务网站中盗取了我们的个人信息或信用卡账号，我们就会意识到强调信息道德的重要性。

道德与法律不同。法律对人们行为的判定只有违法和不违法，而不违法的行为视为正确。虽然大部分法律是支持道德行为的，但法律和道德规范并不等同。道德起源于是非原则，是一种人们行为正确和错误的客观标准。在现代社会中，道德决定和行为都是建立在诸如公平、公正、客观、诚实、对隐私的尊重、对所从事职业道德的承诺等社会准则之上的。

信息社会责任是指信息社会中的个体在文化修养、道德规范和行为自律等方面应尽的责任。具备信息社会责任的学生，应具有信息安全意识，能够遵守信息法律法规，信守信息社会的道德与伦理准则，在现实空间和虚拟空间中遵守公共规范，既能有效维护信息活动中个人的合法权益，又能积极维护他人合法权益和公共信息安全；关注信息技术革命所带来的环境问题与人文问题；对于信息技术创新所产生的新观念和新事物，具有积极学习的态度、理性判断和负责行动的能力。

信息时代的人们应自觉遵循信息伦理和信息道德准则，用以规范自己的信息行为，正确处理信息创造者、信息服务者、信息使用者三者之间的关系，恰当使用并合理发展信息技术。在众多规则和协议中，比较著名的是美国计算机伦理协会为计算机伦理学所制定的十条戒律，具体内容如下。

① 不用计算机去伤害别人。
② 不干扰别人的计算机工作。
③ 不窥探别人的文件。
④ 不用计算机进行偷窃。
⑤ 不用计算机作伪证。
⑥ 不使用盗版软件。
⑦ 不应未经许可而使用别人的计算机资源。
⑧ 不应盗用别人的智力成果。
⑨ 应该考虑你所编的程序的社会后果。
⑩ 应该以深思熟虑和慎重的方式来使用计算机。

8.1.5　网络空间信息安全与国家安全

安全是国家的命脉，安全观关乎国运兴衰。当前，网络空间已被视为继陆、海、空、天之后的"第五空间"。世界在深得网络发展之利的同时，也深受网络攻击之害。网络空间安全将直接关系到国家安全、经济发展、社会稳定和人们的日常生活，在信息社会中将扮演着极为重要的角色。目前，基于网络空间的信息安全问题已构成困扰世界的严峻挑战。网络安全问题不但超越"网络"领域，也超越了传统的安全领域；不但上升到国家战略层面，也成为国际战略中的一个新问题。

广义上的信息安全包括了网络空间安全，信息安全不仅存在于网络空间，还存在于自然空间和社会空间中。而从狭义上来看，网络空间安全问题往往会通过信息安全和信息系统安全扩散到社会空间和自然空间中。例如，通过网络攻击导致的数据泄露，可能会影响到个体的社会信誉，甚至引发社会的不稳定。

提高网络安全的有效方法就是网络安全体系的分层防护，根据网络的应用现状情况和网络的结构，将安全防范体系的层次进行划分，可以更有效地处理和防止不同的安全问题。通常，这种安全防护体系分为以下 5 个层级。

① 物理层安全：这是最基础的层级，主要关注于保护物理设备，如服务器、路由器等不受物理损害的威胁。

② 系统层安全：这一层级的安全主要针对操作系统和应用软件，需要定期进行安全更新和补丁管理，以防止潜在的漏洞被利用。

③ 网络层安全：此层级的安全主要涉及数据链路层、网络层和传输层的安全，包括采用防火墙、入侵检测系统（IDS）等技术来确保数据在网络中的安全传输。

④ 应用层安全：这一层级的安全主要针对具体的应用程序，例如电子邮件、数据库和 Web 应用程序等，需要对用户身份进行验证，并加密敏感数据。

⑤ 安全管理：这是一个综合性的层级，不仅包括了上述各个层级的安全措施，还包括了安全管理制度建设、部门安全职责划分以及人员角色配置等方面。

进入 21 世纪，网络恐怖主义、网络战争等新兴的安全威胁日益加剧，全球网络安全事件频发，对各国的关键基础设施安全、经济和社会造成严重影响，给各国政府在网络与信息安全管理方面带来了巨大挑战。保护网络空间安全正在成为各国政府的重大优先事项之一，网络空间也被视为领土、领空、领海以外另一个需要国家保护的领域。随着网络安全问题上升到国家安全层面，各国政府纷纷将强化网络空间防御提升到战略高度。

1.《国家安全法》

2015 年 7 月 1 日，第十二届全国人民代表大会常务委员会第十五次会议通过新的《中华人民共和国国家安全法》（简称《国家安全法》）。《国家安全法》规定将每年的 4 月 15 日定为"全民国家安全教育日"，将国家安全教育纳入国民教育体系和公务员教育培训体系，借以增强全民国家安全意识。安全不仅关系到国家命运，也关系到每个国民的命运。国民不仅是国家安全的最终受益者，也是维护国家安全的强大动力。应当强化国民的安全意识，形成凡是危害国家安全、国民安全的，自觉进行抵制；凡是有益于国家安全、国民安全的，自觉进行维护。不做危害国家安全和国民安全的事情，从小事做起，从自己做起，从自己从事的工作做起。

2. 网络空间安全与国家安全的联系

新的《国家安全法》的重要成果之一是首次以法律的形式明确提出"维护国家网络空间主权",正是适应当前中国互联网发展的现实需要,为依法管理在中国领土上的网络活动、抵御危害中国网络安全的活动奠定法律基础。同时也是与国际社会同步,优化互联网治理体系,确保国家利益、国民利益不受侵害。

网络安全是一个国家安全问题,也是全球安全的问题,是一个技术层面的问题,也是一个政治、经济、军事层面的问题。网络安全内涵的丰富和外延的扩展,使之成为一个各国不得不重视的现实问题、未来战略问题。

3. 网络空间安全与国家安全的空间关系

网络空间的争夺和保卫已经上升到国家对战略空间的控制权的范畴。网络空间的控制权成为最新的国域安全问题。网络空间安全是一种国域安全,即网域安全,应当体现为一国对其网络空间相对独立的控制权,不同于实体上的各种网络安全。传统的领陆安全、领水安全、领空安全形式上强调不可分割,实质上却是强调一国对于其强有力的控制权。网络空间也是如此,成为国域安全的新领域,一国必须在整体上对它能够控制,保障这个空间整体上能够以体现自己的意志的方式进行运作,也就是所谓的"网络主权"的体现。

4. 网络空间主权与国家主权

国家主权是指一个国家独立自主地处理对内对外事务的最高权力。国家主权的内容和范围不是一成不变的,随着科技进步和国家活动领域的拓展,国家主权的内容也不断丰富。在信息技术革命迅猛发展和信息网络技术广泛应用的背景下,"网络主权"已成为国家主权新的重要组成部分。

在《国家安全法》中,第一次明确了"网络空间主权"这一概念。网络空间主权是一个国家主权在网络空间中的自然延伸和表现。对内,网络空间主权指的是国家独立自主地发展、监督、管理本国互联网事务;对外,网络空间主权指的是防止本国互联网受到外部入侵和攻击。

《联合国宪章》确立的主权平等原则是当代国际关系的基本准则,覆盖国与国交往的各个领域,其原则和精神也应该适用于网络空间。中国国家主席习近平在《第二届世界互联网大会》开幕式主旨演讲中提出,推进全球互联网治理体系变革要坚持尊重网络主权,尊重各国自主选择网络发展道路、网络管理模式、互联网公共政策和平等参与国际网络空间治理的权利,不搞网络霸权,不干涉他国内政,不从事、纵容或支持危害他国国家安全的网络活动。

8.2 信息安全保障:数据加密

要保证信息安全地传输,其核心是加密技术的安全问题。密码技术是集数学、计算机科学、电子与通信等诸多学科于一身的交叉学科。它不仅能够保证机密性信息的加密,而且能够实现数字签名、身份验证、系统安全等功能。

8.2.1　信息论与密码学理论

1. 加密技术的历史

加密技术的使用至少可以追溯到数千年前。军事活动的频繁带来了加密技术的出现，波斯人用皮带缠绕在木棍上写军事密文，只有找到同样粗细的木棍绕上皮带才能阅读，而恺撒密码成为密码学的一个经典。从古至今，加密技术都是在敌对环境下，尤其是战争和外交场合，保护通信的重要手段。在信息社会的今天，这门古老的加密技术更加具有重要的意义。

近代数据加密主要应用于军事领域，如美国独立战争、美国内战和两次世界大战。最广为人知的编码机器是 German Enigma 机，由于使用了机械编码，使这种密码成为当时最难破解的密码，在第二次世界大战中德国潜艇部队利用它加密信息。此后，由于图灵（Alan Turing）和 Ultra 计划以及其他人的努力，终于对德军的密码进行了破解，使得盟军赢得了战争的主动权。

2. 近代密码理论的奠基人——香农

在香农（Shannon）奠定密码理论之前，密码技术可以说是一种艺术，而不是一种科学，那时的密码专家是凭直觉和信念来进行密码设计和分析的，而不是靠推理证明。许多密码系统的设计仅凭一些直观的技巧和经验，保密通信的一些最本质的东西并没有被揭示，因而密码研究缺乏系统的理论和方法。

1949 年，香农发表了论文《密码体制的通信理论》（*The Communication Theory of Secret Systems*），标志着密码术到密码学的转变，从此密码学走上了科学与理性之路。在这篇文章中，香农从信息论的理论出发，以概率统计的观点对消息源、密钥源、接收和截获的消息进行数学描述和分析，用不确定性和唯一解距离度量密码体制的保密性，阐明了密码系统、完善保密性、纯密码、理论保密性和实际保密性等重要概念，从而大大深化了人们对于加密学的理解。这使信息论成为研究密码学和密码分析学的一个重要理论基础，宣告了科学的密码学时代的到来。可以说，自香农以后，密码领域取得的重要进展都与香农这篇文章所提出的思想有密切关系，香农由此成为近代密码理论的奠基人。

3. 通信系统与保密系统

香农在著名的论文《密码体制的通信理论》中说："从密码分析者来看，一个保密系统几乎就是一个通信系统。待传的消息是统计事件，加密所用的密钥按概率选出，加密结果为密报，这是分析者可以利用的，类似于受扰信号。"（见图 8-1）

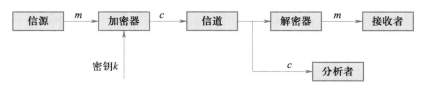

图 8-1　香农提出的加密系统结构

对消息 m 的加密变换的作用类似于向消息注入噪声。密文 c 就相当于经过有扰信道得到的接收消息。密码分析员就相当于有扰信道下原接收者。所不同的是，这种干扰不是信道中的自然干扰，而是发送者有意加进的，目的是使窃听者不能从 c 恢复出原来的消息。

密码系统中对消息 m 的加密变换的作用类似于向消息注入噪声。密文 c 就相当于经过有扰信道得到的接收消息。密码分析员就相当于有扰信道下的原接收者。所不同的是，这种干扰不是信道中的自然干扰，而是发送者有意加进的、可由己方完全控制、选自有限集的强干扰（即密钥），目的是使敌方难以从截获的密报 c 中提取出有用信息，而己方可方便地除去发端所加的强干扰，恢复出原来的信息。

由此可见，通信问题和保密问题密切相关，传信系统中的信息传输、处理、检测和接收，密码系统中的加密、解密、分析和破译都可用信息论观点统一地分析研究。密码系统本质上也是一种信息传输系统。是普通传信系统的对偶系统。用信息论的观点来阐述保密问题是十分自然的事。信息论自然成为研究密码学和密码分析学的一个重要理论基础，香农的工作开创了用信息理论研究密码学的先河。

4. 香农信息论与现代密码理论

现代密码学不再依赖算法的保密性来达到安全要求，算法是可公开、可分析的，保密性依赖于密钥的安全性，即知道加密的方法，但没有密钥就不能解密出原始信息。

20 世纪 70 年代中期，密码学界发生了两件跨时代的大事。

第一个标志性事件是 Diffie 和 Hellman 发表的文章《密码学新方向》（*New Directions in Cryptography*），提出了公钥密码思想。公钥密码冲破了传统"单钥密码"体制的束缚，这种加密体系不仅加密算法本身可以公开，甚至加密用的密钥也可以公开。Hellman 在文章中引用香农原话："好的密码设计本质上是寻求一个困难问题的解，相对于某种其他条件，我们可以构造密码，使其破译它（或在过程中的某点上）等价于解某个已知数学难题。"这是指引 Hellman 走向发现公钥密码的思想。因此，人们又尊称香农为公钥密码学之父。

传统密码体制的主要功能是信息的保密，双钥（公钥）密码体制不但赋予了通信的保密性，而且还提供了消息的认证性，新的双钥密码体制无须事先交换密钥就可通过不安全信道安全地传递信息，大大简化了密钥分配的工作量。双钥密码体制适应了通信网的需要，为保密学技术应用于商业领域开辟了广阔的天地。

该领域的第二个标志性事件是美国国家标准局于 1977 年公布实施的美国数据加密标准 DES，保密学史上第一次公开加密算法，并广泛应用于商用数据加密。

这两件引人注目的大事揭开了密码学的神秘面纱，标志着保密学的理论与技术的划时代的革命性变革，为保密学的研究真正走向社会化做出了巨大贡献，同时也为密码学开辟了广泛的应用前景。从此，掀起了现代密码学研究的高潮。

8.2.2 加密与加密系统

计算机密码学（Cryptology）是研究用计算机进行加密和解密及变换的科学。任何加密系统，不管形式多么复杂，加密理论如何深奥，但加密系统的概念却不难理解。

通常情况下，加密系统由一个五元组 (P, C, K, E, D) 组成，如图 8-2 所示。

1. 明文

明文（plaintext）即原始的或未加密的数据，一般是有意义的文字或者数据，通常用 P 表示。P 可能的明文有限集称为明文空间。

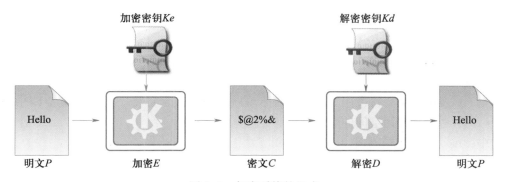

图 8-2 加密系统的组成

2. 密文

明文经过加密变换后的形式称为密文（cryptograph），是加密算法的输出信息。密文是一串杂乱排列的数据，从字面上看没有任何含义。密文通常用 C 表示。C 可能的密文有限集称为密文空间。

3. 密钥

密钥（key）是参与加密或解密变换的参数，通常用 K 表示，密钥 K 可分为加密密钥和解密密钥，两者可能相同，也可能不同。K 可能的密钥有限集称为密钥空间。

4. 加密

加密（encipher，encrypt）就是把数据和信息转换为不可辨识的密文的过程，使不应了解该数据和信息的人不能够识别。

加密函数 E 作用于 P 得到密文 C，可用数学公式表示为

$$E_K(P) = C$$

5. 解密

密文经过通信信道的传输到达目的地后需要还原成有意义的明文才能被通信接收方理解，将密文还原为明文的变换过程称为解密（decipher，decrypt）。

解密函数 D 作用于 C 得到明文 P，可用数学公式表示为

$$D_K(C) = P$$

先加密再解密，原始明文将恢复。显然，等式 $D_K(E_K(P)) = P$ 必须成立。

8.2.3 古典加密技术

虽然用近代密码学的观点来看，许多古典密码是很不安全的，或者说是极易破译的。但是我们不能忘记古典密码在历史上发挥的巨大作用。另外，编制古典密码的基本方法对于编制近代密码仍然有效。

古典加密技术的方法很多，下面只介绍其中最简单的两种方法，即移位密码和换位密码。

1. 移位密码

移位密码（substitution cipher）基于数论中的模运算。以英文字母符号集来说，因为共有 26 个字母，故可将移位密码形式地定义如下：

明文空间 $P = \{A, B, C, \cdots, Z\}$

密文空间 $C = \{A, B, C, \cdots, Z\}$

密钥空间 $K = \{0, 1, 2, \cdots, 25\}$

加密变换：$C = E_k(P) = (p+k) \bmod 26$

解密变换：$P = D_k(C) = (c-k) \bmod 26$

这里，p 表示明文字符在明文空间中字母的顺序，c 表示加密字符在密文空间中字母的顺序。k 表示密钥在密钥空间的取值。

式中，mod 表示取模运算（取余运算）。

定义：设有正整数 x 和整数 y，定义取模运算 $x \bmod y$，表示 x 除以 y 的余数。

例如，29 Mod 26 = 3，或写成 29%26 = 3，意思是 29 除以 26 的余数是 3。如果 x 小于 y，其余数是 x。如果 x 等于 y，则余数是 0。

模运算在数论、程序设计和加密算法中都有着广泛的应用。奇偶数的判别是模运算最基本的应用，也非常简单。若一个整数 n 对 2 取模，如果余数为 0，则表示 n 为偶数，否则 n 为奇数。

2. 移位密码的应用实例——恺撒密码

表 8-1 所示的是恺撒密钥 $k = 3$ 的情况，即通过简单地向右移动源字母表 3 个字母形成的代换字母表（密码本）。

表 8-1　代换字母表

1	2	3	4	5	6	7	8	9	10	11	12	13	14	15	16	17	18	19	20	21	22	23	24	25	26
A	B	C	D	E	F	G	H	I	J	K	L	M	N	O	P	Q	R	S	T	U	V	W	X	Y	Z
d	e	f	g	h	i	j	k	l	m	n	o	p	q	r	s	t	u	v	w	x	y	z	a	b	c

说明：第 2 行为明文，用大写字母表示，第 3 行为密文，用小写字母表示。

例如，明文 P = HELLO，经恺撒密码变换后，由密码表得到的密文 C = khoor。

更一般地，若允许密文字母表移动 k 个字母而不总是 3 个，那么 k 就成为循环移动字母表通用方法的密钥。

加密算法可表示为 $C = E_K(P) = (p+k) \bmod 26$

解密算法可表示为 $P = D_K(C) = (c-k) \bmod 26$

移位密码是极不安全的加密算法。对于英文字符集而言，因为仅有 26 个可能的密钥，攻击者可以用穷举法尝试每一个可能的加密规则，直到一个有意义的明文串被获得。平均地说，一个明文在尝试 26/2 = 13 个解密规则后将显现出来。

【例 8-1】若明文为"HELLO"，试用移位加密方法将其变换成密文，设 $k = 4$。

对于明文 P = HELLO，根据加密变换公式 $C = E_K(p) = (p+k) \bmod 26$，则有

$$E_K(H) = (8+4) \bmod 26 = 12 = \text{"l"}$$
$$E_K(E) = (5+4) \bmod 26 = 9 = \text{"i"}$$
$$E_K(L) = (12+4) \bmod 26 = 16 = \text{"p"}$$
$$E_K(O) = (15+4) \bmod 26 = 19 = \text{"s"}$$

所以，密文 $C = E_K(P) = \text{"lipps"}$。

当用加密变换公式计算密文时，只需参照表 8-1 第 1、2 行，如"H"的计算结果为 12，

对应表 8-1 第 2 行的"L"，用小写字母表示为"l"。

若用 Python 求解此题，代码如下：

In[4]:	#凯撒密码示例:设明文为'hello', k=4
	plaintext = 'hello'
	for p in plaintext:
	　　if ord("a") <= ord(p) <= ord("z"):
	　　　　print(chr(ord("a") + (ord(p) - ord("a") + 4)% 26), end="")
	　　else:
	　　　　print(p, end="")

Out[4]:	lipps

3. 换位密码

换位密码（transposition cipher）又称置换密码（permutation cipher），与替代密码技术相比，换位密码技术并没有替换明文中的字母，而是通过改变明文字母的排列次序来达到加密的目的。该加密方法在美国南北战争时期被广泛使用。

换位密码常见的方法是把明文按某一顺序排成一个矩阵（例如，m 行 n 列的矩形），然后按另一顺序选出矩阵中的字母以形成密文，最后截成固定长度的字母组作为密文。最常用的换位密码是列换位密码，即按列读取明文矩阵中的字母，以形成密文。

下面通过两个有趣的例子来说明换位密码的应用。

【例 8-2】中国古典名著《水浒传》中第六十一回《吴用智赚玉麒麟》，讲的是军师吴用为了拉卢俊义入伙梁山，借算卦之名题写诗句于卢府墙壁之上：

芦	花	丛	中	一	扁	舟
俊	杰	俄	从	此	地	游
义	士	若	能	知	此	理
反	身	躬	难	可	无	忧

请按列换位法读取诗中有隐含的语句。

[分析] 从第一列的汉字顺序即可读出"芦俊义反"。按照中国古典诗词格律，这属于一首藏头诗，这首诗也正好暗合了列换位法的应用。

【例 8-3】采用列换位加密方法，将明文 COMPUTERGRAPHIC 以 3×5 矩阵的形式表示，列取出顺序为 12543，请写出变换后的密文。

[解] 将明文以 3×5 矩阵的形式按行写在图表中（表中数字表示列号），如下所示。

1	2	3	4	5
C	O	M	P	U
T	E	R	G	R
A	P	H	I	C

然后按列的 12543 取出顺序，依次读出各列中的字母，即得到 5 组密文：
CTA OEP URC PGI MRH

从这个例子可以看出，若改变矩阵大小和列取出顺序，可得到不同的密文符号组合。这也是列换位加密方法的一种扩展。这里，列取出顺序为 12543 可以认为是一个密钥。显然，如果不知道这个密钥，则解码后的明文完全不同。

8.2.4　对称密钥密码系统

数据加密算法多种多样，人们经过长期的研究和实践，按使用密钥的不同，将现有的密码体制分为两种：对称密钥密码系统和公开密钥密码系统（非对称密钥密码系统）。

在对称密钥密码体制中，其加密运算、解密运算使用的是同样的密钥，信息的发送者和信息的接收者在进行信息的传输与处理时，必须共同持有该密码（称为对称密码）。因此，通信双方都必须获得这把钥匙，并保持钥匙的秘密。

假设有两名用户：Jack 和 Allen，他们各自拥有一个同样的共用密钥。当 Jack 欲传送一些信息给 Allen 时，他便利用该共用密钥将信息加密，再传送出去，当 Allen 在互联网上收到这段加密的信息后，她再利用该共用密钥将之解密，从而得到原来的信息，如图 8-3 所示。

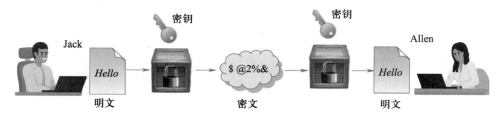

图 8-3　对称密钥密码体制示意图

通过这个例子可以看出，对称密钥密码体制中，加密密钥能够从解密密钥中推算出来，反过来也成立。这个过程可形式地表示如下。

加密：$E_K(P)=C$；解密：$D_K(C)=P$，这里的 K 表示同一密钥。

不难想象，在对称密钥密码系统中，假如一个用户想和很多不同人士沟通，便需要为每人预备一个共用密钥，如何去存储这许多的共用密钥便成了一大问题（图 8-4）。例如，若网上有 n 个用户，则需要 $C(n,2)=n(n-1)/2$ 个密钥，如果有 1 000 个通信用户（$n=1000$），则需要保存 $C(1000,2)\approx500\,000$ 个密钥。这么多密钥的管理和更换都将是十分繁重的工程。更有甚者，每个用户还必须记下与其他 $n-1$ 个用户通信所用的密钥，数量如此之大，只能记录在本上或存储在计算机内存或外存上，这本身就是极不安全的。

另外，由于加解密双方都要使用相同的密钥，要求通信双方必须通过秘密信道私下商定使用的密钥，在发送、接收数据之前，必须完成密钥的分发。例如，用专门的信使来传送密钥，这种做法的代价是相当大的，甚至可以说是非常不现实的，尤其在计算机网络环境下，人们使用网络传送加密的文件，却需要另外的安全信道来分发密钥。显而易见，这是非常不明智甚至是荒谬可笑的。因此，密钥的分发便成了该加密体系中最薄弱、风险最大的环节，各种基本的手段均很难保障安全地完成此项工作。

由此可见，对称密钥密码系统的安全性依赖于密钥的秘密性，而不是算法的秘密性。事实上，现实中使用的很多对称密钥密码系统的算法都是公开的。因此，人们没有必要确保算

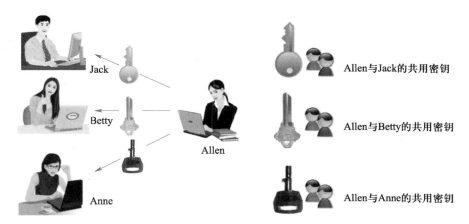

图 8-4　对称密钥系统中密钥的数量和分发

法的秘密性，但是一定要保证密钥的秘密性。

【例 8-4】用 Python 实现对称加密算法 DES。

DES 加密：param s 为原始字符串，return 为加密后字符串，十六进制。

ES 解密：param s 为加密后的字符串，十六进制，return 为解密后的字符串。

| In[1]: | ```
from pyDes import des, CBC, PAD_PKCS5
import binascii
KEY='mHAxsLYz'          #定义密钥
def des_encrypt(s):     #加密函数
    secret_key = KEY
    iv = secret_key
    k = des(secret_key, CBC, iv, pad=None, padmode=PAD_PKCS5)
    en = k.encrypt(s, padmode=PAD_PKCS5)
    return binascii.b2a_hex(en)


def des_descrypt(s):    #解密函数
    secret_key = KEY
    iv = secret_key
    k = des(secret_key, CBC, iv, pad=None, padmode=PAD_PKCS5)
    de = k.decrypt(binascii.a2b_hex(s), padmode=PAD_PKCS5)
    return de
``` |
|---|---|
| Out[1]: | ```
b'5a2bd80fa8f8ff40'
b'Hello'
``` |

8.2.5　公开密钥密码系统——非对称密钥密码系统

1. 基本概念

鉴于常规加密存在以上的缺陷，发展一种新的、更有效、更先进的密码体制显得更为迫切和必要。在这种情况下，出现了一种新的公钥密码体制，它突破性地解决了困扰着无数科学家的密钥分发问题。事实上，在这种体制中，人们甚至不用分发需要严格保密的密钥，这次突破同时也被认为是现代密码学的最重要的发明和进展。

在公钥密码系统中，加密和解密使用的是不同的密钥（相对于对称密钥，人们把它叫作非对称密钥），这两个密钥之间存在着相互依存关系：即用其中任一个密钥加密的信息只能用另一个密钥进行解密。这使得通信双方无须事先交换密钥就可以进行保密通信。其中，加密密钥和算法是对外公开的，人人都可以通过这个密钥加密文件然后发给收信者，这个加密密钥又称为公钥；而收信者收到加密文件后，他可以使用他的解密密钥解密，这个密钥是由他自己私人掌管的，并不需要分发，因此又称为私钥，这就解决了密钥分发的问题。

2. 公开密钥密码系统的基本原理

通过以下示例说明这一思想，如图 8-5 所示。

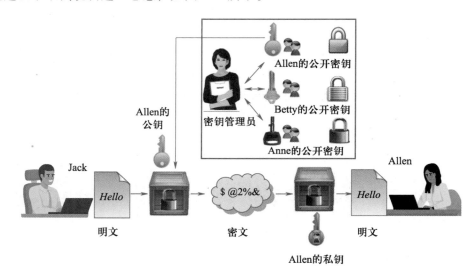

图 8-5　公开密钥密码系统的基本原理

假设 Jack（发信者）和 Allen（收信者）在一个不安全信道中通信，他们希望能够保证通信安全而不被其他人（例如 Hacker）截获。Allen 想到了一种办法，她使用了一种锁（相当于公钥），这种锁任何人只要轻轻一按就可以锁上，但是只有 Allen 的钥匙（相当于私钥）才能够打开。然后 Allen 对外发送无数把这样的锁，任何人想给她寄信时，只需找到一个箱子，然后用一把 Allen 的锁将其锁上再寄给 Allen，这时候除了拥有钥匙的 Allen，任何人都不能再打开箱子，这样即使 Hacker 能找到 Allen 的锁，即使 Hacker 能在通信过程中截获这个箱子，没有 Allen 的钥匙他也不可能打开箱子，而 Allen 的钥匙并不需要分发，这样 Hacker 也就无法得到这把"私人密钥"。

从以上的介绍可以看出，公钥密码体制的思想并不复杂，而实现它的关键问题是如何确定公钥和私钥及加/解密的算法，也就是说如何找到"Allen 的锁和钥匙"的问题。假设在这种体制中，公钥（public key，PK）是公开信息，用作加密密钥，而私钥（secret key，SK）

需要由用户自己保密，用作解密密钥。加密算法和解密算法也都是公开的。虽然公钥与私钥是成对出现，但却不能根据公钥计算出私钥。

根据以上描述，在非对称密钥密码体制中，加密与解密过程可形式化地表示如下。

加密：$E_{PK}(P) = C$

解密：$D_{SK}(C) = P$

从上述例子可以看出，在公开密钥密码体制下，加密密钥不等于解密密钥。加密密钥可对外公开，使任何用户都可将传送给此用户的信息用公开密钥加密发送，而该用户唯一保存的私人密钥是保密的，也只有它能将密文复原、解密。虽然解密密钥理论上可由加密密钥推算出来，但这种算法设计在实际上是不可能的、或者虽然能够推算出，但要花费很长的时间而成为不可行的。所以将加密密钥公开也不会危害密钥的安全。

由上所述，公开密钥加密算法的核心是运用一种特殊的数学函数——单向陷门函数，即从一个方向求值是容易的，但其逆向计算却很困难，从而在实际上成为不可行的。公开密钥加密技术不仅保证了安全性又易于管理。其不足是加密和解密的时间长。

3. 公开密钥密码系统的算法

公开密钥密码系统的思想是简单的，但是，如何找到一个适合的算法来实现这个系统却是一个真正困扰密码学家们的难题。因为既然 PK 和 SK 是一对存在着相互关系的密钥，那么从其中一个推导出另一个就是很有可能的，如果黑客能够从 PK 推导出 SK，那么这个系统就不再安全了。因此，如何找到一个合适的算法生成合适的 PK 和 SK，并且使得从 PK 不可能推导出 SK，正是密码学家们迫切需要解决的一道难题。这个难题曾经使得公钥密码系统的发展停滞了很长一段时间。

1977 年，随着 RSA 公钥加密算法的提出，这个困扰人们已久的问题终于有了解决方案。RSA 名称来自于三个发明者的姓氏首字母，是由美国麻省理工学院（MIT）的 Rivest、Shamir 和 Adleman 在论文《获得数字签名和公开钥密码系统的方法》中提出的，三人因此获得 2002 年图灵奖。

RSA 是一个基于数论的非对称公开密钥密码体制，它的安全性是基于大整数素因子分解的困难性，而大整数因子分解问题是数学上的著名难题，至今没有有效的方法予以解决，因此可以确保 RSA 算法的安全性。

RSA 系统是公钥系统最具有典型意义的方法，是密码学领域最重要的基石，是工业界应用最广泛的系统。大多数使用公钥密码进行加密和数字签名的产品和标准使用的都是 RSA 算法。

4. 公开密钥密码系统是如何运行管理的

我们再进一步探讨以上这个数据加密例子，来说明公开密钥密码系统的密钥如何运作管理，如图 8-6 所示。

假设 Jack 要传送一些机密信息给 Allen，Jack 无须自己存储 Allen 的公开密钥。他只需向钥匙管理员索取 Allen 的公开密钥。索取后，他便利用此公开密钥将信息加密，而此加密的信息只可能用 Allen 的私人密钥才能解密，之后 Jack 便可将此加密的信息在互联网上传送出去。Allen 收到此信息后，她便利用自己的私人密钥将信息解密，同样的公开密钥便可以让不同人士用作传送机密信息给 Allen。

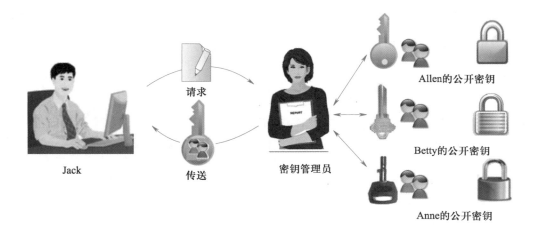

图 8-6　公开密钥密码系统原理

公开密钥密码体制要点如下。

① 每名用户有一对密钥，一条称为公开密钥，用作加密用途；另一条称为私人密钥，用作解密用途。

② 每名用户的公开密钥是公开让所有人知悉的，可通过可信的第三方来作为中间信息的传递者。

③ 最重要的是，即使获悉公开密钥，亦无法借此找出其对应的私人密钥。

8.2.6　RSA 算法描述

RSA 公钥系统从提出到现在已近 50 年，经历了各种攻击的考验，逐渐为人们接受，普遍认为是目前最优秀的公钥方案之一。RSA 算法是第一个能同时用于加密和数字签名的算法，也易于理解和操作。

1. 公钥和私钥的产生

假设 Allen 想要通过一个不可靠的媒体接收 Jack 的一条私人信息。她可以用以下的方式来产生一个公钥和一个密钥。

① 随意选择两个大的质数 p 和 q，p 不等于 q，计算 $N=pq$。

② 根据欧拉函数，不大于 N 且与 N 互质的整数个数为 $(p-1)(q-1)$。

③ 选择一个整数 e 与 $(p-1)(q-1)$ 互质，并且 e 小于 $(p-1)(q-1)$。

④ 用以下这个公式计算 d：$d \times e \equiv 1(\mod(p-1)(q-1))$。

⑤ 将 p 和 q 的记录销毁。

e 是公钥，d 是私钥。d 是秘密的，而 N 是公众都知道的。Allen 将她的公钥传给 Jack，而将她的私钥藏起来。

2. 加密消息

假设 Jack 想给 Allen 发送一个消息 m，他知道 Allen 产生的 N 和 e。他使用与 Allen 约好的格式将 m 转换为一个小于 N 的整数 n，然后将这些数字连在一起组成一个数字。假如他的信息非常长，他可以将这个信息分为几段，然后将每一段转换为 n。用下面这个公式 Jack 可以将 n 加密为 c：

$$n^e = c(\bmod N)$$

计算 c 并不复杂。Jack 算出 c 后就可以将它传递给 Allen。

3. 解密消息

Allen 得到 Jack 的消息 c 后就可以利用她的密钥 d 来解码。她可以用以下这个公式来将 c 转换为 n：

$$c^d = n(\bmod N)$$

得到 n 后，她可以将原来的信息 m 重新复原。

【例 8-5】RSA 算法的 Python 实现。

为能够理解公钥加密算法，结合书中介绍的 RSA 算法，借助 Python 的 rsa 模块，只要简单的几个命令，就可以实现 RSA 算法的加密解密功能，也使得学习者对 RSA 算法有一个直观的了解。

（1）生成密钥

```
In[5]:    import rsa                                    #导入 rsa 算法的模块
          (pubkey, privkey) = rsa.newkeys(1024)         #调用 newkeys 方法,生成公钥和
          #私钥
          with open('D:\data_analysis\public.pem','w+') as f:
              f.write(pubkey.save_pkcs1().decode())     #生成公钥文件
          with open('D:\data_analysis\private.pem','w+') as f:
              f.write(privkey.save_pkcs1().decode())    #生成私钥文件
```

生成公钥和私钥文件不是必需的。用 RSA 加密后的密文，有些字符无法直接用文本显示，因为存在一些无法用文本信息编码显示的二进制数据，需要用 base64 编码进行转换，转换成常规的二进制数据。

生成的公私钥文件类似于如下形式（显示部分数据）：

```
-----BEGIN RSA PRIVATE KEY-----
MIICYQIBAAKBgQCORNdodBtoAbyfVY1LiU9z/
xhD2GYTTmKbF+O9NMpfa2w/CoZtp/cEQ2rMU5
R8TBvhXfGkuCJAwekUo4i6mtJBhcRq+r97D0A
-----END RSA PRIVATE KEY-----

-----BEGIN RSA PUBLIC KEY-----
MIGJAoGBAI5E12h0G2gBvJ9VjUuJT3P9D3yod
hNOYpsX4700yl9rbD8Khm2n9wRDasxTlfktuz
Fd8aS4IkDB6RSjiLqa0kGFxGr6v3sPQBV1123
-----END RSA PUBLIC KEY-----
```

（2）加密消息

```
In[4]:    message = 'Hello' #明文
          #公钥加密
          crypto = rsa.encrypt(message.encode(), pubkey)    #对明文进行加密
          print(crypto)
```

Out[4]:	#明文加密后的十六进制数据显示(局部) b'\x9c\x17\xd2\x99\x8a\xc4\xc3d\x15&\x1a\x8aD\xc8\x8fL\xaf\xac\x8f= \x92\xa\xc6\x05\xaa\xd6\xb0\x192\xc4\xf3\x86\xd9\xc2I\xf5\xc4\x8f\ x15\xa3\xd3\x19\xe7'

（3）私钥解密

In[4]:	#私钥解密
	message = rsa.decrypt(crypto, privkey).decode() #对密文进行解码
	print('私钥解密',message)

Out[4]:	私钥解密：hello

8.2.7 数字签名

1. 什么是数字签名

要理解什么是数字签名，首先需要从传统手工签名或盖印章谈起。在传统商务活动中，为了保证交易的安全与真实，一份书面合同或公文要由当事人或其负责人签字、盖章，以便让交易双方识别是谁签的合同，保证签字或盖章的人认可合同的内容，在法律上才能承认这份合同是有效的。而在电子商务的虚拟世界中，合同或文件是以电子文件的形式表现和传递的。在电子文件上，传统的手写签名和盖章是无法进行的，这就必须依靠技术手段来替代。

《中华人民共和国电子签名法》对电子签名的定义是，电子签名指数据电文中以电子形式所含、所附用于识别签名人身份并表明签名人认可其中内容的数据。数据电文，是指以电子、光学、磁或者类似手段生成、发送、接收或者存储的信息。

实现电子签名的技术手段有很多种，但目前比较成熟的，世界先进国家普遍使用的电子签名技术还是"数字签名"技术。目前电子签名法中提到的签名，一般指的就是"数字签名"。

2. 数字签名的概念

数字签名不是指将签名扫描成数字图像，或者用触摸板获取的签名，更不是落款。这里所说的"数字签名"就是通过某种密码运算生成一系列符号及代码组成电子密码进行签名，来代替书写签名或印章，对于这种电子式的签名还可进行技术验证，其验证的准确度是一般手工签名和图章的验证所无法比拟的。

数字签名是目前电子商务、电子政务中应用最普遍、技术最成熟的、可操作性最强的一种电子签名方法。它采用了规范化的程序和科学化的方法，用于鉴定签名人的身份以及对一项电子数据内容的认可。它还能验证出文件的原文在传输过程中有无变动，确保传输电子文件的完整性、真实性和不可抵赖性。

数字签名在 ISO 7498-2 标准中定义为，附加在数据单元上的一些数据，或是对数据单元所做的密码变换，这种数据和变换允许数据单元的接收者用以确认数据单元来源和数据单元的完整性，并保护数据，防止被人（例如接收者）进行伪造。

3. 数字签名与公钥密码

数字签名与公开密钥密码系统有密切的关系，与公开密钥加密和解密过程表示类似，数字签名过程可形式化地表示如下。

产生签名：$E_{PK}(P) = C$

验证签名：$D_{SK}(C) = P$

下面还以 Jack 和 Allen 为例，来说明数字签名的基本原理（见图 8-7）。

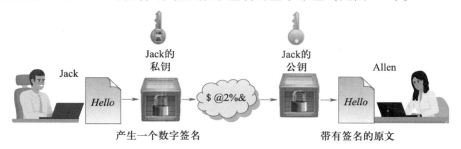

图 8-7　数字签名的基本原理

假如 Jack 想在通过互联网传送给 Allen 的信息内加上签名，他亦可利用公开密钥密码系统来制作一个数字签名，其产生过程如下。

① Jack 先利用自己的私人密钥来产生一个数字签名，即 Jack 用自己的私人密钥将信息加密，加密后的信息便成了一个已署名的信息。

② Jack 将该署名的信息通过互联网传送给 Allen。

注意这个数字签名必须凭着 Jack 的私人密钥来制造，如信息被修改，其数字签名亦会不同。

数字签名的核对过程如下。

① Allen 从互联网上收到该信息及数字签名。

② Allen 从钥匙管理员处索取 Jack 的公开密钥。

③ Allen 利用公开密钥来核对数字签名，方法是利用该公开密钥将信息解密，如解密后的信息等同原来的信息，则证明该信息是由 Jack 传送来的，因只有 Jack 拥有可以制造该数字签名的私人密钥。因此 Jack 亦不能否认曾传送该信息给 Allen，这就是前面提到的不可抵赖性。

假如信息或数字签名在传送过程中被修改，则 Allen 便会发觉解密后的数字签名与原来的信息不符，便知道信息在传送过程中被修改，或者该信息并非由 Jack 发出。

4. 签名消息

RSA 可以用来为一个消息署名。假如 Jack 想给 Allen 传递一个署名的消息，那么他可以为他的消息计算一个散列值，然后用他的密钥加密这个散列值并将这个"署名"加在消息的后面。这个消息只有用他的公钥才能被解密。Allen 获得这个消息后可以以用 Jack 的公钥解密这个散列值，然后将这个数据与她自己为这个消息计算的散列值相比较。假如两者相符，那么 Allen 就可以知道发信人持有 Jack 的密钥以及这个消息在传播路径上没有被篡改过。

5. 安全哈希算法 SHA1

安全哈希算法（secure Hash algorithm）SHA1 主要适用于数字签名标准（digital signature standard，DSS）中定义的数字签名算法。对于长度小于 2^{64} 位的消息，SHA1 会产生一个 160 位的消息摘要。当接收到消息时，这个消息摘要可以用来验证数据的完整性。在传输的过程中，数据很可能会发生变化，那么这时候就会产生不同的消息摘要。

SHA1 有如下特性：不可以从消息摘要中复原信息；两个不同的消息不会产生同样的消息摘要。

【例 8-6】用 Python 实现 SHA1 数据签名。

数据签名的过程描述示例如下。

Jack 要给 Allen 写一封保密的邮件，决定采用"数字签名"。他写完后先用 Hash 函数（SHA-1 安全散列算法），生成信件的摘要（digest）。然后，Jack 使用私钥，对这个摘要加密，生成"数字签名"（signature）。

Allen 收到邮件后，取下数字签名，用 Jack 的公钥解密，得到信件的摘要。由此证明，这封信确实是 Jack 发出的。

Allen 再对信件本身使用 Hash 函数，将得到的结果与上一步得到的摘要进行对比。如果两者一致，就证明这封信未被修改过。

以上过程用 Python 实现如下：

```
In[4]:   import rsa
         import base64
         #生成公钥和私钥
         (pubkey, privkey) = rsa.newkeys(1024)
         #发信者用私钥生成"数字签名"
         signature = rsa.sign(message.encode(), privkey,'SHA-1') #SHA-1 是安全散列
         #算法
         print("生成的签名:",base64.b64encode(signature))        #输出签名数据
         #收信者用公钥对署名进行验证
         rsa.verify(message.encode(), signature,pubkey)

Out[4]:  生成的签名:
         b' KqPZgU0TrWebBk7vtxCAAKETvIK95zsshRiIF81g+2N4lrIQpD27FrKMeObkx3xiAB3c+
         XCkSY+nqOJeR8tT7IrFbMslwuZ0P72y9mPqGmJc5nrr0/XWz1Dc96IMN1yIsdd3LnLEg
         VMnLLXEuk4wWxqxEkn0YGhV0jJGgza6/28='
         'SHA-1'
```

6. 电子签名与认证服务

"电子签名需要第三方认证，由依法设立的电子认证服务提供者提供认证服务。"

使用公开密钥系统，其先决条件是所有用户的公开密钥必须正确，这个第三方的认证机构便是 PKI。PKI（pubic key infrastructure，公钥基础设施）是一种遵循标准的利用公钥加密技术为电子商务的开展提供一套安全基础平台的技术和规范。用户可利用 PKI 平台提供的服务进行安全通信。

PKI 在公开密钥密码的基础上，主要解决密钥属于谁，即密钥认证的问题。在网络上证

明公钥是谁的，就如同现实中证明谁是什么名字一样具有重要的意义。通过数字证书，PKI 很好地证明了公钥是谁的。PKI 的核心技术围绕着数字证书的申请、颁发、使用与撤销等整个生命周期展开。

使用基于公钥技术系统的用户建立安全通信信任机制的基础是，网上进行的任何需要安全服务的通信都是建立在公钥的基础之上的，而与公钥成对的私钥只掌握在他们与之通信的另一方。这个信任的基础是通过公钥证书的使用来实现的。公钥证书就是一个用户的身份与他所持有的公钥的结合，在结合之前由一个可信任的权威机构 CA 来证实用户的身份，然后由其对该用户身份及对应公钥相结合的证书进行数字签名，以证明其证书的有效性。

PKI 必须具有权威认证机构 CA 在公钥加密技术基础上对证书的产生、管理、存档、发放以及作废进行管理的功能，包括实现这些功能的全部硬件、软件、人力资源、相关政策和操作程序以及为 PKI 体系中的各成员提供全部的安全服务。例如，实现通信中各实体的身份认证、保证数据的完整、抗否认性和信息保密等。PKI 的基础技术包括加密、数字签名、数据完整性机制、数字信封、双重数字签名等。

数字标识由公用密钥、私人密钥和数字签名三部分组成。当在邮件中添加数字签名时，发信者就把数字签名和公用密钥加入到邮件中。数字签名和公用密钥统称为证书。可以使用 Outlook Express 来指定他人向自己发送加密邮件时所需使用的证书。这个证书可以不同于自己的签名证书。

收件人可以使用发信人的数字签名来验证发信者的身份，并可使用公用密钥给发信人发送加密邮件，这些邮件必须用发信人的私人密钥才能阅读。要发送加密邮件，发信人的通讯簿必须包含收件人的数字标识。这样，发信人就可以使用他们的公用密钥来加密邮件了。当收件人收到加密邮件后，用他们的私人密钥来对邮件进行解密才能阅读。

8.3 信息安全"终极武器"：量子通信

8.3.1 薛定谔的猫：生或死

要说清楚量子通信，首先要介绍一只历史上有名的猫——薛定谔的猫（见图 8-8）。这其实是奥地利著名物理学家薛定谔提出的一个思想实验，薛定谔设计的这个思想实验，源于在 1935 年夏天与爱因斯坦的一场对话，而这也成了猫实验诞生的萌芽。

纵观与量子理论有关的所有奇谈，很少有比薛定谔那既生又死的猫更离奇的了。实验是这样的：一只猫被关在一个密闭的盒子里，盒子里有一些放射性物质。一旦放射性物质衰变，有一个装置就会使锤子砸碎毒药瓶，将猫毒死。反之，衰变未发生，猫便能活下来。

图 8-8 薛定谔的猫

根据量子力学理论，在没有观测的情况下，放射性的镭处于衰变和没有衰变两种状态的叠加，猫就应该处于死猫和活猫的叠加状态。这只既死又活的猫就是所谓的"薛定谔猫"。但是，现实中不可能存在既死又活的猫，必须在打开容器后才能知道结果。

薛定谔的猫这个思想实验主要是为了反驳哥本哈根学派对量子力学的诠释。哥本哈根学派认为，量子力学中的粒子处于一种叠加状态，既是粒子又是波。薛定谔认为这种解释不符合常识，他的意思是："一只猫同时处于又死又活的状态很明显是一个荒谬的事情，所以哥本哈根诠释有问题。"

这个实验虽然简单，但却引发了人们对量子力学和量子叠加态的深入思考和讨论，也揭示了量子世界与宏观世界行为规律的不同。

8.3.2 量子信息科学和量子通信

量子信息科学是量子力学与信息科学交叉形成的一门边缘学科，它涉及量子计算、量子通信、量子密码、量子算法、量子信息理论等方面。近年来，量子信息学给经典信息科学带来了新的机遇和挑战，量子的相干性和纠缠性给计算科学带来迷人的前景。量子知识体系如图 8-9 所示。量子计算和量子计算机相关基础知识已在 1.4.6 节详细介绍，本节介绍量子通信的基础知识。

图 8-9 量子知识体系

早在 1900 年，德国物理学家马克斯·普朗克（Max Planck）提出了"量子"假设，认为能量不能被无限分割，而是由最小能量单位（即量子）组成的。这一假设成功解释了"黑体辐射"实验结果，并开创了量子力学这一新的物理学领域。1905 年，爱因斯坦把量子概念引进光的传播过程，提出"光量子"（光子）的概念，很好地解释了大名鼎鼎的"光电效应"。光电效应现象为量子力学和量子通信的发展提供了重要的启示和基础。

量子通信是一种新型通信方式，它利用量子叠加态和纠缠效应进行信息传递。这种通信方式基于量子力学中的不确定性、测量坍缩和不可克隆三大原理，能够提供无法被窃听和计算破解的"无条件安全"性保证。在实际应用中，量子通信主要包括量子密钥分配和量子隐形传态等技术。

"无条件安全"通信是人类的梦想之一，然而，随着 RSA5、MD5 和 SHA-1 各大加密算法的一一告破，使得"无条件安全"通信几乎成为海市蜃楼。量子通信这一全新通信方式的问世，重新点燃了人类建造"无条件安全"通信的希望，在量子通信的指引下，"无条件安全"通信这个人类夙愿又重新成为当今的研究热点。

"无条件安全"通信通常被理解为一种安全性高于计算复杂性密码体系的通信方式。在传统的密码体系中，信息的安全性主要依赖于密钥的长度和计算的复杂性，但无论密钥有多长，总是存在被破译的可能性。量子通信是迄今为止唯一被严格证明无条件安全的通信方式。

8.3.3　量子通信的发展历程

量子通信的发展历程可以追溯到 20 世纪 80 年代，一共经历了以下四个阶段。

① 概念提出阶段（1983—1992 年）：早在 1982 年，法国物理学家艾伦·爱斯派克特就发现了量子隐形传态这一特性，这是量子通信的一个重要组成部分。1984 年，Bennett 和 Brassard 提出了量子密钥分发（QKD）的概念和第一个量子密钥分发协议（BB84 协议）。1993 年，美国科学家 C. H. Bennett 提出量子通信的概念，量子通信是由量子态携带信息的通信方式，也就是利用量子纠缠效应进行信息传递的一种新型的保密的通信方式。

② 技术探索阶段（1993—2005 年）：量子通信概念提出以后，多个国家的科研团队在量子通信领域积极开展实验演示探索。

③ 技术突破阶段（2006—2012 年）：量子诱骗态技术的出现，加速推进量子通信从实验演示走向应用落地。

④ 应用落地阶段（2012 年以后）：2012 年以后，量子通信突破性进展层出不穷，尤其是随着关键量子器件技术的成熟，部分成果已经达到实用化水平，量子通信基本进入了应用阶段。

伴随着量子通信技术理论的发展，从实验室试验到工程样机、工程化、网络化解决方案，量子通信已形成具有高技术门槛的重要产业，行业成熟度不断提升。目前，基于量子密钥分发和对称加密算法的保密通信技术初步实用化，在商用设备、实验网络和示范应用等方面取得一定进展。

中国的量子通信发展经历了四个阶段。

（1）学习研究阶段（1995—2000 年）

1995 年首次实现了量子密钥分发实验，并在 2000 年完成了单模光纤 1.1 km 的量子密钥分发实验。

（2）快速发展阶段（2001—2005 年）

先后实现了 50 km 和 125 km 的量子密钥分发实验。

（3）初步尝试阶段（2006—2010 年）

分别实现了 100 km 的量子密钥分发实验和 16 km 的自由空间量子态隐形传输，并在芜湖建成芜湖量子政务网和在合肥建成世界首个光量子电话网络。

（4）大规模应用阶段（2010 年至今）

进入 21 世纪后，中国的量子通信研究进入了一个全新的阶段。2011 年首批确定的五颗科学实验卫星之一"墨子号"量子科学实验卫星，于 2016 年 8 月 16 日凌晨成功发射，这是世界第一颗量子科学实验卫星，这次成功发射是一件具有重大里程碑意义的社会事件和科学事件。针对纠缠态的量子会在通过空气等介质时急剧衰减这一棘手问题，"墨子号"卫星通过近地真空发送光子对，成功地测量相隔 1 203 公里的量子密钥。2017 年 6 月，潘建伟团队在《科学》（Science）杂志上发表论文，证明了一种新技术的可行性，该技术可以最大限度地减少这种衰减。《科学》杂志报告说，中国"墨子号"量子卫星在世界上首次实现千公里量级的量子纠缠，这意味着量子通信向实用迈出一大步。

2017 年 9 月 29 日，千公里级的量子保密通信"京沪干线"正式开通，并在此基础上成功构建了天地一体化量子通信网络，跨度达 4 600 km，如图 8-10 所示。

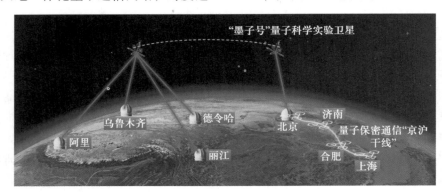

图 8-10　世界首颗量子通信卫星"墨子号"

2019 年 2 月，美国科学促进会（AAAS）史无前例地将 2018 年的克利夫兰奖颁给了由潘建伟领导的中国"墨子号"量子科学实验卫星团队，以表彰该团队实现千公里级的星地双向量子纠缠分发。

2020 年 6 月，中国科学技术大学宣布成功构建 76 个光子的量子计算原型机"九章"，这一突破使我国成为全球第二个实现"量子优越性"的国家。此外，中国还研制出了世界上首台光量子计算原型机，并在自主研制二维结构超导量子比特芯片的基础上，成功构建了国际上超导量子比特数目最多、包含 62 个比特的可编程超导量子计算原型机"祖冲之号"。

2022 年 8 月，在合肥建成首个城域量子通信实验示范网。合肥量子城域网项目是目前国内规模最大、用户最多、应用最全的量子保密通信城域网，含有 8 个核心结点和 159 个接入结点，量子密钥分发网络光纤全长 1 147 km，可为市、区两级党政机关提供量子安全接入服务和数据传输加密。合肥市也因此成为我国乃至全球首个拥有规模化量子通信网络的城市。

经过多年的努力和探索，中国的量子通信已经从跟跑转变为领跑，取得了一系列重大的科技突破。未来，我们有理由期待中国在量子通信领域取得更多的创新成果。

8.3.4　量子密钥分发

量子通信分为两种，一种是量子密钥分发（QKD），另外一种是量子隐形传态（QT）。

量子密钥分发利用量子力学的基本原理，用单个光子或者其他微观粒子的量子态做载体，来实现通信双方分享无限长的密钥。如果有人试图窃听这个通信过程，势必会改变其量子状态，这样通信双方就可以发现窃听。若没有窃听，则用该密钥就可以实现信息理论安全（information theoretical security）。

假设通信双方 Allen 和 Jack 手上的密钥（密钥的概念见 8.2.2 节）如图 8-11 所示，这一对密钥的特点是"相互感应"，即每个二进制位是相反的。例如，Allen 的密钥第一位是 0，则 Jack 的密钥第一位必定是 1。

Allen的密钥	0	1	0	0
Jack的密钥	1	0	1	1

图 8-11　"心灵感应"的密钥

　　使用这种"心灵感应"的密钥存在两个难以避免的风险，一是可能被窃密者偷看到密钥，二是密钥可能被窃密者偷偷"调包"。利用单光子的量子效应实现"量子密钥分发"，恰好可以解决这两个难题。

　　下面以量子密码通信的早期协议 BB84 协议为例，介绍量子密钥分发的工作原理。

1. 量子力学的一些基本原理

（1）光子偏振方向和测量基

　　光子有两个互相垂直的偏振方向，如图 8-12 所示，可以选取"水平垂直"或"对角"的测量方式，对单光子源产生的单光子进行测量，这种测量方式称为测量基。两种测量基对不同偏振方向光子的测量结果如图 8-13 所示，当测量基和光子偏振方向一致，就可以得出结果 1 或 0；当测量基和光子偏振方向偏差 45°，则结果随机，可能是 0，也可能是 1。

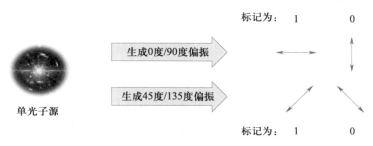

图 8-12　单光子互相垂直的两个偏振方向

测量基	↔	↕	↗	↘
✛	1	0	0或1 随机结果	0或1 随机结果
✕	0或1 随机结果	0或1 随机结果	1	0

图 8-13　两种测量基对不同偏振方向光子的测量结果

（2）量子叠加态

　　前面"薛定谔的猫"实验中已经提到过量子叠加态，在量子力学中，一个粒子可以同时处于多个状态，只有当我们对其进行测量时，它才会坍缩到一个特定的状态，这种现象被称为"量子叠加"或"超级定向"。

（3）量子比特

　　量子比特（qubit）是量子通信中的基本单位，量子比特对应于经典信息论中的基本信息单位 bit。经典的 bit 只有 0 或 1 两种取值，而量子位的情况则有所不同，一个量子位可以处于两个状态的任意线性相干叠加态，例如图 8-13 中 0 或 1 的随机状态。

2. 量子密钥分发过程

　　首先，在 Allen 一端生成一组随机的二进制序列 10110101，对每 1 个比特，随机选择测量基进行测量，然后将测量结果发送给 Jack。Jack 接收到这些偏振光子之后，也随机选择测量基进行测量。最后，Allen 和 Jack 通过传统方式（例如电话或电子邮件等，不在乎被窃听），对比双方的测量基，保留测量基相同的数据，抛弃测量基不同的数据，得到最终密钥0111，如图8-14所示。

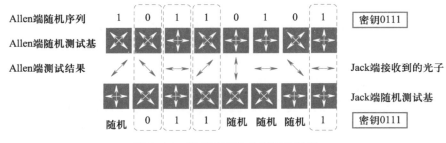

图8-14　量子密钥分发原理示意图

假设有一个窃听者E，如果E只窃听Allen和Jack通过传统方式对比的测量基，只会得到"异-同-同-同-异-异-异-同"的信息，这样的结果毫无意义。

因为量子的不可克隆性，E是无法复制Allen和Jack的光子的。E只能抢在Jack之前去测量Jack端接收到的光子，即E只能随机选择自己的测量基进行测量。

对于每个比特来说，Allen和Jack选择相同测量基的概率是50%，如果E横插一脚，在Jack之前去测试光子，和Allen选择一样测量基的概率也是50%，还有50%的概率会导致改变偏振方向（偏45°）。

因此，Allen和Jack之间只要拿出一小部分测量结果出来对比，如果只有25%相同，就可以判定一定有人在窃听，立刻停止通信，当前信息作废。

同理，E与Jack选择相同测量基的概率也是50%，那么E同时选对与Allen和Jack都相同的测量基的概率为25%，Allen端的随机二进制序列为8位，E不被发现的概率为25%的8次方，即$152\,587\,890\,625e^{-5}$，说明E不被发现的概率极低。

总之，量子密钥分发使通信双方生成一串绝对保密的量子密钥，用该密钥给任何二进制信息加密，能确保加密后的二进制信息被破解的概率极低，从根本上保证了传输信息过程的安全性。虽然量子通信具有极高的安全性，但也必须注意到它的一些限制。例如，一个qbit的量子传输必须要借助两个bit的经典传输才能完成。此外，尽管理论上量子通信可以超越光速传输信息，但在实际应用中仍受到许多技术限制。

8.3.5　量子隐形传态

量子通信中，除了"量子比特""量子叠加"等重要概念外，还有一种叫"量子纠缠"的奇特物理现象，通俗地说，量子纠缠就是两个处于纠缠状态的量子无论相隔多远都可瞬间互相影响，爱因斯坦称之为"鬼魅般的远距作用"（spooky action at a distance）。具有纠缠态的两个粒子无论相距多远，只要一个发生变化，另外一个也会瞬间发生变化。

量子隐形传态（QT）就是将一对有"纠缠"的量子分置于两地，利用分散量子纠缠与一些物理信息的转换来传送量子态至任意距离的位置的技术。它的基本思路是让第三个粒子C与B组成EPR对，而C与A离得很近，与B离得很远。然后让A与C发生相互作用，改变C的状态，于是B的状态也发生了相应的变化。

　　量子隐形传态，也被称为量子遥传、量子隐形传输、量子隐形传送、量子远距传输或量子远传，尤其适用于保密通信，对传输信息进行安全加密，在此基础上进行的量子通信技术，被誉为信息安全的"终极武器"。

　　量子隐形传态一般分为以下几个步骤（见图 8-15）。

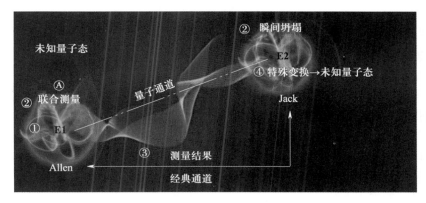

图 8-15　量子隐形传态示意图

　　① 构建一对具有纠缠态的粒子 E1 和 E2，将 E1 发射到 Allen 端，E2 发射到 Jack 端。

　　② 在 Allen 端，将具有未知量子态的粒子 A 与 E1 进行联合测量，则 Jack 端的粒子 E2 瞬间发生坍塌，坍塌为某种状态，这个状态与 E1 坍塌后的状态是对称的。

　　③ Allen 利用经典信道（如电话或短信等）将测量结果告诉 Jack。

　　④ Jack 收到 Allen 的测量结果后，就可以对手里的纠缠粒子 E2（状态已经改变）作一种相应的特殊变换，使粒子 E2 处在与粒子 A 原先的量子态完全相同的态上。

　　通过以上四个步骤，粒子 A 携带的未知量子比特无损地从 Allen 端传输到了 Jack 端，而粒子 A 本身只留在 Allen 端，并没有到 Jack 端，并且在整个量子隐形传态过程中，A 携带的量子态始终是未知的。

　　这个传输过程完成之后，A 坍缩隐形了，A 所有的信息都传输到了 E2 上，因而称为"隐形传输"。整个过程则被称为"量子隐形传态"。在这整个过程中，Allen 和 Jack 都不知道他们所传递的量子信息到底是什么。

　　由于在量子隐形传态中涉及经典的信息传输方式，整个信息传递系统的安全性会不会产生问题呢？答案显然是否定的。因为，就连 Allen 和 Jack 都不知道他们所传递的量子信息到底是什么，更何况窃听者。

　　可见，量子隐形传态的目的并不是传输粒子本身，而是将其量子态传到另一个粒子上。与因《星际迷航》而闻名的传送/瞬移不同，量子隐形传态是关于传送基本量子系统的。因此，量子隐形传态能够借助量子纠缠将未知的量子态传输到遥远地点，而不用传送物质本身，是远距离量子通信和分布式量子计算的核心功能单元。

　　值得一提的是，由于步骤 3 需要借助经典的信息传递通道来传递量子信息，量子隐形传态并不能完全脱离经典通信，因此限制了整个量子隐形传态的速度，使得量子隐形传态的信息传输速度无法超过光速。

习题

一、思考题

1. 信息安全的基本内涵是什么？

2. 理解信息安全与国家安全之间的关系。

3. 信息安全的基本属性包括哪些内容？

4. 我国信息安全等级保护的层次是如何划分的？

5. 试述信息安全的重要性，列举出若干你所知道的涉及信息安全的例子。

6. 总体国家安全观的基本内涵是什么？

7. 了解网络空间安全与国家安全的关系。

8. 香农提出的加密系统结构是什么？

9. 加密系统由一个五元组（P, C, K, E, D）组成，请指出各代表什么。

10. 什么是电子签名？

11. 什么是量子通信？我国在量子通信方面的研究进展如何？

12. 什么是量子密钥分发？简述其工作原理。

13. 什么是量子隐形传态？简述其工作原理。

二、练习题

1. 计算下列数值：105 mod 81、81 mod 105、26 mod 26。

2. 试用凯撒密码将下列明文转换成密文（设密钥 $k=3$）。

明文：meet me after the party

参考文献

［1］钟义信．信息科学原理［M］．北京：北京邮电大学出版社，1996.

［2］斯太尔·雷诺兹．信息系统原理［M］．张靖，蒋传海，陈之侃等译．北京：机械工业出版社，2000.

［3］Turing A. On computable numbers，with an application to the Entscheidungsproblem［J］，Proceedings of the London Mathematical Society，1937，2（42）：230-265.

［4］Feynman R P. Simulating physics with computers［J］. International journal of theoretial physics，1982，2116（7）：2467-2484.

［5］量子门——量子计算中几个常用的逻辑门［EB/OL］．［2018-04-20］．https://blog. csdn. net/lsttoy/article/details/80013006.

［6］王晓刚．图像识别中的深度学习［J］.中国计算机学会通讯，2015，011（008）：15-21.

［7］王晓刚．深度学习在图像识别中的研究进展与展望［J/OL］.电子工程世界，（2017-03-13）［2019-04-30］. https://blog. csdn. net/cookcoder/article/details/49448201.

［8］覃雄派，陈跃国，杜小勇．数据科学概论［M］．北京：中国人民大学出版社，2018.

［9］达文波特，帕蒂尔．数据科学家：21世纪"最性感的职业"［J］.哈佛商业评论，2012，（19）：17.

［10］刘云浩．物联网导论［M］．北京：科学出版社，2013.

［11］毕磊，许维娜．中国互联网发展报告：我国移动通信基站总数达931万个［EB/OL］．［2021-07-15］. https://m. gmw. cn/2021-07/14/content_34993731. htm.

［12］张辛欣．物联网发展提速！2023年底在国内主要城市初步建成物联网新型基础设施［EB/OL］．［2022-03-16］. https://www. gov. cn/xinwen/2021-09/29/content_5640202. htm.

［13］Hinton G E，Osindero S T Y-W. A fast learning algorithm for deep belief nets［J］. Neural computation，2006. 18（7）：1527-1554.

［14］弗朗索瓦·肖莱．Python深度学习［M］．张亮，译．北京：人民邮电出版社，2019.

［15］上海社会科学院信息研究所．信息安全辞典［M］．上海：上海辞书出版社，2013.

［16］王世伟．论信息安全、网络安全、网络空间安全［J］.中国图书馆学报，2015，41（216）：72-83.

［17］Shannon C E. Communication theory of secrecy systems［J］. The Bell system technical journal，1949，28（4）：656-715.

［18］Diffie W，Hellman M E. New directions in cryptography［J］. IEEE transactions on information theory，1976，22（6）：644-654.

［19］亚当斯，劳埃德．公开密钥基础设施：概念，标准和实施［M］．冯登国，等译．北京：人民邮电出版社，2001.